U0370219

生态环境野外综合实习教程

主　编　雷泽湘　谢　勇
副主编　李永胜　刘　雯　邹梦遥　杜建军
　　　　刁增辉　陈　昉
参　编　肖相政　李义勇　刘　晖　陶雪琴
　　　　叶茂友　冯茜丹　徐德兰　李建军
　　　　陈光荣　王汉道　顾继光　郭　微

华中科技大学出版社
中国·武汉

内容提要

本书是在广东丹霞山、罗浮山等地多年的综合实习经验基础上编写的，实习内容融合了地质地貌学、环境土壤学、环境生态学、环境修复技术等多门课程，是多课程、全方位的综合性实践探索。全书包括绪论、野外综合实习方法、广东丹霞山综合实习、广东罗浮山综合实习、生态修复实习、广州市内综合实习、实习总结与成果展示和附录。前5章是野外实习部分，主要介绍综合实习方法（包括水、土、岩石矿物和植被等的野外调查、样品采集与分析方法），各实习地区的气候、地质地貌、土壤、植被等特点，尾矿库和乡村水土的生态修复技术；第6章是实习总结与成果展示部分，较详细地介绍实习成果展示和科技论文撰写等内容。最后是附录和彩图。

本书可作为高等院校资源、环境等专业的实习教材，也可供从事地质、土壤、生态、林学等相关专业的科技人员参考。

图书在版编目(CIP)数据

生态环境野外综合实习教程/雷泽湘，谢勇主编.—武汉：华中科技大学出版社，2020.10（2022.7 重印）
ISBN 978-7-5680-6536-8

Ⅰ.①生… Ⅱ.①雷… ②谢… Ⅲ.①环境生态学-教育实习-高等学校-教材 Ⅳ.①X171-33

中国版本图书馆 CIP 数据核字(2020)第 172295 号

生态环境野外综合实习教程 雷泽湘 谢 勇 主编

Shengtai Huanjing Yewai Zonghe Shixi Jiaocheng

策划编辑：王新华
责任编辑：王新华 马梦雪
封面设计：潘 群
责任校对：阮 敏
责任监印：周治超
出版发行：华中科技大学出版社（中国·武汉） 电话：(027)81321913
武汉市东湖新技术开发区华工科技园 邮编：430223
录 排：武汉正风天下文化发展有限公司
印 刷：武汉邮科印务有限公司
开 本：787mm×1092mm 1/16
印 张：14.5
字 数：358 千字
版 次：2022 年 7 月第 1 版第 2 次印刷
定 价：43.00 元

前　言

广东丹霞山是世界丹霞地貌命名地，因“色若渥丹，灿若明霞”而得名。丹霞山风景区是一个由陡峭的悬崖、红色的山块、密集的峡谷、壮观的瀑布及碧绿的河溪构成的景观系统，是世界低海拔山岳型风景区的杰出代表。岩石主要由红色砂砾岩构成，形成了“顶平、身陡、麓缓”的典型丹霞地形地貌；地带性土壤为红壤，具有脱硅富铝化、生物富集特征；主要植被型为暖性针叶林和南亚热带季风常绿林，具有丰富的生态系统多样性。丹霞地貌存在着完整的原生演替与次生演替系列，沟谷效应和山顶生态效应明显。丹霞地貌山顶的特殊性对生态型研究、岛屿理论研究和适应性进化研究都具有重要的科学意义。广东罗浮山是典型花岗岩地貌，以丘陵和山地两种地貌为主，山间河谷深切，山势陡峭，地势险要，地形比降大，与周围低山平原地貌形成极大反差，有“岭南第一山”之称，位于北回归线附近，属南亚热带季风气候，其气候、土壤、物种的垂直地带性明显，与丹霞山形成了鲜明的对比。

丹霞山和罗浮山是科学家进行生态环境研究的“天然实验室”，也是我们进行生态环境野外综合实习的理想场所。2011 年，仲恺农业工程学院环境科学专业学生开始在丹霞山等地进行野外综合实习，历经九年的发展历程，实习内容逐步发展和丰富，教学资源也在不断增加和完善。

本书包括绪论、野外综合实习方法、广东丹霞山综合实习、广东罗浮山综合实习、生态修复实习、广州市内综合实习、实习总结与成果展示和附录。前 5 章是野外实习部分，主要介绍综合实习方法（包括水、土、岩石矿物和植被等的野外调查、样品采集与分析方法），各实习地区的气候、地质地貌、土壤、植被等特点，尾矿库和乡村水土的生态修复技术；第 6 章是实习总结与成果展示部分，较详细地介绍实习成果展示和科技论文撰写等内容。最后是附录和彩图。

本书由雷泽湘、谢勇主编。具体编写分工如下：地质地貌部分主要由谢勇编写；土壤学部分主要由李永胜编写；环境生态学部分主要由雷泽湘编写；环境修复技术部分主要由刘雯、邹梦遥编写；总结与成果部分主要由邹梦遥、杜建军编写；科技论文写作部分主要由刁增辉编写；参加本书编写的还有陈昉（丹霞山世界地质公园）、肖相政、李义勇、刘晖、陶雪琴、叶茂友、冯茜丹、徐德兰（淮阴工学院）、李建军、陈光荣（广东建设职业技术学院）、王汉道（广东轻工职业技术学院）、顾继光（暨南大学）、郭微等；全书由雷泽湘、谢勇统稿，李永胜、刘雯、邹梦遥对书中内容进行了修改和完善。本书编者，除特别注明工作单位的以外，均为仲恺农业工程学院教师。

本书获得仲恺农业工程学院“十三五”教材规划项目和广东省本科高校教学质量与教学改革工程建设项目（粤教高函［2016］233 号、［2017］214 号）的资助。

在本书出版之际，我们向书中所引文献资料的作者表示衷心的感谢！在此也对本校及同行的支持表示真挚的感谢！广东省大宝山矿业有限公司付浩健工程师在本书编写过程中给予了大力帮助，在此特致谢意！

由于编者水平有限，书中难免存在疏漏和不足，恳请阅读和使用本书的广大读者提出宝贵意见，以便再版时修订。

编　者

目　录

绪　论

1. 野外综合实习的目的和意义

实践教学是培养学生实践能力和综合素质必不可少的关键环节，实习则是实践教学中的重要组成部分，也是课堂理论教学的延续和进一步深化。任何知识都源于实践，归于实践，通过实习，学生能将所学知识应用到实践中去，并由此检验所学。

“生态环境野外综合实习”是资源环境科学专业与环境科学专业人才培养过程中重要的实践教学环节之一，融合了地质地貌学、环境土壤学、环境生态学、环境修复技术等多门课程。综合实习，是一种多课程融合的综合性实践活动，既有利于学生在野外实践中验证、巩固所学习的理论知识，又有助于学生发现问题、探索自然，对学生综合分析和解决实际问题的能力具有良好的培养和提升作用，可为其将来投身到祖国的生态环境保护事业中做好充分的准备。

参加实习的学生需明确实习目的，具体要求如下。

(1) 探索自然，树立生态文明理念。作为环境类专业的大学生，首先要认识现状，了解国情，树立尊重自然、保护自然的“生态文明”理念，深刻理解和领会习近平总书记提出的“绿水青山就是金山银山”这一生态文明建设重要科学论断。通过对广东省境内大宝山、丹霞山、惠州西湖、罗浮山等多个实践教学基地和实习点的考察，运用所学的专业知识，深入观察、了解广东省自然资源特点和环境现状，体会加强环保法制建设、提高公民环保意识的重要性。

(2) 身体力行，培养实践动手能力。在野外实习中，指导教师引导学生积极参与动手实践，培养实际操作能力。例如：测定岩层的走向、倾角；现场采集和检测水质；挖掘土壤剖面和分层采样；进行种群分布格局和植物群落多样性的样方调查，并采集植物凋落物样品等。

(3) 研究提高，培养科学思维与创新能力。通过在野外实习中获得的观测资料，结合对野外采集样品的测定数据，综合分析实习所在区域自然环境要素特征和规律，以及环境要素间的内在联系，并撰写科技论文。如丹霞山代表性山峰土壤肥力特征比较、罗浮山植被景观垂直分布规律和丹霞山、罗浮山地质地貌特点分析等。在此过程中可以逐步培养学生分析问题和解决问题的能力，帮助学生将所学的理论知识应用到科学研究中，逐步培养学生的探索精神、科学思维和创新能力。

(4) 艰苦奋斗，培养吃苦耐劳精神。野外实习更需要强调艰苦奋斗、吃苦耐劳精神，杜绝享乐主义。在烈日下爬山，在泥泞小道上行走，翻山越岭开展考察，这些对学生都是一种极好的锻炼和考验。

(5) 爱国教育，增强时代责任感。作为实习基地之一的罗浮山东江纵队纪念馆，以其丰富翔实的珍贵历史照片、文物和史料，全面展示了东江纵队为了民族的解放事业浴血奋战的光辉历程。在实习过程中组织学生参观纪念馆、博物馆，从历史与现实的维度出发，使环境类专业中的思政教育元素既源于历史又基于现实，既传承历史血脉又体现与时俱进，从中强化学生的历史使命感、时代责任感和爱国主义精神。

(6) 素质教育,培养团结协作精神。团结与协作、互帮互助等人文精神培养也是"生态环境野外综合实习"教学的一项重要内容。实习成员(小组)之间相互学习、讨论商榷能够起到取长补短的效果,同时也可以通过分工合作、组织协调和共同努力,培养团队精神,保证实习任务的圆满完成。野外实习使学生回归自然,亦是开展人文素质教育的大好机会,在自然环境要素认知过程中,师生之间、同学之间的交流得以加强。野外实习能激发学生学习和生活的热情,使其产生积极的情感认知,经过思考、领悟、提炼、升华,提升自己的人文素养,在大自然中培养乐观豁达的人生态度,为以后学习和工作积累良好的人文素质。

2. 野外综合实习的特点和优势

生态环境野外综合实习以地质地貌学、环境土壤学、环境生态学、环境修复技术等多门课程作为理论基础,并互相融合,其具有综合性、实践性、开放性、自主性等诸多特性,并具有集中实践、节约资源、融合学习的优势。

1) 综合性

综合性是野外综合实习的基本特性,它是由学生在野外实习过程中所面对的完整自然世界决定的。问题总是以真实的、复杂的、不确定的、丰富的方式整体地呈现出来,学生面对的是真实的问题,是极具挑战性的学习。因此,综合实习是在教学过程中意识到分课程实习的局限性后而设计的一种新的实习形式,是一种跨学科和课程的综合性实践活动,它强调超越教材、课堂和校园的局限性进而在活动空间上向自然环境和学生所处的社会生活领域延伸,密切了学生与自然、社会的联系。在这种面对真实世界的综合实习中,学生会调动所有的知识、智慧、情感、意志全身心地投入实习过程中,从而培养学生不断深入探索自然的积极态度和热爱自然、保护自然的道德情操,同时也促进了学生的全面发展。

2) 实践性

实习是一种指向实践、以实践为核心的学习过程。它注重学生学习实践方式的多样化,转变传统的以知识传授为主,以知识结果的获得为直接目的的学习活动,强调学习方式的多样化,如参观、访问、考察、调查、验证、探究等。要求在一系列的实践活动过程中发现和解决问题,发展实践能力和创新能力。因而,野外综合实习比其他任何课程都更强调学生对实践活动的经历和体验。综合实习活动是以自然环境、学生所处的社会生活领域为基础,进一步开发与利用资源,而非在学科知识的逻辑序列中构建和实施课程。综合实习是以学生为活动主体,重视学生亲身、完整的经历,以有效地培养和发展学生发现问题、分析问题、解决问题的能力和实践探究精神为目的的综合实习课程。

实践是培养学生综合能力和科学态度的重要途径之一,在实践中通过知识的应用可以提高认知水平,培养学生的探究精神,训练学生发现科学问题的原始创新能力。

3) 开放性

野外实习具有开放性。实习面向每一位学生,尊重每一位学生的个性发展,其实习目标、实习内容、实习方式等方面都具有开放性的特点。以强化学生自我管理和学习为主的野外综合实习课程,主要目的是通过对具有代表性的地质地貌、生态景观、土壤类型、植被类型、污染水体或污染土壤等的实地考察和专项调查,使学生获得对资源环境生态的感性认识,进一步加深对资源环境科学专业与环境科学专业理论和自然环境变化发展知识的理解。通过参观考察，学生进一步开阔了视野、扩大了知识面，提高了理论联系实际的能力，加深了对所学专业的了解，体会其在现实社会经济中的地位和作用。学生通过对资源、环境、生态的认识，逐步领会资源科学、环境科学与生态科学的主要原理和知识并将其应用到自然资源利用、环境规划、环境治理中。

3. 实习的准备工作

1) 实习用具

海拔高度测量仪、地质罗盘、北斗智能终端手持GPS定位仪、便携式溶氧仪、酸度计、电导率仪、照度计、风速仪、温度计、测距仪、望远镜、放大镜、地质锤、照相机、测高仪、采水器、采泥器、土钻等。

地形图、地质图、航摄像片、卫星图片、测绳、皮尺、钢卷尺、植物标本夹、枝剪、手铲、小刀、镊子、白布袋、尼龙袋、剪刀、酒精棉球、弹簧秤、标签、铅笔、橡皮、记录本、记录表格、工具包等。

2) 工具书与文献资料

《图说地质地貌》《迷醉之旅——走近海珠湿地植物世界》《广东植物志》《广东丹霞山动植物资源综合科学考察》等相关文献资料。

3) 常用药品

风油精、驱蚊花露水、创可贴、医用纱布和胶布、红药水、抗感冒药、止泻药、抗过敏药等。

4) 个人日常生活用品

长衣长裤(运动服或军训服等)、登山鞋、登山杖、防晒帽、双肩包、棉质厚袜、手套、水壶、雨伞、雨衣、干粮等日常生活必需品。

4. 实习进度安排

生态环境野外综合实习主要分为以下三个环节。

(1) 认知教学。以教师讲解为主，由教师带领学生，统一指导，对岩石矿物、地质地貌、土壤、植物、生态环境特征等进行识别、样品采集和现场分析，以强化基础知识和基本技能训练。

(2) 讨论提高。每天实习结束后，学生归纳总结当天的所看、所记、所做和所思，撰写实习日记。在此基础上，以小组为单位，对当天的实习内容进行复习讨论，组织“一地一收”主题讨论会，提高学生的参与意识、环保意识，树立生态文明的发展理念，为当地生态环境保护和可持续发展献计献策。

(3) 成果展示、科研训练。在实习后期，以学生为主、教师指导为辅，实习小组开展专题总结，完成成果展示(总结、汇报、展板、照片、征文等)、推文发布、样品分析和科技小论文撰写等。通过此环节的训练，提高学生归纳、总结知识的能力，逐步培养学生的自主学习能力和创新精神。

5. 实习要求须知

(1) 牢固树立安全第一的思想。鉴于野外实践过程中，生态系统的复杂性、野生动物的多样性，禁止擅自活动，做任何事情首先要确认是否安全，在保障安全的情况下开展工作，严格执行实习安全条例和操作规程。一切行动听指挥，听从指导教师、实习单位工作人员的安排，时刻注意人身安全。野外实习期间严禁穿拖鞋、高跟鞋、裙子和短裤。未采取安全措施的项目不允许进行。女生不允许单独行动。

(2) 严格遵守实习纪律。遵守作息时间及有关规定，实习期间，原则上不准请假，不得单独外出活动。如有特殊情况必须向带队教师履行请假手续，经批准后方可外出。实习期间，每天由实习小组长登记出勤情况，如有违纪者组长必须向带队教师汇报。实习期间违反纪律者，将根据其情节的严重程度按学校《学生手册》给予纪律处分，并取消其实习成绩。

(3) 端正实习态度。实习期间不许打闹、嬉戏、埋头玩手机和看无关书籍等。尊重他人劳动并礼貌待人。发扬团结互爱的精神，互帮互助，共同进步。发扬艰苦奋斗的精神，不怕苦，不怕累。

(4) 实习过程中做到“四勤”。

耳勤——在野外实习过程中，要认真听取指导教师和专家的讲解。

眼勤——仔细查阅资料、观察自然现象，通过自己的观察去发现、探究自然的奥秘，学习分析自然现象、特征形成的原因。

嘴勤——多向讲解专家和指导教师请教，同学之间互相探讨、及时交流。

手勤——现场及时记录、拍照，积极主动参与和配合野外标本与样品采集和现场测定，回到住处后认真整理当天资料。

(5) 完成实习任务“六个一”(包括：一本实习日记、一组实习照片、一份实习考卷、一篇实习总结、一次实习汇报、一场实习成果展或一篇研究小论文)。每天记录当天的实习工作(时间、地点、内容、疑问、收获及体会等)，并及时进行整理，尽量准确、完整地记录所观测到的自然现象、特征和数据；掌握运用野外实习方法，初步学会分析自然现象、特征形成的原因，不清楚的问题要去询问、查找相关资料，按阶段写出实习报告。实习结束时，按时上交实习日记、实习照片、实习报告和实习总结等材料。

(6) 低碳生活，养成良好行为习惯。注意公共卫生，爱护公共财产，按照安排值日，注意节约水电，培养低碳环保生活理念。实习期间要注意大学生的自身形象，维护学校的名誉。

6. 考核与综合实习成绩评定

野外综合实习依据学生的实习态度、思想品德、专业能力、综合素质和实习效果等进行考核与成绩评定。相对于理论教学环节，野外实习的考核内容应更突出对能力的考核，应该克服主观性，增强客观性，这样才能提高评价体系的可信度和有效度。在建立环境专业野外实习评价体系和设计具体考核指标(表 0-1)时，主要根据以下原则。

(1) 过程与结果并重。将学生获取知识和掌握技能的过程与最终实习总结和报告的检查相结合，有利于其形成积极的学习态度、科学的探究精神，注重学生在学习过程中的情感体验、价值观的形成，促进学生的全面发展。

(2) 教师评价与学生自评相结合。教师是整个实习过程的指导者，学生是真正的参与者，让学生自我评价，可以提高学生的主体地位，实现学生的自我反思、自我教育和自我发展。教师随着实习任务和目标的进行对学生及时评价，并把信息反馈给学生，可以使学生发扬优点，改正缺点，促进实习的顺利进行。

(3) 定性分析与定量分析相结合。实习过程中学生的实习操作技术成果、实习报告的完成状态、出勤情况等可以量化考核，但学生的实习态度、主动性、创造性等方面则宜采用定性评价，这样才能尽量保证评价的客观性和全面性。

表 0-1　生态环境野外综合实习成绩评定表

指标	一级指标	二级指标	自评(W_1)(20%)	小组评价(W_2)(30%)	教师评价(W_3)(50%)
野外实习成绩	思想作风(I_1)20%	实习态度(I_{11}) 5%	(M_{s11}, I_{11})	(M_{g11}, I_{11})	(M_{t11}, I_{11})
		组织纪律(I_{12}) 5%	(M_{s12}, I_{12})	(M_{g12}, I_{12})	(M_{t12}, I_{12})
		吃苦耐劳(I_{13}) 5%	(M_{s13}, I_{13})	(M_{g13}, I_{13})	(M_{t13}, I_{13})
		团队意识(I_{14}) 5%	(M_{s14}, I_{14})	(M_{g14}, I_{14})	(M_{t14}, I_{14})
	专业素质(I_2)20%	野外观察能力(I_{21}) 5%	(M_{s21}, I_{21})	(M_{g21}, I_{21})	(M_{t21}, I_{21})
		仪器操作能力(I_{22}) 5%	(M_{s22}, I_{22})	(M_{g22}, I_{22})	(M_{t22}, I_{22})
		野外记录(I_{23}) 10%	(M_{s23}, I_{23})	(M_{g23}, I_{23})	(M_{t23}, I_{23})
	讨论发言(I_3)10%	发言积极性(I_{31}) 5%	(M_{s31}, I_{31})	(M_{g31}, I_{31})	(M_{t31}, I_{31})
		问题创新性(I_{32}) 5%	(M_{s32}, I_{32})	(M_{g32}, I_{32})	(M_{t32}, I_{32})
	实习效果(I_4)50%	实习考试(I_{41}) 15%	(M_{s41}, I_{41})	(M_{g41}, I_{41})	(M_{t41}, I_{41})
		实习汇报(I_{42}) 15%	(M_{s42}, I_{42})	(M_{g42}, I_{42})	(M_{t42}, I_{42})
		实习总结(I_{43}) 10%	(M_{s43}, I_{43})	(M_{g43}, I_{43})	(M_{t43}, I_{43})
		展板制作或论文撰写(I_{44}) 10%	(M_{s44}, I_{44})	(M_{g44}, I_{44})	(M_{t44}, I_{44})
M 评价得分			M_s	M_g	M_t
最终实习成绩			$M_{总} = M_s W_1 + M_g W_2 + M_t W_3$		

$$M_s = I_1 \sum_{n=1}^{4} M_{s1n} \times I_{1n} + I_2 \sum_{n=1}^{3} M_{s2n} \times I_{2n} + I_3 \sum_{n=1}^{2} M_{s3n} \times I_{3n} + I_4 \sum_{n=1}^{4} M_{s4n} \times I_{4n}$$

$$M_g = I_1 \sum_{n=1}^{4} M_{g1n} \times I_{1n} + I_2 \sum_{n=1}^{3} M_{g2n} \times I_{2n} + I_3 \sum_{n=1}^{2} M_{g3n} \times I_{3n} + I_4 \sum_{n=1}^{4} M_{g4n} \times I_{4n}$$

$$M_t = I_1 \sum_{n=1}^{4} M_{t1n} \times I_{1n} + I_2 \sum_{n=1}^{3} M_{t2n} \times I_{2n} + I_3 \sum_{n=1}^{2} M_{t3n} \times I_{3n} + I_4 \sum_{n=1}^{4} M_{t4n} \times I_{4n}$$

第 1 章　野外综合实习方法

1.1　水体调查采样

1.1.1　调查采样工作程序

调查工作程序如图 1-1 所示。

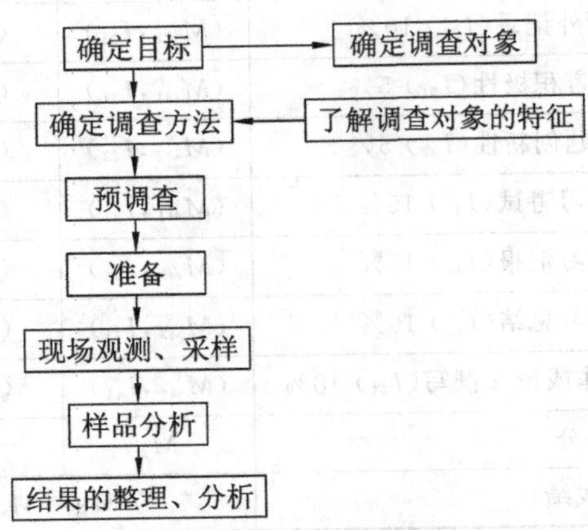

图 1-1　调查工作程序

1.1.2　采样前的准备

采样前，要根据监测项目的性质和采样方法的要求，选择适宜材质的盛水容器和采样器，并清洗干净。此外，还需准备好交通工具。常用的交通工具是船。采样器具的材质要求化学性能稳定，大小和形状适宜，不吸附欲测组分，容易清洗并可反复使用。

1.1.3　采样方法

采集水样前，应用水样冲洗采样瓶 2～3 次，采集水样时，水样距瓶口不少于 2 cm。采集不同形式的水样应用不同的方法。例如，采集污染源调查水样：河流要考虑整个流域布点采样，特别是生活污水和工业废水的入河总排放口。

1. 湖泊、水库

1）湖泊、水库采样点的水平布设

采样点位的布设应充分考虑如下因素：湖泊水体的水动力条件；湖库面积、湖盆形态；补给条件、出水及取水；排污设施的位置和规模；污染物在水体中的循环及迁移转化。

如果湖泊的面积较少（小于 5 km^2），岸线也较短且不太复杂，沿湖如果已铺设截污管道，没有生活污水入湖的话，可以不做湖泊预调查。

取样点位设置：每个湖的湖心和水团中心各取一个水样。另外出水口、清水入口处、非点源主要汇入口等再设采样点。其采样表如表 1-1 所示。

表 1-1　湖泊水样采集表

名称	水面面积/km^2	湖型(主要水团数)	取样点 1	取样点 2	取样点 3	取样点 4

2）湖泊、水库采样点的垂直分布

由于分层现象，湖泊和水库的水质沿水深方向可能出现很大的不均匀性，其可能是受水面(透光带内光合作用和水温的变化引起的水质变化)和沉积物(沉积层中物质的溶解)的影响。此外，悬浮物的沉降也可能造成水质垂直方向的不均匀性。在斜温层也常常观察到水质有很大差异。基于上述情况，在对非均匀水体采样时，要把采样点深度间的距离尽可能缩短。可按表 1-2 的内容进行记录。

表 1-2　现场测定记录表

采样点	采样时间	水温	pH 值	DO	透明度

样品的处理及保存情况：　　　　测定人：　　　　记录人：

2. 河流采样点的布设

1）布置原则

(1) 在对调查研究结果和有关资料进行综合分析的基础上，根据水体尺度范围，考虑代表性、可控性及经济性等因素、确定断面类型和采样点数量，并不断优化。

(2) 有大量废水排入河流的主要居民区、工业区的上游和下游，支流与干流汇合处，入海河流河口处及受潮汐影响河段，国际河流出入国境线出入口，湖泊、水库出入口，应设监测断面。

(3) 饮用水水源地和流经主要风景游览区、自然保护区，以及与水质有关的地方病发病区、严重水土流失区及地球化学异常区的水域或河段，应设置监测断面。

(4) 监测断面的位置应避开死水区、回水区、排污口处，尽量选择水流平稳、水面宽阔、无浅滩的顺直河流。

(5) 监测断面应尽可能与水文测量断面重合，要求有明显岸边标志。

2）河流监测断面设置

断面有背景断面、对照断面、控制断面和削减断面(图 1-2)。其设置方法如表 1-3 所示。

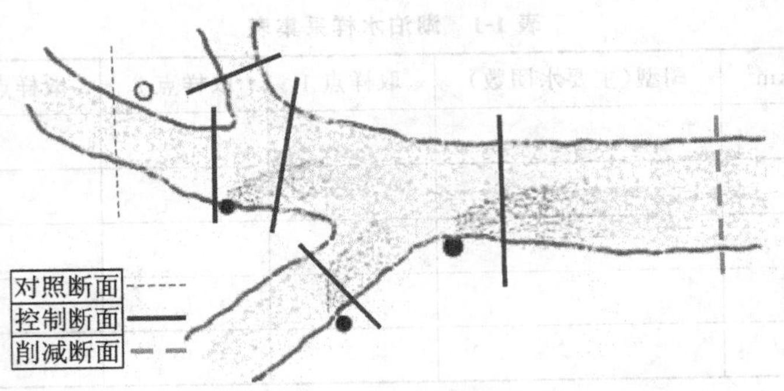

图 1-2　河流监测断面设置示意图

表 1-3　河流断面设置方法

断面名称	设置目的	设置方法	设置数目
背景断面	为了评价一个完整水系的污染程度而提供水环境的背景值	基本上未受人类活动的影响，应设在清洁河段上	根据需要而设
对照断面	了解流入监测断面的水质状况，提供这一水系区域本底值	位于该区域所有污染源上游处，排污口上游 100～500 m 处	1 个河段区域设 1 个对照断面
控制断面	监测污染源对水质的影响	主要排污口下游较充分混合的断面下游。根据主要污染物的迁移、转化规律，河流流量和河道水力学特征确定，在排污口下游 500～1000 m 处。对特殊要求地区也可设置控制断面	多个。根据城市的工业布局和排污口分布情况而定
削减断面	了解经稀释扩散和自净后，河流水质情况	最后一个排污口下游 1500 m 处(左中右浓度差较小的断面、小河流视具体情况)	1 个

3）采样点的水平布设

监测断面设置后根据水面宽度确定断面上的采样垂线，再根据采样垂线的深度确定采样点的数目和位置(图 1-3、图 1-4)。

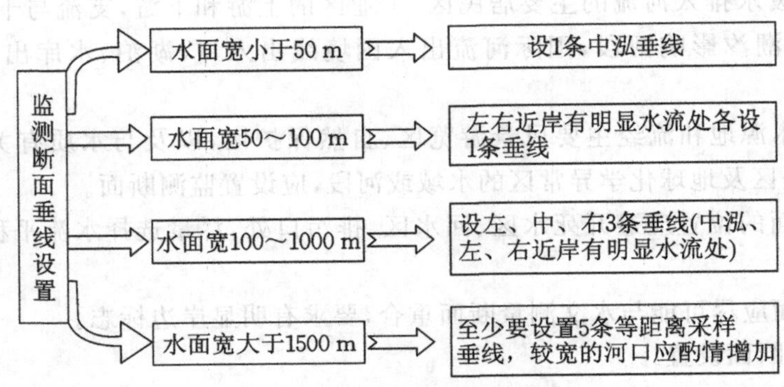

图 1-3　监测断面垂线设置

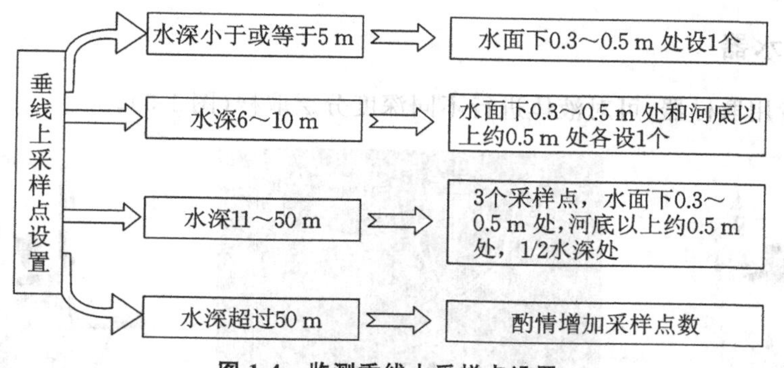

图 1-4　监测垂线上采样点设置

(1) 监测断面上采样垂线的布设，应避开岸边污染带。对有必要进行监测的污染带，可在污染带内酌情增加垂线。

(2) 对无排污河段或有充分数据证明断面上水质均匀时，可只设 1 条中泓垂线。

(3) 凡布设于河口，要计算污染物排放通量的断面，必须按本规定设置采样垂线。

4) 采样点的垂直布设

(1) 水深不足 0.5 m 时，在 1/2 水深处。

(2) 河流封冻时，在冰下 0.5 m 处。

(3) 若有充分数据证明垂线上水质均匀，可酌情减少采样点数。

(4) 凡布设于河口，要计算污染物排放通量的断面，必须按本规定设置采样点。

1.1.4　水样采集注意事项

(1) 应保持水质原有的物理化学性质，采样时不要搅动水底部的沉降物。

(2) 采样时应保证采样点的位置准确，必要时使用定位仪定位。

(3) 认真填写"水样采集表"，用签字笔或者硬质铅笔在现场进行记录。

(4) 保证采样及时、准确、安全。

(5) 采样结束前，应核对采样计划、记录和水样，如有错误或遗漏，应立即补采或重采。

(6) 如采样现场水体很不均匀，无法采到有代表性样品，应详细记录不均匀情况和实际采样情况，供使用该数据者参考，并将此现场情况向环境保护行政主管部门反映。

(7) 测定油类的水样，应在水面至水的表面下 300 mm 采集柱状水样，并单独采样，全部用于测定。采样瓶不能用采集的水样冲洗。

(8) 测溶解氧、生化需氧量和有机污染物等项目时的水样，必须注满容器，不留空间，并用水封口。

(9) 如果水样中含有沉降性固体，则应先进行分离除去。分离方法：将所采的水样摇匀后倒入筒型玻璃容器(如 1～2 L 量筒)，静置 30 min，将已不含沉降性固体但含有悬浮性固体的水样移入盛样容器并加入保存剂。测定总悬浮物和油类的水样除外。

(10) 测定湖库水化学需氧量(COD)、高锰酸盐指数、叶绿素 a、总氮、总磷时的水样，应静置 30 min 后，用吸管一次或几次移取水样，吸管进水尖嘴应插至水样表层 50 mm 以下位置，再加保存剂保存。

(11) 测定油类、五日生化需氧量(BOD_5)、溶解氧(DO)、硫化物、余氯、类大肠杆菌、悬浮物、放射性等项目要单独采样。

1.1.5 采水器

各种野外专用取样器，可对液体进行不同深度分层取样(图 1-5)。

(a) 急流采样器

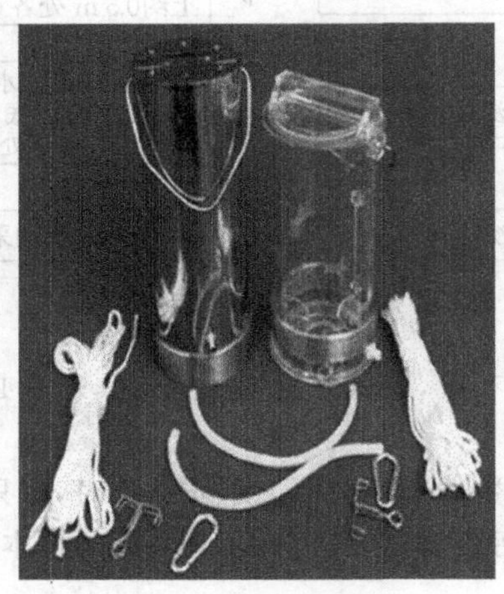

(b) 深水采样器

(c)电动采样器

图 1-5 采水器

1.1.6 样品的固定和保存

样品的固定和保存如表 1-4 所示。

表 1-4 样品的固定和保存

测定项目	容器选择	保存技术	保存时间
温度		在现场立即测定	
浊度	P、G	现场立即测定或暗处冷藏	24 h
pH 值、氧化还原电位(ORP)	P、G	立即测定	
DO	溶解氧瓶	电极法：立即测定；碘量法：在酸化后可延缓滴定	8 h
COD	G	尽快分析，或加入 H_2SO_4 至 pH<2，或 −20 ℃冷冻	7 d
BOD	溶解氧瓶	冷冻或 2～5 ℃冷藏于暗处	24 h
硝酸盐氮	P、G	加入 H_2SO_4 至 pH<2，冷冻	48 h
亚硝酸盐氮	P、G	尽快分析，或 −20 ℃冷冻	1～2 d
氨氮	P、G	用 H_2SO_4 酸化至 pH<2 并在 2～5 ℃下冷藏	24 h
总磷	P、G	用 H_2SO_4 酸化至 pH<2 并在 2～5 ℃下冷藏	数月
镉、铅、铜、锌	P、G	溶解氧瓶酸化至 pH=1～2	14 d

注：P—塑料瓶(聚四氟乙烯)，G—硬质玻璃瓶。

1.2　土壤学野外实习方法

1.2.1　土壤剖面观察与描述

1. 土壤剖面地点的选择与挖掘

研究土壤类型与剖面地点的选择，首先要充分注意其代表性。在实地工作中，根据植被类型、母质、地形等成土因素的变化，确定土壤剖面的挖掘地点。一般应选在“地”的中央，要避免选在田头、地角、渠道旁和粪堆上，点的位置应能代表该土壤所处“地”的特点、排灌条件及土地利用状况。

剖面坑挖掘规格一般以一个人下去工作方便为宜。坑长 1.5～2 m，宽 1 m，深 1～2 m(以需要而定)(图 1-6)。

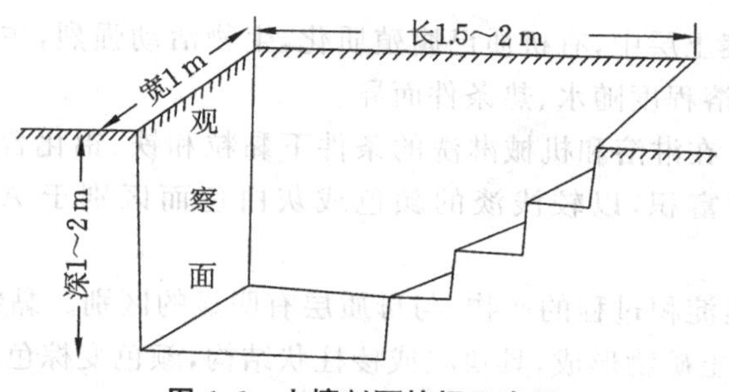

图 1-6　土壤剖面挖掘示意图

挖掘土壤剖面时，应该注意以下几点。

(1) 观察面必须向阳和垂直。

(2) 表土和底土分别堆放在左右两边，回填土时应底土在下，表土在上，不能打乱土层排列次序。

(3) 坑的前方，即观察面上方不能堆土和踩踏，以免破坏土壤的自然状态。

(4) 坑的后方挖成阶梯状，便于上下工作，并可节省土方。

2. 土壤剖面的层次划分

剖面坑挖好后，首先对坑进行修整，看是否符合要求，一个人下去工作是否方便。

先用平口铁锹将观察面自上而下垂直修成自然状态，并用剖面刀从上而下挑出新鲜面。根据剖面所表现出来的形态特征差异(颜色、质地、结构、松紧、根系分布状况等)划分出土层，并量出各土层的厚度，填写在表 1-5 中。

表 1-5　土壤剖面记录表

编号		日期		地形		植被类型	
土壤名称		气象条件		土地利用		母质	
地点		经纬度	北纬　　东经	排水情况		地下水埋深	
剖面深度		海拔高度		地表岩石			

续表

剖面深度/cm	颜色	质地	松紧	结构	湿度	孔隙状况	根系分布	新生体侵入体	盐酸反应	照片编号

1）自然土壤剖面层次

O层：残落物层。在通气良好而又较干燥的条件下，植物残落物堆积，有机物没有完全分解而在地表累积。

H层：泥炭层。在长期水分饱和的条件下，湿生性植物残体在表面累积，是泥炭形成过程中形成的发生层。

A层：淋溶层。在表土层中，有机质已腐殖质化，生物活动强烈，主要进行着淋溶过程，故称为淋溶层。物质的淋溶程度随水、热条件而异。

E层：灰化漂白层。在淋溶和机械淋洗的条件下黏粒和铁、铝化合物淋失，使抗风化力强的石英砂粒与粉粒相对富积，以较浅淡的颜色或灰白色而区别于A层。通常与灰化过程有关。

B层：淀积层。其是淀积过程的产物，与母质层有明显的区别。黏粒、铁、铝或腐殖质在此层淀积或累积。次生黏土矿物形成，具块状或棱柱状结构，颜色变棕色或棕红色、红色等。

C层：母质层。指风化产物没有受到成土过程影响的层次，较上面土层紧实。

R层：母岩层。指最下部坚硬的岩石层。

此外还有一些过渡土层，兼有两种主要发生层的性状，在观测中可以用两个大写字母表示。如AB层表示该层性状更接近A层，BA层则表示该层发育更接近于B层。

2）耕作土壤剖面层次

耕作土壤是在不同的自然土壤剖面上发育而来的，因此也是比较复杂的。在耕作土壤中，旱地和水田由于长期利用方式、耕作、灌溉措施和水分状况的不同，会形成明显不同的层次构造。

（1）旱地土壤的剖面层次。

耕作层：代号A，厚度一般20 cm左右，是受耕作、施肥、灌溉等生产活动和地表生物、气候条件影响最强烈的土层，作物根系分布最多，含有机质较多，颜色较深，一般为灰棕色或暗棕色。疏松多孔，物理性状好，有机质多的耕作层常有团粒粒状结构；有机质少的耕作层往往是碎屑或碎块状结构。耕作层的厚薄和肥力性状，常反映人类生产活动熟化土壤的程度。

犁底层：代号P，位于耕作层以下，厚度约10 cm。由于长期受耕犁的压实及耕作层中的黏粒被降水和灌溉水携带至此层淀积的影响，故土层紧实，一般较耕作层黏重，结构呈片状。此层具有保水保肥作用，但会妨碍根系伸展和土壤的通透性，影响作物的生长发育，旱地需逐年加深耕作层，加以破除。

心土层：代号B，位于犁底层或耕作层以下，厚度为20～30 cm。此层受上部土体压力而较紧密，受气候和地表植物生长的影响较弱，土壤温度和湿度的变化较小，通气透水性较差，微生物活动微弱，物质的转化和移动都比较缓慢，植物根系有少量分布。有机质含量极少，颜色较耕作层浅，如土质黏则呈核状或棱柱状结构，土体较紧实。耕作层中的易溶性化合物会随水下渗至此层。心土层具有一定的保水保肥作用,对作物生育后期的供肥起重要作用。

底土层:代号 G,位于心土层以下,一般在土表 50～60 cm 以下的深度。受气候、作物和耕作措施的影响很小,但受降雨、灌溉、排水的水流影响仍然很大。一般把这层称母质层。底土层的性状对于整个土体水分的保蓄、渗漏、供应、通气状况、物质转运、土温变化都有一定的影响,有时甚至还很深刻。

(2) 水田土壤剖面层次:在人工耕作熟化的水田土壤中,由于特殊的水热条件和物质循环方式,形成了在人工作用下的水田土壤剖面层次。

耕作层:代号 A,又称淹育层,一般厚度 18～25 cm,是受人为影响最深刻、物质和能量交换最活跃的土层。其土色一般是灰色或青灰色,淹水时柔软,泥浆状,干后龟裂呈屑粒状、碎块状,沿根孔和裂隙处有锈斑和锈纹。

以氧化还原状况分,耕作层可分为氧化层和还原层两层。氧化层是指灌溉水层与土面浮泥相接处的层次,黄棕色,厚度不足 1 cm,氧化还原电位一般为 200～300 mV,是好气性微生物活动层。氧化层以下是还原层,其氧化还原电位一般在 200 mV 以下,并含有较多的诸如低价铁、铵态氮一类的还原性物质。

随着水稻土熟化程度的提高,有机质与铁结合形成铁质配合物,在排水落干后便在耕作层孔隙中氧化沉积,形成红棕色的胶膜,农民称之为“鳝血”,这是土壤熟化和氧化还原电位较高的一个标志。

犁底层:代号 P,位于耕作层以下,厚度约 10 cm。多为扁平的棱柱状结构,沿裂隙和根孔处有黄棕色的锈纹和红棕色的胶膜。此层土层紧实,有较大的容重和较小的孔隙度。犁底层的重要意义在于它可以防止水分渗漏过快,使耕作层维持一定厚度的灌溉水层,有利于水稻根系发育和养分释放,并防止养分和还原性铁、锰的强烈淋失。

潴育层:代号 W,又称淀积层。本层土壤处于干湿交替频繁,淋溶淀积作用活跃的条件下,土体形成棱块或棱柱状结构,裂隙间有大量锈纹、锈斑淀积,深度发育时,土体颜色发生分化,剖面上多形成黄白交错的花斑。

潜育层:代号 G,又称青泥层。在排水不良的条件下,土壤长期处于水分饱和状态的还原条件下,有机质在无氧环境下分解缓慢,铁、铝氧化物被还原,土层呈蓝灰色或黑灰色,土块分散成糊状。

3) 主要发生层的修饰字母

在描述土壤发生层的发育特征时,常用下标字母来表示该发生层的主要性状。如 B_t 表示该淀积层有明显的黏化现象,是一个黏化层。B_{tg} 表示该层不仅有黏化现象,还进行氧化还原过程。用来修饰主要土壤发生层的小写字母及其含义如下。

b:埋藏或重叠土层。

c:结核状物质积累。常与表明结核化学成分的字母连用,如 B_{ck} 表示碳酸钙结核淀积层。

g:氧化还原过程所形成的土层,有锈纹、锈斑或铁、锰结核。

h:矿质土层中有机质的自然累积层,如 A_h 是在自然状态下未被人为耕作扰动的土层。

k:碳酸盐的累积,与钙积过程有关。

m:指被胶结、固结硬化的土层,常与胶结物的化学性质的字母连用。如 B_{mk} 表示碳酸盐胶结的石灰结盘层。

n:钠的累积,B_{tn} 表示碱化层。

p:经耕作或其他措施扰动的土层。如 A_p 表示耕作层。

q:次生硅酸盐的聚积层，如 B_{mq} 表示 B 层已为硅酸盐胶结成硅化层。

r:地下水引起的强还原作用产生蓝灰色的潜育化过程。

s:指铁、铝氧化物的累积层。

t:黏化层。

w:指 B 层中就地发生了结构、颜色、黏粒含量变化，而非淀积性土层。

x:脆磐层。土体呈中、弱结持性，结构体或土块受压时会脆裂，干时呈硬性或极硬结持性。通常为斑纹杂色，不易透水，呈粗糙的多面体或棱柱体状。

y:在干旱条件下发生的石膏淋溶淀积产生的石膏聚积层。

z:盐分聚积层。

一般土壤剖面层次见图 1-7 和图 1-8。

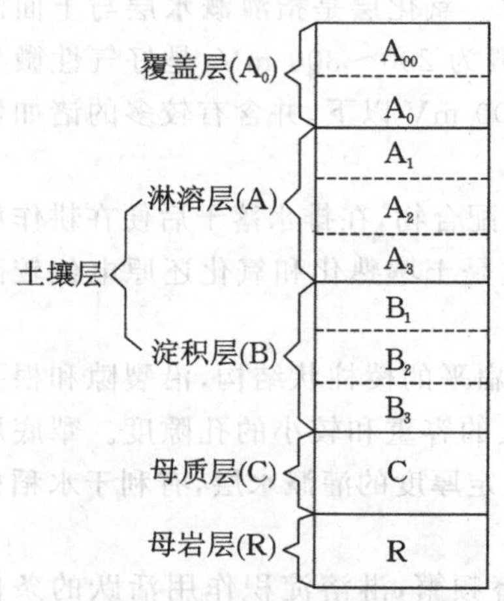

图 1-7 自然土壤剖面层次

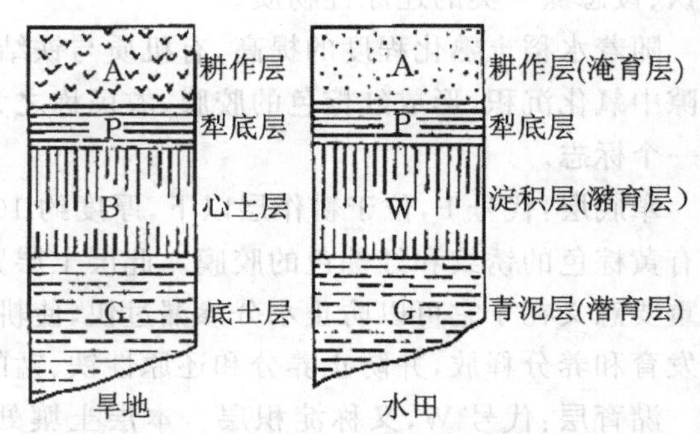

图 1-8 耕作土壤剖面层次

3. 土壤剖面的形态描述

首先对土壤剖面所处的海拔、坡度、母质及母岩，地下水位及水质情况，排水及灌溉情况，植物或农作物种类、施肥及利用情况，侵蚀状况等诸多因素进行调查记载。

土壤剖面的形态特征描述包括剖面构型、湿度、颜色、质地、结构、松紧度、孔隙、植物根系、动物穴、新生体、侵入体、有机质、pH 值、碳酸钙、盐碱情况等。

1) 土壤颜色

土壤颜色是土壤最显著的特征之一，它是土壤内在特性的外部表现。有的土壤就是以颜色命名的，如黄土、红壤、黑土、紫色土等。通过土壤颜色的感观就可初步判断土壤的固相组成和性状。

(1) 土壤腐殖质含量高时，土壤颜色就深。一般腐殖质含量达 1%上下，则土壤为灰色；2%～3%时则为深灰色；4%～5%时则为黑色。在腐殖质含量相近时，则质地愈粗，染色愈明显。

(2) 土壤湿度愈大(土壤含水量愈高)，土壤颜色愈深。故在鉴定土壤颜色时必须注意其湿度。

(3) $Fe_2O_3 \cdot nH_2O$ 常使土壤呈黄色，失水后成红棕色或红色。铁的氧化物常呈胶膜形态包被土粒表面，成为土壤的染色剂。在还原条件下，铁的化合物常呈深蓝色、蓝绿色、青灰色、灰白色。

(4) SiO_2、$CaCO_3$、$CaSO_4$、NaCl、Na_2SO_4 等结晶或粉末，以及高岭石、石英、氧化铝、白云

母等矿物都为白色或无色，它们在土壤中含量较多，使土壤颜色变浅，极多时则呈灰色，甚至白色。土壤颜色浅，说明养分含量较贫乏。

在描述土壤颜色时，一般把主色放在后，副色放在前，并冠以"深""暗""浅"等词以形容颜色的深浅程度。如浅黄棕色，即主色为棕色，副色为黄色，前面冠以"浅"加以形容。

可使用芒塞尔(Munsell)记色法对世界上任何地方的土壤进行描述。芒塞尔记色法是对颜色的三种易变性质的每一种系统的数量化和文字的标记。这三种性质是色彩(特殊的颜色)、亮度(亮和暗)和色度(色彩强度)，并将这三个指标按顺序标出。例如，在 Munsell 记色法中的 10YR6/4，10YR 是色彩，6 是亮度值，4 是色度。将土壤样品与带有标准色阶的色卡进行颜色对比，可以很快地按照 Munsell 记色法定出颜色(彩图 1-1)，例如，棕色土可表示为色调亮度/色度(10YR5/3)。

2) 土壤质地

土壤质地是根据土壤机械组成划分的土壤类型。

通常所说砂土、壤土、黏土等，就是根据粗细不同的土粒所占百分比来决定的。土壤质地是土壤的重要物理性质之一，对土壤肥力有重要影响。

田间确定土壤质地时，可根据卡庆斯基土壤质地分类手摸法进行判断，具体判别流程见图 1-9。

3) 松紧状况

土壤松紧表示土粒与土粒、土团与土团之间相互连接或堆积的状态、方式。它影响作物出苗、扎根难易以及后期生长。判断土壤松紧程度一般在田间用铁锹掘入土壤的难易程度表示：

极紧实——用铁锹很难掘入土壤。

紧实——用铁锹十分费力才能掘入土壤。

稍紧——稍用力就可掘入土壤。

稍松——很小用力就可掘入土壤。

极松——不用力和铁锹自垂即可进入土壤。

在科学研究中也可用土壤紧实度计(土壤硬度计)测定土壤的松紧度，还可用容重大小表示土壤的松紧度。土壤的松紧与孔隙状况有密切的关系，疏松的土壤，孔隙度大，容重小，紧实的土壤则相反。

4) 土壤结构

土壤结构指土粒相互团聚或胶结而成的团聚体。其大小、形状和性质不同，所反映的生产性状也不一样。根据布鲁尔的定义，土壤结构是"根据土粒和孔隙的大小、形状以及排列方式等特征构成土壤物质的物理性结构"。由此可见，土壤结构与土壤孔隙密不可分，土壤结构是土壤孔隙的调节器。

常见土壤结构有以下几种(图 1-10)。

团粒：形似绿豆，近于球体，边面不明显，直径 1～5 mm。

核状：类似粒状，直径 5～20 mm。

块状：近似立方体，边角、边面不明显，直径大于 20 mm。

柱状：结构沿垂直轴发育较好，边角不明显为柱状，边角明显为棱柱状。

片状：结构沿水平轴发育，边与面表现清楚，又称板状。

鳞鱼片：似鳞片。

常见的土壤结构，耕作层有团粒、坷垃、板结和结皮；犁底层有片状结构；底土层有核状

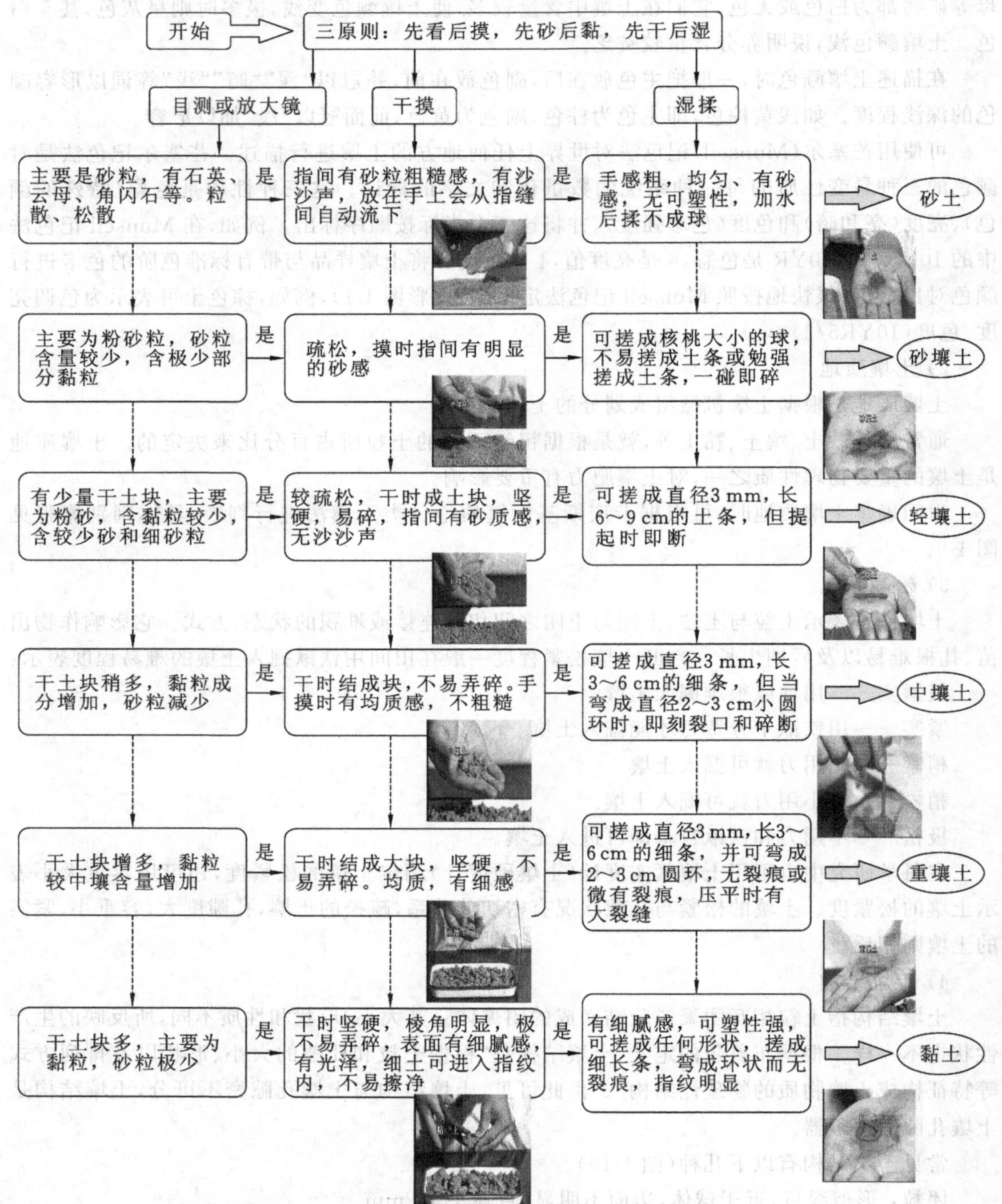

图 1-9　卡庆斯基土壤质地分类手摸法判别流程

（或粒状）、柱状和棱柱状等结构。团粒结构是农业上最优良的结构体，近似圆形，无棱角，其中以直径 1～3 mm 大小较好，多出现在熟化程度较高的耕作层（或表层）。坷垃、板结和结皮是不良的结构体。坷垃多因质地黏重、腐殖质含量少和耕作不当引起，形成的坷垃坚硬有棱角、用手捏不易散碎，农民称为“生坷垃”或“死坷垃”；反之，易捏碎较松散的称为“熟

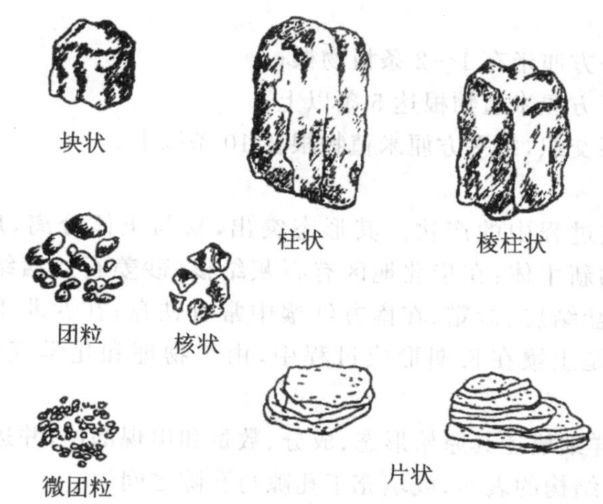

图1-10　常见土壤结构示意图

坷垃”或“活坷垃”。坷垃常引起压苗、漏风跑墒。其危害程度取决于坷垃的大小和数量。板结和结皮是在灌溉或降雨之后出现，潮湿而黏重的土壤因脱水干燥而使地表龟裂，质地黏重程度和干燥速度影响龟裂的厚度和宽度，厚度5～10 mm者称为板结；小于5 mm者称为结皮。底土层的柱状、棱柱状结构，一般在碱土的碱化层出现，质地黏重，脱水后坚硬，通气透水不良，影响扎根。

野外描述土壤结构时，要注意两点：

第一，土壤湿度比较小的情况下，才能容易和真实地观察到土壤的结构；

第二，在同一土层中，土壤结构不止一种类型，往往有两种或三种类型，如同在同一土层，既有粒状，又有小块状，要详细描述，并记录在剖面内的变化情况。

5）土壤湿度

野外对土壤水分的描述，分为以下五级。

(1) 干：用手挤压土块，感觉不到有水分，颜色较浅。

(2) 润：用手挤压土块，有凉的感觉。

(3) 湿润：用手挤压土块，手上有湿痕。

(4) 潮湿：用手挤压土块，可挤出水来。

(5) 湿：土壤水分饱和。

6）土壤孔隙状况

土壤是一个极其复杂的多孔体系。其孔隙的粗细、形状以及连通情况复杂多样，目前还不能直接测定出来。一般在土壤剖面各土层中，细微的孔隙难于观察记录，只能目睹一些较大的孔隙，如根孔、动物穴等。把它们的数量记录下来，以便了解土壤的透水、排水性的差异。在研究工作中，常通过测定土壤容重来间接计算土壤的孔隙度，以了解土壤的孔隙数量和孔隙(径)分布状况。

7）植物根系

植物根系分布状况与土壤肥力有密切的关系。主要观察根系的深度、数量、粗细以及分布的形状等，同时要注意根系对土层中腐殖质形成的影响，并分清是木本的或是草本的，其描述标准可以分为四级：

(1) 没有根系；

(2) 少量根系，每平方厘米有 1～2 条植物根；

(3) 中量根系，每平方厘米植物根达 5 条以上；

(4) 大量根系，根系交织，每平方厘米植物根在 10 条以上。

8) 新生体

新生体是土壤形成过程中的产物。其形态突出，易与土体分离，反映土壤成土条件和成土过程特征。常见的新生体：在华北地区有石灰结核(砂姜石)、锰结核、锈纹、锈斑、假菌丝体等；在盐碱地区有盐结皮、盐霜；在南方红壤中常有铁盘；在西北干旱土壤中有盐盘、石膏盘、石灰盘等。它们是土壤在长期形成过程中，由于物理和化学变化而形成的一种特殊的物体。

在观察剖面时，应详细描述其原始形态、成分、数量和出现部位，并进行综合分析。土壤的新生体通常依附于土壤结构的表面，或填充于孔隙与孔隙之间。

9) 侵入体

侵入体是迁入土壤中的各种外来物体，如煤渣、砖头、瓦砾、塑料、贝壳及各种动物遗体、虫粪等，是由人为机械活动或动物活动混入的物质，它们是在发生上与土壤物质转化无关的物质。

在观察时，要说明侵入体的种类、数量和出现的层位。

10) 动物穴

土壤中的动物数量相当多，常见的有蚯蚓、蚂蚁、各种昆虫和田鼠等。准确描述土壤中的动物及其活动后留下的动物穴的状况，对评价土壤肥力和改良土壤都有很大的参考价值。

11) 有机质

土壤有机质状况与土壤颜色深浅有一定的关系，在野外可以根据土壤颜色状况，对土壤有机质含量的多少和土壤剖面中的分布情况给予恰当的描述。

12) 土壤 pH 值

在野外，可用 pH 混合指示剂直接测定土壤 pH 值。

土壤剖面的观察，根据上述标注逐项记入土壤剖面记录表。对于土壤层次过渡情况，可以根据颜色、质地、松紧度等来描述层次过渡是否明显，并可记录在备注中，然后对土壤及其自然情况进行综合叙述、评价，将结果写入记录表中。

1.2.2　土壤样品的采集、制备与测试

1. 土壤样品的采集

记录与描述土壤剖面后，为了对其肥力状况及发生学特点有全面深入的了解，还应分层采集土壤样品进行室内分析。野外采样的正确与否，关系到对土壤的认识和判断是否正确。要充分注意采样的方法，否则实验室的分析将是徒劳无益的。

1) 土壤发生学采样

根据划分好的发生学层次，分层采集有代表性的土壤样本 500～1000 g，分别装入土袋，并填写好一式两份标签，一份装入土袋，另一份系在袋口。在采样时，应从土壤剖面的下部开始，逐层向上采集，避免土样混淆，影响结果。

2) 耕作层土壤混合采样

为了解土壤耕作层的养分情况，采样时需注意：第一，只采耕作层的土样；第二，多点采集

样本，进行充分混合，然后用四分法取舍到所需样本数量为止。

一般要求如下。

(1) 采样点：应避免田边、路旁、粪堆旁以及一些特殊的地形部位。

(2) 采样面积：一般在20～50亩的地块采集1个混合样，可根据实际情况酌情增加样品数。

(3) 采样深度一般以耕作层（0～20 cm）的表土为宜，取样点不少于5点。可用土钻或铁锹取样。特殊的微量元素分析，如铁元素需改用竹片或塑料工具取样以防污染。

(4) 每点取样深度和数量应相当，集中放入1个土袋中，最后充分混匀碾碎，用四分法取对角两组，其余舍弃掉。取样数量以1 kg左右为宜。

(5) 采样线路：通常采用对角线、棋盘式和蛇形取样法。

(6) 装好袋后，拴好内外标签。标签上注明采样地点、深度、作物前茬、施肥水平、采集人和日期，带回室内风干处理。

3) 标本盒采样

为了进行土壤分类和拼图，按调查区内主要制图单位的土壤，分层采集土壤标本，装入土盒，以便相互比较，土盒盖上应写明剖面编号、地点、土壤名称、层次、深度等。

4) 整段标本采样

为了陈列或教学示范，将有代表性和典型性的土壤剖面采集整段标本。其方法为：做一个两面有活动盖子的木匣（长100 cm，宽20 cm，高10 cm）。取土时先将两个盖子取下，按木匣大小垂直嵌进土壤剖面上，切成土柱，并将一面削平，套上一个盖子，然后将另一面削平取下，套上另一个盖子固定即成，填写好标签，送室内保存或展览厅陈列。

5) 污染场地调查采样

污染场地包括重金属污染场地，持久性有机污染物场地，以有机污染为主的石油、化工、焦化等污染场地和电子废弃物污染场地等。污染场地调查采样与上述土壤发生学和耕作层土壤采样不同，其采样可以点面结合（兼顾不同污染类型、不同类型土壤、不同利用方式土壤等），但也要注意功能统筹（按照生产、存储、办公、居住等种类进行划分）。具体采样布点时，可以采取随机布点法（适用于污染情况较为接近、土地利用的功能相同、污染的分布较为均匀的情况）、网格布点法（适用于调查区域土地利用种类较为多样、场地范围较为宽广、土壤的污染情况较为复杂、污染情况尚不明确的情况）和分区布点法（调查的场地各功能区域分布明显，有较明确的界线，而且场地废弃后土壤的原始状况保存较为完整）。在本实习过程，需要在大宝山李屋拦泥库采集底泥和周边土壤，在凡口尾矿库采集库坝周边土壤及修复工程已修复和未修复地区的土壤。届时，可采用随机布点法在各“功能区”进行样品采集。采样深度为0～20 cm。

2. 土壤样品的制备

1) 风干

将采回的土样，放在木盘中或塑料布上，摊成薄薄的一层，置于室内通风阴干。在土样半干时，须将大土块捏碎（尤其是黏性土壤），以免完全干后结成硬块，难以磨细。风干场所力求干燥通风，并要防止酸蒸气、氨气和灰尘的污染。

样品风干后，应拣去动植物残体如根、茎、叶、虫体等和石块、结核（石灰、铁、锰）。如果石子过多，应当将拣出的石子称重，记下所占的百分比。

2）粉碎过筛

风干后的土样，倒入钢玻璃底的木盘上，用木棍研细，使之全部通过 2 mm 孔径的筛子。充分混匀后用四分法分成两份，如图 1-11 所示。一份作为物理分析用，另一份作为化学分析用。作为化学分析用的土样还必须进一步研细，使之全部通过 1 mm 或 0.5 mm 孔径的筛子。1927 年国际土壤学会规定通过 2 mm 孔径的土壤作为物理分析用，能通过 1 mm 孔径的作为化学分析用，人们一直沿用这个规定。但近年来很多分析项目趋向采用半微量的分析方法，称样量减少，要求样品的细度增加，以降低称样的误差。因此现在有人使样品通过 0.5 mm 孔径的筛子。但必须指出，土壤 pH 值、交换性能、速效养分等测定，样品不能研得太细，因为研得过细，容易破坏土壤矿物晶粒，使分析结果偏高。同时要注意，土壤研细主要使团粒或结粒破碎，这些结粒是由土壤黏土矿物或腐殖质胶结起来的，而不能破坏单个的矿物晶粒。因为晶粒破坏后，会暴露出新的表面，增加有效养分的溶解。因此，研碎土样时，只能用木棍滚压，不能用榔头锤打。

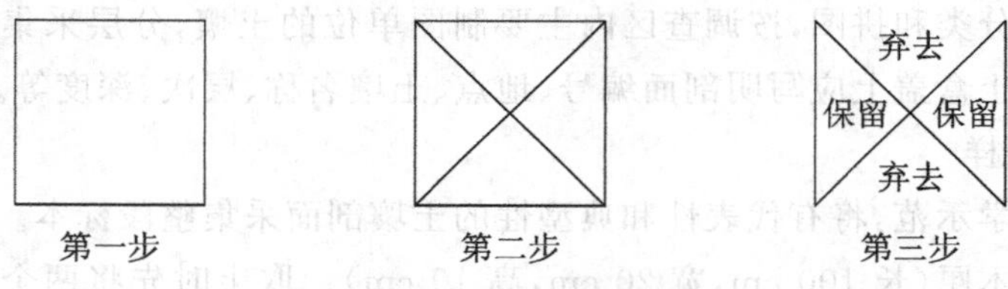

图 1-11　四分法取样步骤图

全量分析的样品包括 Si、Fe、Al、有机质、全氮等的测定，则不受磨碎的影响，而且为了减少称样误差和样品容易分解，需要将样品磨得更细。方法是取部分已混匀的 1 mm 或 0.5 mm 的样品铺开，划成许多小方格，用骨匙多点取出土壤样品约 20 g，磨细，使之全部通过 100 目筛子。测定 Si、Fe、Al 的土壤样品需要用玛瑙研钵研细，瓷研钵会影响 Si 的测定结果。

在土壤分析工作中所用的筛子有两种：一种以筛孔直径的大小表示，如孔径为 2 mm、1 mm、0.5 mm 等；另一种以每英寸长度上的孔数表示。如每英寸长度上有 40 孔，为 40 目筛子，每英寸有 100 孔为 100 目筛子。孔数愈多，孔径愈小。筛目与孔径之间的关系可用下列简式表示：

$$\text{筛孔直径(mm)} = \frac{16}{\text{1 英寸孔数}}$$

1 英寸＝25.4 mm，16 mm＝25.4～9.4 mm（网线宽度）

3）保存

一般样品用磨口塞的广口瓶或塑料瓶保存半年至一年，以备必要时查核之用。样品瓶上标签须注明样号、采样地点、土类名称、试验区号、深度、采样日期、筛子孔径等项目。

3. 土壤样品的分析测试

应根据实验目的确定分析测试项目。

一般土壤养分测定中，土壤有机质、土壤有效氮、土壤有效磷、土壤速效钾和土壤 pH 值为必测项目，其他养分含量可根据实验需要选测。重金属污染土壤应根据污染来源、种类确定采样方法和测定项目。

具体测定方法可参考有关文献。

1.3 野外矿物岩石、地质构造的观察

1.3.1 地质罗盘的使用

地质罗盘是进行野外地质工作必不可少的一种工具。借助它可以定出方向、观察点所在位置，测出任何一个观察面的空间位置（如岩层层面、褶皱轴面、断层面、节理面等构造面的空间位置），以及测定火成岩的各种构造要素、矿体的产状等。因此必须学会使用地质罗盘。

1. 地质罗盘的结构

地质罗盘式样很多，但结构基本是一致的，我们常用的是圆盘式地质罗盘。其由磁针、刻度盘、测斜仪、瞄准觇板、水准器等几部分安装在一个铜、铝或木制的圆盆内组成，如图 1-12 所示。

图 1-12 地质罗盘

1）磁针

磁针一般为中间宽、两边尖的菱形钢针，安装在底盘中央的顶针上，可自由转动，不用时应旋紧制动螺丝，将磁针抬起压在盖玻璃上避免磁针帽与顶针尖的碰撞，以保护顶针尖，延长罗盘使用时间。在进行测量时放松制动螺丝，使磁针自由摆动，最后静止时磁针的指向就是磁子午线方向。由于我国位于北半球，磁针两端所受磁力不等，使磁针失去平衡。为了使磁针保持平衡，常在磁针南端绕上几圈铜丝，用此也便于区分磁针的南北两端。

2）水平刻度盘

水平刻度盘的刻度采用以下的标示方式：从零度开始按逆时针方向每 10°一标记，连续刻至 360°，0°和 180°分别为北(N)和南(S)，90°和 270°分别为东(E)和西(W)，利用它可以直接测得地面两点间直线的磁方位角。

3）竖直刻度盘

竖直刻度盘专用于读倾角和坡角读数，以 E 或 W 位置为 0°，以 S 或 N 为 90°，每隔 10°标记相应数字。

4）悬锥

悬锥是测斜器的重要组成部分，悬挂在磁针的轴下方，通过底盘处的觇板手可使悬锥转

动，悬锥中央的尖端所指刻度即为倾角或坡角的度数。

5）水准器

水准器通常有两个，分别装在圆形玻璃管中，圆形水准器固定在底盘上，长形水准器固定在测斜仪上。

6）瞄准器

瞄准器包括接物和接目觇板，反光镜中间有细线，下部有透明小孔，使眼睛、细线、目的物三者成一线，作瞄准之用。

2. 地质罗盘的使用方法

1）在使用前必须进行磁偏角的校正

因为地磁的南北两极与地理上的南北两极位置不完全相符，即磁子午线与地理子午线不相重合，地球上任一点的磁北方向与该点的正北方向不一致，这两方向间的夹角称磁偏角。地球上某点磁针北端偏于正北方向的东边称东偏，偏于西边称西偏。东偏为（+），西偏为（－）。

地球上各地的磁偏角都按期计算，公布以备查用。若某点的磁偏角已知，则一测线的磁方位角 A 磁和正北方位角 A 的关系为 A 等于 A 磁加减磁偏角。应用这一原理可进行磁偏角的校正，校正时可旋动罗盘的刻度螺旋，使水平刻度盘向左或向右转动（磁偏角东偏则向右，西偏则向左），使罗盘底盘南北刻度线与水平刻度盘 0°～180°连线间夹角等于磁偏角。经校正后测量时的读数就为真方位角。

2）目的物方位的测量

目的物方位的测量是测定目的物与测者间的相对位置关系，也就是测定目的物的方位角（方位角是指从子午线顺时针方向到该测线的夹角）。

测量时放松制动螺丝，使对物觇板指向目的物，即使罗盘北端对着目的物，南端靠着自己，进行瞄准，使目的物、对物觇板小孔、盖玻璃上的细丝、对目觇板小孔等在一直线上，同时使底盘水准器水泡居中，待磁针静止时指北针所指度数即为所测目的物的方位角。若指针一时静止不了，可读磁针摆动时最小度数的二分之一处，测量其他要素读数时亦同。

若用测量的对物觇板对着测者（此时罗盘南端对着目的物）进行瞄准，指北针读数表示测者位于测物的方向，此时指南针所示读数才是目的物位于测者的方向，与前者比较这是因为两次用罗盘瞄准测物时罗盘的南、北两端正好颠倒，故影响目的物与测者的相对位置。

为了避免时而读指北针，时而读指南针，产生混淆，应以对物觇板指着所求方向恒读指北针，此时所得读数即所求目的物的方位角。

3）岩层产状要素的测量

岩层的空间位置取决于其产状要素，岩层产状要素包括岩层的走向、倾向和倾角。测量岩层产状是野外地质工作的最基本的工作方法之一，必须熟练掌握。

（1）岩层走向的测定：岩层走向是岩层层面与水平面交线的方向，也就是岩层任一高度上水平线的延伸方向。测量时将罗盘长边与层面紧贴，然后转动罗盘，使底盘水准器的水泡居中，读出指针所指刻度即为岩层的走向。因为走向是代表一条直线的方向，它可以两边延伸，指南针或指北针读数正是该直线两端延伸的方向，如 NE30°与 SW210°均可代表该岩层的走向。

（2）岩层倾向的测定：岩层倾向是指岩层向下最大倾斜方向线在水平面上的投影，恒与岩层走向垂直。测量时，将罗盘北端或接物觇板指向倾斜方向，罗盘南端紧靠着层面并转动罗盘，使底盘水准器水泡居中，读指北针所指刻度即为岩层的倾向。假若在岩层顶面上进行测量有困难，也可以在岩层底面上测量，仍用对物觇板指向岩层倾斜方向，罗盘北端紧靠底面，读指北针即可；假若测量底面时读指北针受阻碍，则用罗盘南端紧靠岩层底面，读指南针亦可。

(3) 岩层倾角的测定：岩层倾角是岩层层面与假想水平面间的最大夹角，即真倾角，它是沿着岩层的真倾斜方向测量得到的，沿其他方向所测得的倾角是视倾角。视倾角恒小于真倾角，也就是说岩层层面上的真倾斜线与水平面的夹角为真倾角，层面上视倾斜线与水平面的夹角为视倾角。野外分辨层面的真倾斜方向甚为重要，它恒与走向垂直，此外可用小石子使之在层面上滚动或滴水使之在层面上流动，此滚动或流动的方向即为层面的真倾斜方向。测量时将罗盘直立，并以长边靠着岩层的真倾斜线，沿着层面左右移动罗盘，并用中指搬动罗盘底部的活动扳手，使测斜水准器水泡居中，读出悬锥中尖所指最大读数，即为岩层的真倾角。

(4) 岩层产状的记录方式通常采用方位角记录方式。如果测量出某一岩层走向为310°，倾向为220°，倾角为35°，则记录为NW310°/SW∠35°或310°/SW∠35°或220°∠35°。野外测量岩层产状时需要在岩层露头测量，不能在转石(滚石)上测量，因此要区分露头和滚石。区别露头和滚石，主要是多观察和钻研并要善于判断。测量岩层面的产状时，如果岩层凹凸不平，可把记录本平放在岩层上当作层面以便进行测量。

1.3.2 野外矿物岩石的观察和描述

了解地球的物质组成，是从认识矿物岩石开始的。矿物岩石的野外识别能力，是地质相关工作者的一项基本功。

目前地球上被发现的矿物总数已达3300余种，我们在课堂、实验室内所见到的还不到1%，如此多的矿物如何才能辨认过来？其实与人类关系密切的仅200余种。其中长石、石英、橄榄石、辉石、角闪石、云母、黏土矿物、方解石等是常见的造岩矿物，它们占了地球上矿物总量的90%以上。其余如硫化物、氧化物、卤化物等一般少见，只是在一定区域、一定地质时代，富集到一定程度才形成金属或非金属矿产。

在野外，矿物是组成岩石的基本单位。它们的分布并非杂乱无章，而与地球的演化密切相关。它们随着区域、地质时代的不同有规律地分布。在岩石圈范围内，岩浆岩、变质岩占总体积的95%，沉积岩仅占5%，主要分布于5 km以上的范围内，但涵盖了大陆面积的70%，海底几乎全部为沉积物所覆盖。而沉积岩中，碎屑岩、碳酸盐岩、黏土岩共占总量的99%，其他可燃有机岩、硅质岩、铁质岩、铝质岩及盐类仅占很少比例。

了解了这些，在野外就可以做到“心中有数”了。运用学过的矿物岩石的知识和方法，在不断的实践中积累经验，就会认识越来越多的矿物和岩石，识别能力会愈来愈强。

在野外，除了掌握岩石的基本知识和识别方法外，还可借助一些简单的工具：如地质锤、放大镜、小刀、5%的稀盐酸等。观察时，首先要用地质锤敲开岩石的新鲜面再进行其他工作，否则其风化表面会使观察者产生错误的认识。用小刀可以区分硬度为6级上下的矿物，如方解石和石英。如遇石膏和滑石，指甲刻画即可识别。矿物之间相互刻画可判断它们的相对硬度大小。一般放大镜可将岩石中细小的矿物颗粒放大10倍,能够观察其成分、结构等。用稀盐酸可以区别方解石与其他矿物。

实地观察时,首先映入眼帘的是岩石的颜色。对岩石颜色的描述十分重要。一般地说,岩浆岩和变质岩的颜色往往与其暗色矿物(如橄榄石、辉石、角闪石、黑云母等,它们都是含有Fe^{2+}的硅酸盐矿物)含量有关,含量愈高,颜色愈深。岩浆岩从超基性岩至酸性岩颜色逐渐变浅,就是暗色矿物含量渐少,而长石、石英等浅色矿物含量渐高的缘故。因此在观察岩浆岩、变质岩的过程中,对颜色的正确描述有助于岩石类型的识别。而沉积岩中,深色岩层系因其富含有机质所致,它们往往代表还原、湿润条件下的产物。而常见于岩浆岩、变质岩中的暗色矿物极易风化分解,难以出现在沉积岩中。红色沉积岩层多含有Fe^{3+},是氧化、干燥条件下的产物。

接下来利用手中的工具观察岩石的矿物成分、结构、构造。沉积岩中,还要注意古生物化石的观察。野外岩石在纵向上、横向上会发生变化,观察时应注意上、下、左、右的区别,观察它们的变化,这样才能全面认识岩石及其组合特征。观察内容应分项逐条记录在笔记本上。

1. 沉积岩的观察和描述

沉积岩是分布于地表的主要岩类。虽然它种类繁多,岩性变化较大,但在野外,沉积岩是最易辨认的。野外识别沉积岩,其最显著的宏观标志就是成层构造,即层理。据此,很容易与岩浆岩、变质岩相区别。根据沉积岩成因、结构和矿物成分,可进一步区分出次一级的类别。凡具碎屑结构,即碎屑粒径大于0.005 mm,被胶结物胶结而成的岩石,是碎屑岩;凡具泥质结构,即粒径小于0.005 mm,质地均匀、较软,有细腻感,常具页理的岩石是黏土岩;凡具化学和生物化学结构,多为单一矿物组成的岩石,是化学岩和生物化学岩。由于各类沉积岩的岩性存在差别,因此在鉴定方法上也不相同,常见的鉴定方法如下。

(1) 碎屑岩的肉眼鉴定:鉴定碎屑岩时着重观察其岩石结构与主要矿物成分。首先是看碎屑结构。抓住这一特征,就不会与其他岩石相混淆了。要仔细观察碎屑颗粒大小:粒径大于2 mm是砾岩,0.05～2 mm是砂岩,0.005～0.04 mm是粉砂岩。粉砂岩颗粒肉眼难以分辨,用手指研磨有轻微砂感。按砂岩的粒径又可鉴定出粗砂岩(0.6～2 mm)、中砂岩(0.26～0.5 mm)和细砂岩(0.05～0.25 mm)。对于砾岩,还应注意观察其颗粒形状,颗粒外形呈棱角状者是角砾岩,系圆状或次圆状者为砾岩。其次,看碎屑岩的矿物成分(碎屑颗粒成分和胶结物成分)。砾岩类的碎屑成分复杂,分选较差,颗粒较大,一般不参与定名;砂岩,主要矿物成分有石英、长石和一些岩石碎屑。在碎屑岩中,常见的胶结物有铁质(氧化铁和氢氧化铁)、硅质(二氧化硅)、泥质(黏土物质)、钙质(碳酸钙)等。铁质胶结物多呈红色、褐红色或黄色。硅质胶结物最硬,小刀刻不动。钙质胶结物滴稀盐酸会起泡。弄清楚了结构和成分,就可为碎屑岩定名。例如,碎屑矿物成分以石英为主,其含量超过50%,长石和岩屑含量均小于25%的砂岩,称作石英砂岩。也可按其胶结物命名,如可称某岩石为铁质石英砂岩。碎屑岩中可见化石,但一般保存较差。火山碎屑岩的鉴别比较困难,因为它在成因上具有火山喷发和沉积的双重性,是一种介于岩浆岩与沉积岩之间的过渡型岩石。常常是以其成因特点、物质成分、结构、构造和胶结物的特征来区别于碎屑岩。

(2) 黏土岩的肉眼鉴定:鉴定黏土岩的主要依据是其泥质结构。黏土岩矿物颗粒非常细小,肉眼仅能按其颜色、硬度等物理性质及结构、构造来鉴定。它多具滑腻感,黏重,有可塑性、烧结性等物理性质。若是纯净的黏土岩,一般为浅色的土状岩石。层理是黏土岩中最明显的特征，因此，人们就按黏土岩层理（若层理厚度小于1 mm则称页理）及其固结程度进行分类，将固结程度很高、页理发育，可剥成薄片者称作页岩，页岩常含化石，黏土岩中以页岩为主。将那些固结程度较高、不具页理，遇水不易变软者称作泥岩。最后，再根据颜色与混入物的不同进行命名，如紫红色铁质泥岩、灰色钙质页岩等。

（3）化学岩和生物化学岩的肉眼鉴定：此类岩石中分布最广和最常见的有碳酸盐岩、硅质岩、铁质岩和磷质岩，尤以碳酸盐岩分布为广。有无生物遗骸是判断属于生物化学岩或是化学岩的标志。化学岩成分常较单一。它们多为单矿物岩石，故此，可按其矿物的物理性质进行鉴定。化学岩具有化学结构，即结晶粒状结构和鲕状结构等；生物化学岩具生物结构，即全贝壳结构、生物碎屑结构等。

在观察和描述沉积岩时应注意：要描述岩石整体的颜色，区分岩石是碎屑结构、泥质结构或结晶结构和生物结构等；要描述组成岩石的主要矿物、碎屑物及胶结物等成分；据其矿物成分、颗粒大小及颜色上的差异，观察岩石的层理，注意层面上波痕、泥裂等构造特征；对砾石的形状、大小、磨圆度和分选性等特征要描述，并要确定胶结类型，以及胶结程度；对沉积岩命名时应遵循"颜色-胶结物-岩石名称"的法则。此外，还需注意沉积岩体形状、岩层厚度及产状、风化程度、化石保存情况及其类属。

2. *岩浆岩的观察与描述*

岩浆岩或称火成岩，是由岩浆凝结形成的岩石，约占地壳总体积的65%。由于岩浆岩中有一些自己特有的结构和构造特征，因而对岩浆岩的观察，一般是观察其颜色、结构、构造、矿物成分及其含量，最后确定其岩石名称。肉眼鉴定岩浆岩，首先看到的就是颜色。颜色基本可以反映出岩石的成分和性质。对岩浆岩进行肉眼鉴定的具体步骤如下。

第一步是要依据其颜色大致定出属于何种岩类。比如，若是浅色，一般为酸性岩（花岗岩类）或中性岩（正长岩类）；若是深色，一般为基性岩或超基性岩。由酸性岩到基性岩，深色矿物的含量逐渐增多，岩石的颜色也就由浅到深。同时还要注意区别岩石新鲜面的颜色和风化后的颜色。还可根据其中暗色矿物与浅色矿物的相对含量来进行描述，如暗色矿物含量超过60%者为暗色岩，在30%～60%者为中色岩，在30%以下者为浅色岩。

第二步是观察岩浆岩的结构与构造。据此，便可区分出其是属深成岩类、浅成岩类或是喷出岩类。根据岩石中各组分的结晶程度，可分为全晶质、半晶质和玻璃质等结构。不仅要对全晶质的结构区分出显晶质或隐晶质结构，还要对其中的显晶质结构岩石按其矿物颗粒大小，进一步细分出等粒、不等粒、粗粒或细粒等结构。对具有斑状结构的岩石要描述斑晶成分、基质的成分及结晶程度。假如岩石中矿物颗粒大，呈等粒状、似斑状结构，则属深成岩类；假如矿物颗粒微细致密，呈隐晶质、玻璃质结构，则一般属喷出岩类；假如岩石中矿物为细粒及斑状结构，即介于上述两者之间，属于浅成岩类。观察岩石中矿物有无定向排列，进而推断岩石的形成环境，含挥发组分多少以及岩浆流动的方向。若无定向排列，称之为块状构造；若有定向排列，则可能是流纹构造、气孔构造或条带状构造。深成岩、浅成岩大多是块状构造；喷出岩则为流纹构造和气孔构造等。对于岩石中有规律排列的长柱状矿物、气孔捕虏体等均要观测其方向。对于那些在接触面上有规则排列的片状矿物，要描述其组成成分，并测定其产状要素。

第三步是观察岩浆岩的矿物成分。矿物成分是岩石定名最重要的依据。岩浆岩类别是根

据 SiO_2 含量百分比确定的，而 SiO_2 含量可在岩石矿物成分上反映出来。假如有大量石英出现，说明是酸性岩；如果有大量橄榄石存在，则表明是超基性岩；如果只有微量或根本没有石英和橄榄石，则属中性岩或基性岩。假如岩石中以正长石为主，同时所含石英又很多，就可判定是酸性岩；倘若以斜长石为主，暗色矿物又多为角闪石，属于中性岩；若暗色矿物多系辉石，则属基性岩。对于岩石中凡能用肉眼识别的矿物均要进行描述。首要的是描述主要矿物形态、大小及其性质；其次，要对次要矿物做简略描述。

第四步是为岩浆岩定名。在肉眼观察和描述的基础上确定岩石名称。注意在岩石名称前面冠以颜色和结构，比如，可将某岩石定名为浅灰色粗粒花岗岩。

另外，在野外还要注意查明岩浆岩体的产状，即岩体的空间分布位置、规模大小以及与围岩的接触关系等，结合岩石的结构与构造，以推论岩石的形成环境；也要注意不同侵入体或同一侵入体之间的岩性变化、时间顺序及相互关系。

3. 变质岩的观察与描述

我国区域变质岩系发育较多，时代自太古宙到中生代均有出露。由于地质环境差异较大，发展历史很不相同，因而区域地质各具特色，造成变质岩类型复杂，岩石相对难以识别。变质岩主要有片麻岩、粒状岩石（变粒岩、浅粒岩）、片岩、千枚岩、变质硅铁质岩、大理岩、变质铁镁质岩及区域混合岩等。

在野外鉴别变质岩的方法、步骤与岩浆岩类似，但主要是根据其构造、结构和矿物成分。这是因为，变质岩的构造和结构是其命名和分类的重要依据。

第一步可先根据构造和结构特征，初步鉴定变质岩的类别。譬如，具有板状构造者称板岩，具有千枚构造者称千枚岩等。具有变晶结构是变质岩的重要结构特征。例如，变质岩中的石英岩与沉积岩中的石英砂岩尽管成分相同，但前者具变晶结构，而后者是碎屑结构。

第二步再根据矿物成分含量和变质岩中的特有矿物进一步详细定名。一般来讲，要注意岩石中暗色矿物与浅色矿物的比例，以及浅色矿物中长石和石英的比例，因为这些比例关系与岩石的鉴定有着极大关系。例如，某岩石以浅色矿物为主，而浅色矿物中又以石英居多且不含或含有较少长石，就是片岩；若某岩石成分以暗色矿物为主，且含长石较多，则属片麻岩。变质岩中的特有矿物，如蓝晶石、石榴子石、蛇纹石、石墨等，虽然数量不多，但能反映出变质前原岩以及变质作用的条件，故也是野外鉴别变质岩的有力证据。关于板岩和千枚岩，因其矿物成分较难识别，板岩可按“颜色，所含杂质”方式命名，如可称黑色板岩、炭质板岩；千枚岩可据其“颜色，特征矿物”命名，如可称银灰色千枚岩、硬绿泥石千枚岩等。

在野外，还要观察地质体产状、变质作用的成因。比如，石英岩与大理岩两者在区域变质与接触变质岩中均有，就只能根据野外产状和共生的岩石类型来确定。假如此类岩石围绕侵入体分布，并和板岩共生，则为接触变质形成；假如此类岩石呈区域带状分布，并和具片状或片麻状构造的岩石共生，则为区域变质所形成。

对变质岩，也应描述岩石总体颜色，注意其岩石结构。若为变晶结构，则要对矿物形态进行描述。注意观察岩石中矿物成分是否定向排列，以便描述其构造。用肉眼和放大镜观察可见的矿物成分应进行描述。若无变斑晶，就按矿物含量多少依次描述；若有变斑晶，则应先描述变斑晶成分，后描述基质成分。至于其他方面，如小型褶皱、细脉穿插、风化情况等，亦应做简略描述。在为变质岩定名时，应本着“特征矿物-片状（或柱状）矿物-基本岩石名称”的原则进行,如可将某岩石定名为蓝晶石黑云母片岩。

1.3.3　地质构造的野外观察和描述

1. 褶皱构造的观察和描述

1）确定岩层的岩性和时代

观察和确定褶曲核部和两翼岩层的岩性和时代。

2）确定褶皱的产状

观察褶皱两翼岩层的倾斜方向、转折端的形态和顶角的大小,并确定褶曲轴面及枢纽的产状。

3）确定类型推断时代和成因

根据褶曲的形态、两翼岩层和枢纽的产状确定出褶皱的类型,进一步分析推断褶皱的形成时代和成因。

2. 断层的观察和描述

1）观察、搜集断层存在的标志(证据)

如在岩层露头上有断层的迹象,要观察、搜集断层存在的证据,如断层破碎带、断层角砾岩、断层滑动面、牵引褶曲、断层地形(断层崖、断层三角面)等。

2）确定断层的产状

测量断层两盘岩层的产状、断层面的产状、两盘的断距等,确定断层的产状。

3）确定断层两盘运动方向

根据擦痕、阶步、牵引褶曲、地层的重复和缺失现象确定两盘的运动方向:上盘、下盘,上升盘、下降盘等。

4）确定断层的类型

根据断层两盘的运动方向、断层面的产状要素、断层面产状和岩层产状的关系确定出断层的类型:正断层、逆断层,走向断层、倾向断层,直立断层、倾斜断层等。

5）破碎带的详细描述

对断裂破碎带的宽度、断层角砾岩、填充物质等情况要详细加以描述。

6）素描、照相和采集标本

用素描、拍照方式取得断层图像,采集标本。

3. 节理的观察和描述

1）确定节理类型

注意观察节理的长度和密度,根据节理的产状和成因联系确定出节理系。然后,根据节理和断层、褶皱的伴生关系推断出节理类型。确定其是走向节理、倾向节理还是斜向节理;是纵节理、横节理还是斜节理。

2）确定节理的力学类型

根据节理的形态和组合关系推断节理的力学类型。确定其是张节理,还是剪节理。张节理比较稀疏、延伸不远,节理不能切断岩层中的砾石。张节理面粗糙不平呈犬牙交错状,节理开口呈上宽下窄状。剪节理常密集成群出现,节理面平滑,延伸较远,节理口紧闭。剪节理常由两组垂直的节理面呈“X”形组合。

3）测量节理的产状

为了进一步研究节理的发育情况，可以大量进行节理产状要素的测量，并根据测量的数据编制节理玫瑰图。

4. 接触关系的观察和描述

观察岩层的接触时要注意观察岩层的接触界限，如果是沉积岩与沉积岩、沉积岩与变质岩相接触，看有无沉积间断、底砾岩、剥蚀面、古风化壳存在，看上下岩层产状是否一致，然后判断岩层是整合接触、平行不整合接触还是角度不整合接触。

如果是沉积岩和岩浆岩相接触，看岩浆岩中有无捕虏体；看沉积岩中有无底砾岩，底砾岩的碎屑物有无岩浆岩的成分。然后确定二者是沉积接触还是侵入接触关系。

1.4 植物生态学野外调查方法

1.4.1 样方调查

1. 样地选取

样地是指能够反映植物群落基本特征的一定地段。

代表性群落的选取：样地应选择在群落的典型地段，其群落结构要完整，层次要分明，生境条件要一致（尤其是地形和土壤），即最能反映该群落生境特点的地段。样地避免选在两个群落类型的过渡地带，尽量排除人的主观因素。

样地要用显著的实物标记，以便明确观察范围。

一般来说，草本、灌木和乔木的样地大小分别为：大于等于 100 m^2，大于等于 500 m^2，大于等于 1000 m^2。

2. 样方大小

（1）草本群落的样方大小通常为 1 m×1 m，较高的草本群落也有用 2 m×2 m 或更大的样方。

（2）灌木的样方大小通常为 3 m×3 m、4 m×4 m、5 m×5 m。

（3）乔木的样方大小通常为 10 m×10 m、20 m×20 m。

样方的数目据群落的类型、物种的丰富程度以及人力和时间等确定。但全部样方的总面积应略大于群落的最小面积。

3.调查步骤

按乔木—灌木—草本的顺序，分别测定乔木、灌木和草本植物样方（图 1-13）。

测定时，首先计数样方物种数及每个物种的密度，接着测定物种的胸径、高度和冠幅。

4. 样方记录

1）基本原则

调查都要做调查记录，群落调查也不例外。调查记录内容、项目随研究目的不同而不同，但其原则是不宜罗列太烦琐、太细致，以免影响调查进度。研究群落组成和结构，可使用群落调查表格，群落调查表格根据研究目的和对象而制定。

“植物名称”一栏，一行记录一个个体。胸径在野外测定时，往往先测定胸围，再根据胸围

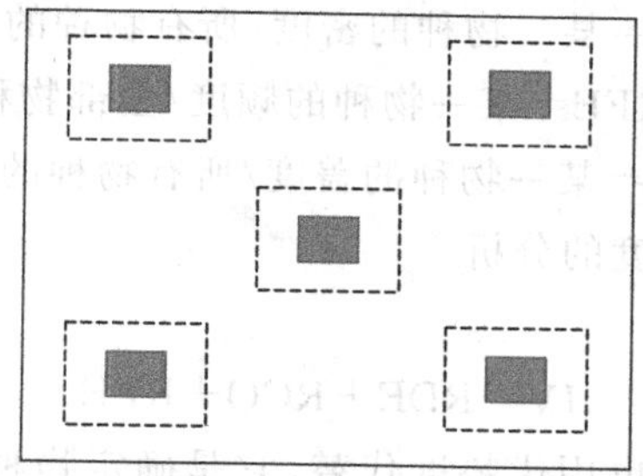

图 1-13　森林群落调查分层取样时的样方设置示意图(据朱志红等,2014)

注:图中实线外框为乔木样方,虚线框为灌木样方,虚线内实线填充框为草本样方。

与胸径的关系推算胸径。用胸高(1.3 m)直径取代基部直径,是由于许多植物树干基部有板根、支柱根等会影响测定,此外,测定胸高直径也比基部直径更容易些。

样方调查记录表见表 1-6、表 1-7。

表 1-6　乔木样方调查记录表

样方序号:________　地点:____________　群落类型:________　干扰因素和干扰程度:________

地理位置:________________　海拔:________　坡向:________　坡度:________

班级:________________　组别:________　记录人:________　日期:________

植物序号	植物名称	高度/m	胸径/cm	冠幅/m^2	相对盖度	密度	相对密度	频度	相对频度	重要值

表 1-7　灌木/草本样方调查记录表

样方序号:________　地点:____________　群落类型:________　干扰因素和干扰程度:________

地理位置:________________　海拔:________　坡向:________　坡度:________

班级:________________　组别:________　记录人:________　日期:________

植物序号	植物名称	盖度	相对盖度	密度	相对密度	频度	相对频度	重要值

在丹霞山、罗浮山、华南植物园和校园后山的实习中均可进行植物样方调查。

5. 群落结构分析

1) 群落特征的数量指标

(1) 相对多度。

(2) 密度和相对密度(RDE＝某一物种的密度/所有物种的总密度×100％)。

(3) 频度(F)和相对频度(RFE＝某一物种的频度/全部物种的频度之和×100％)。

(4) 盖度和相对盖度(RCO＝某一物种的盖度/所有物种的总盖度×100％)。

2) 群落组分重要性和优势度的分析

(1) 重要值(IV)的计算：

$$IV = RDE + RCO + RFE$$

(2) 综合优势比(有些教材也用优势度代替，它是确定物种在群落中生态重要性的指标，一般指标主要是种的盖度和多度)：

$$SDR_5 = \frac{C' + D' + F' + H' + W'}{5} \times 100\%$$

式中：SDR_5—五因素(密度比、盖度比、频度比、高度比和重量比)综合优势比；C'—盖度比，D'—密度比，F'—频度比，H'—高度比，W'—重量比。

3) 植物群落物种多样性计算分析

植物群落物种多样性调查分析表如表 1-8 所示。

表 1-8　植物群落物种多样性调查分析表

地点：________ 群落类型：________ 干扰因素和干扰程度：________

地理位置：________ 海拔：________ 坡向：________ 坡度：________

班级：________ 组别：________ 记录人：________ 日期：________

乔木样方序号	植物生活型	SRI	D	H	E
1	乔木				
	灌木				
	草本植物				
	总多样性				
⋮	乔木				
	灌木				
	草本植物				
	总多样性				
平均值	乔木				
	灌木				
	草本植物				
	总多样性				

(1) 物种丰富度指数(SRI)。

$$SRI = (S - 1)/\ln N$$

式中，S 为样方物种数，N 为样方所有物种的总个体数。

(2) Simpson 多样性指数(D)。

该指数是 Simpson(1949)基于概率论提出的。其计算公式如下：

$$D = 1 - \sum_{i=1}^{S} (N_i/N)^2$$

式中，D 为多样性指数，N 为群落（样地）全部种的个体数，N_i 为第 i 个种的个体数，S 为物种数。

(3) Shannon-Wiener 多样性指数（H）。

该指数是以信息论范畴的 Shannon-Wiener 函数为基础的。其计算公式如下：

$$H = -\sum_{i=1}^{S} P_i \log_2 P_i$$

或

$$H = 3.3219[\lg N - (1/N)\sum N_i \lg N_i]$$

式中，H 为多样性指数，P_i 为第 i 种的个体数的百分数，N 为群落全部个体总数，N_i 为第 i 种的个体数，3.3219 为 $\log_2$ 到 lg 的转换系数。

(4) 均匀度（E）。

群落均匀度是指群落中各个种的多度的均匀程度。它的计算可通过多样性指数值和该群落样地种数、个体总数不变的情况下理论上具有的最大的多样性指数值的比值来度量。因为这个理论值实际是在假定“群落中所有种的多度分布是均匀的”这个基础上来实现的。

如果物种多样性是基于 Simpson 多样性指数，则当 $N_i/N = 1/S$ 时（S 为群落中总种数），有最大的物种多样性，可以推导出：

$$D_{\max} = S(N-1)/(N-S)$$

则物种均匀度为：

$$E = D/D_{\max}$$

如果是基于 Shannon-Wiener 多样性指数，则最大的物种多样性为：

$$H_{\max} = -S[1/S \times \log_2(1/S)] = \log_2 S$$

因此物种均匀度的计算式为：

$$E = H/H_{\max} = H/\log_2 S$$

1.4.2 凋落物样品采集及测定

1. 概述

凋落物是森林植被在其生长发育过程中新陈代谢的产物，是森林生态系统中养分循环的重要组成部分之一。凋落物既是森林土壤有机质的主要来源，又是土壤营养元素的主要补给者，在维持土壤肥力、促进森林生态系统正常的物质生物循环和养分平衡等方面起着重要的作用。通过凋落物样品的采集，了解样品采集点凋落物的种类，了解林下植被（灌木、草本植物）在森林生态系统的养分循环和物质流动中发挥的作用，比较不同高度、不同采样点凋落物对当地土壤性质的影响。

2. 采样地点

1) 丹霞山

在研究区域内选取 3 座具有代表性的山峰：阳元山、长老峰、巴寨，并根据山峰海拔，将每座山峰分为山顶、山腰、山脚，作为每座山峰的土壤和凋落物采样点。阳元山的 3 个采样点的海拔分别是山顶 350 m、山腰 170 m、山脚 50 m；巴寨的 3 个采样点的海拔分别是山顶 600 m、山腰

350 m、山脚 100 m;长老峰的 3 个采样点的海拔分别是山顶 400 m、山腰 200 m、山脚 50 m。

2）罗浮山

在罗浮山飞云顶(海拔 1296 m)、罗浮山山腰(海拔 500 m)、罗浮山山脚(海拔 107.6 m)取土样的地方分别取 1 份凋落物样品。

3）华南植物园

华南植物园稀树草坪处取土样处同步采集凋落物样品。

3. 凋落物取样、制备及测定方法

1）取样

分别在丹霞山、罗浮山、华南植物园取样点划分出 1 m×1 m 的取样小区,采用 5 点采样法,该法中心点设在两对角线相交处(如图 1-14),分 5 点进行采样,采集好的样品均匀混合。每个小区分别取 1 袋凋落物。

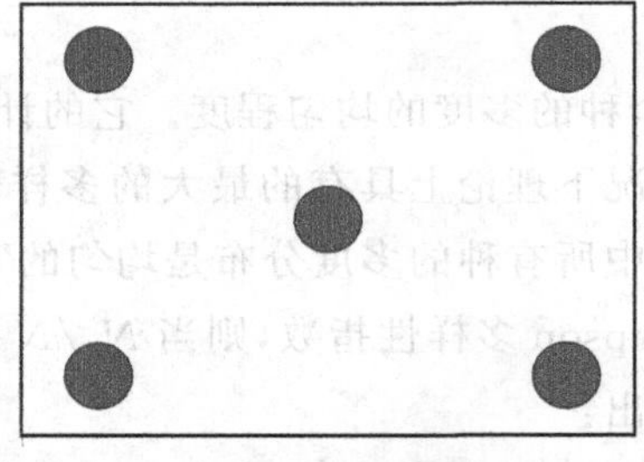

图 1-14　凋落物布点采样方法示意图

2）样品制备

样品采集回实验室后,将样品置于 105 ℃烘箱中 15 min。杀青后,立即降低烘箱温度,维持在 65～75 ℃,烘干至恒重。干燥样品可用研钵研磨或剪刀剪碎后置于粉碎机粉碎。将样品混匀后贮存于密封袋中,贴上标签,注明信息,备用。

3）样品测定指标及方法

(1) 不同功能群的凋落物基质质量,养分含量(C、N、P、K),木质素,纤维素,C/N 值等。全碳采用重铬酸钾容量法——外加热法,全氮采用 H_2SO_4-H_2O_2 消煮法,全磷采用酸溶-钒钼黄比色法,全钾采用酸溶-火焰光度法。

(2) 凋落物失重率,养分含量(C、N、P、K)。凋落物失重率采用烘干法,全碳、全氮、全磷、全钾含量的测定方法同上。

(3) 微生物群落结构(微生物总生物量、细菌总量(革兰氏阳性菌、革兰氏阴性菌)、真菌生物量(内生菌、外生菌)、放线菌生物量)。采用磷脂脂肪酸法(PLFA)测定该指标。

(4) 凋落物酶活性。主要为以下几种酶类:转化酶、脲酶、过氧化物酶、多酚氧化酶、纤维素分解酶。

1.5　植物形态的主要类型示意图

被子植物的叶、花序、花和果实的主要类型示意图如图 1-15、图 1-16、图 1-17、图 1-18 所示。

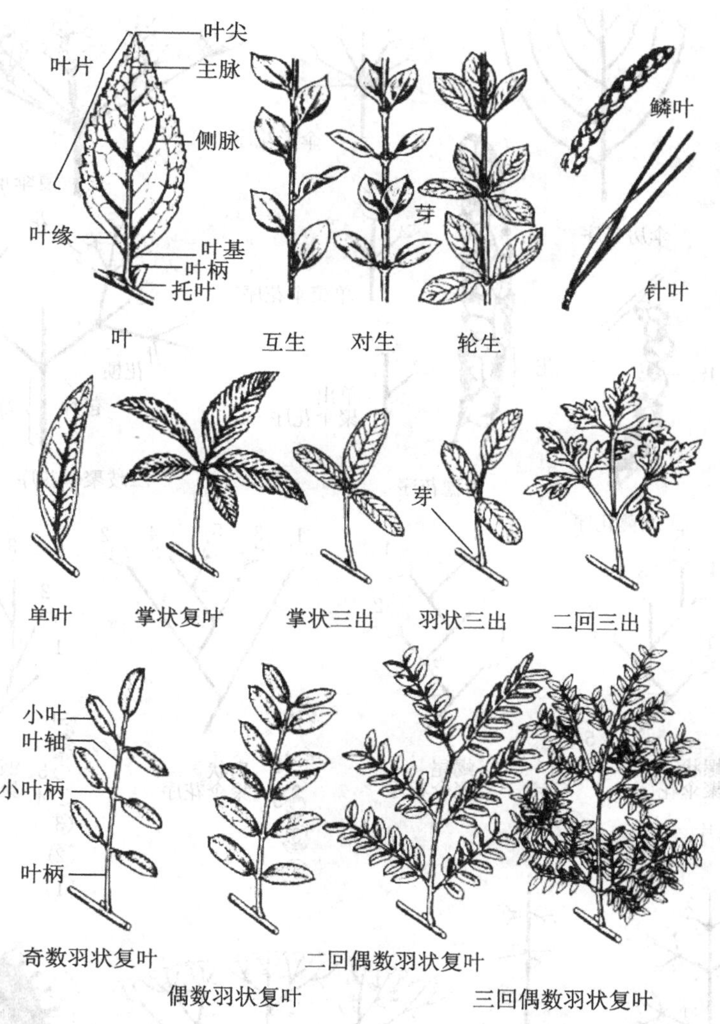

图 1-15　被子植物叶的主要类型示意图

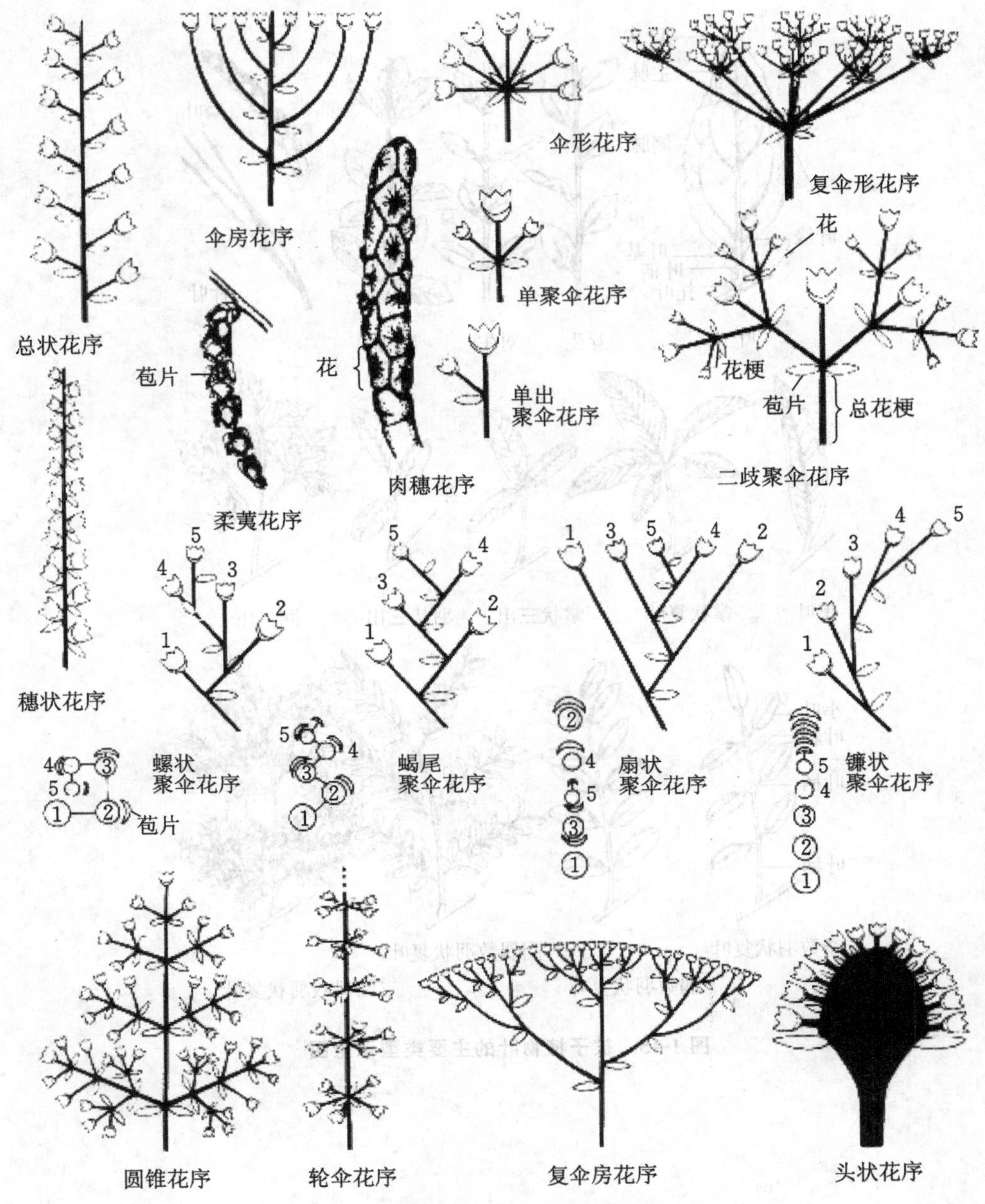

图 1-16　被子植物花序的主要类型示意图

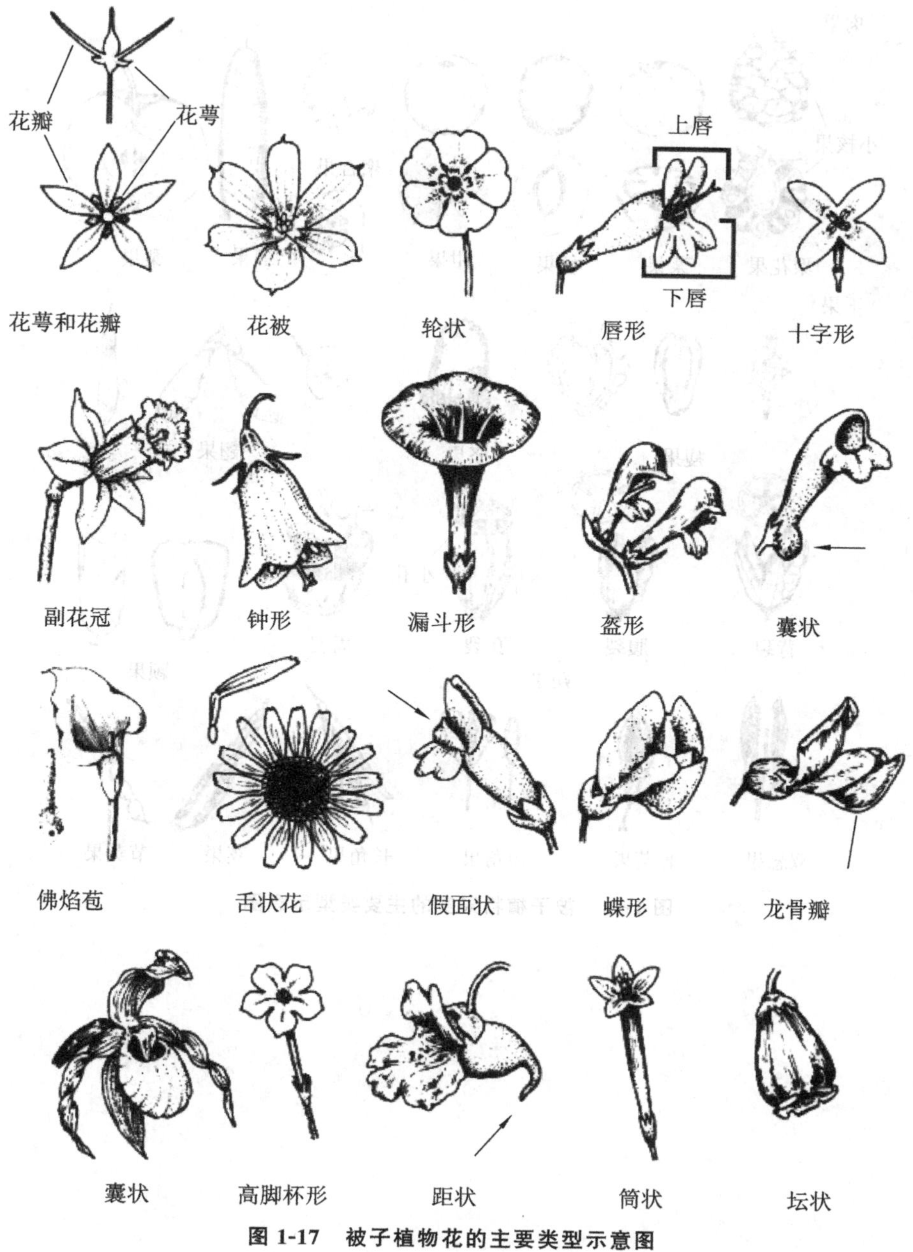

图 1-17　被子植物花的主要类型示意图

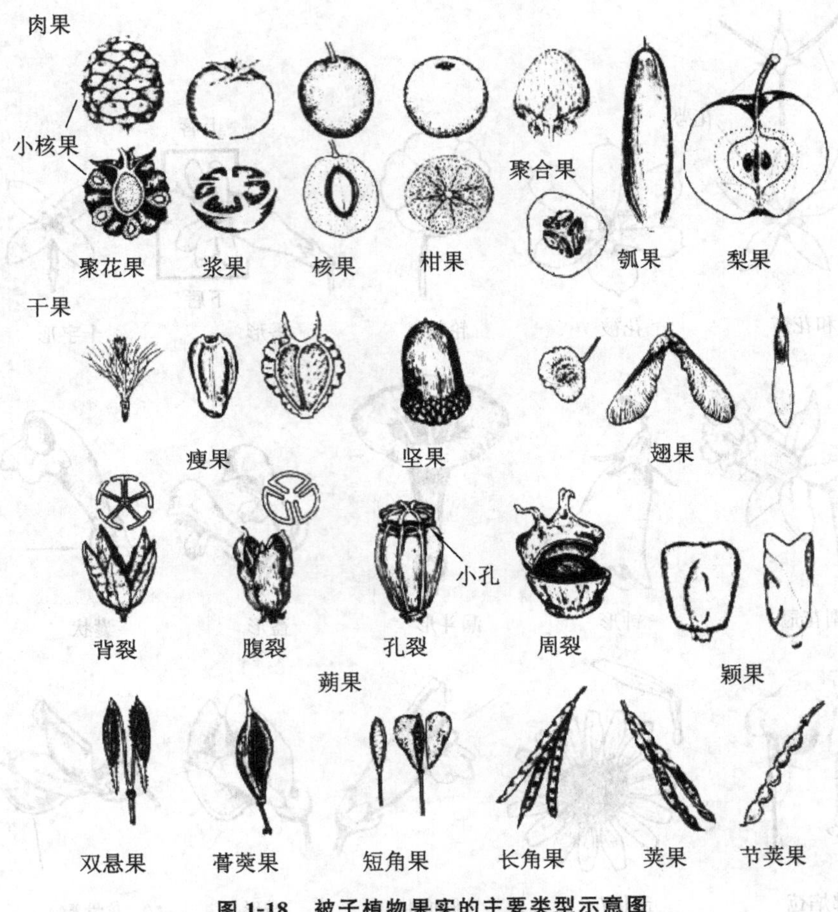

图 1-18 被子植物果实的主要类型示意图

第2章　广东丹霞山综合实习

2.1　丹霞山概况

2.1.1　世界地质公园——丹霞山

中国红石公园、世界丹霞地貌命名地——丹霞山，位于广东省韶关市，是以丹霞地貌景观为主、自然与人文并重、广东省面积最大的风景区。因“色如渥丹，灿若明霞”而得名，是世界低海拔山岳型风景区的杰出代表。1980 年对外开放，2004 年被批准为全球首批“世界地质公园”，2010 年 8 月被联合国教科文组织列入《世界遗产名录》。

丹霞山总面积 292 km^2，位于韶关市仁化县与浈江区交界地带。丹霞山是一个由陡峭的悬崖、红色的山块、密集的峡谷、壮观的瀑布及碧绿的河溪构成的景观系统，是中国和世界上丹霞景观的例证。在中国，这种带有“玫瑰色的云彩”的地貌则被很特别地命名为“丹霞地貌”（红层地貌）。在全球都有红层地貌分布，而以中国分布最广，并且中国的红层地貌有自己的特色，而在韶关市境内的丹霞山尤为突出。

2.1.2　丹霞山自然地理特征

1. 地理位置

丹霞山位于广东省韶关市仁化县和浈江区境内，东经 113°36′25″～113°47′53″，北纬 24°51′48″～25°04′12″。丹霞山风景区东西宽 17.5 km，南北长 22.9 km。

2. 气候特征

丹霞山位于南岭山脉南坡，属亚热带南缘，具有中亚热带向南亚热带过渡的亚热带季风性湿润气候特点。

(1) 气温：丹霞山年平均气温 19.7 ℃，极端最低温 −5.4 ℃，极端最高温 40.9 ℃，最大月平均日较差 18.8 ℃。最热月 7 月平均气温 28.3 ℃，最冷月 1 月平均气温 9.5 ℃。平均最高气温和平均最低气温有秋季高于春季的特点。

(2) 日照：丹霞山年均日照总数 1721 h，太阳辐射量 107.2 $kcal/cm^2$，日均日照时长 4.7 h，7—9 月较多，2—4 月较少。

(3) 降水：丹霞山年均平均降水量 1715 mm，降水天数 172 天。3—8 月降水量约占全年降水量的 75%，以 4—6 月最为集中，约占全年降水量的 48%。

(4) 湿度：丹霞山绝对湿度平均值为 19.8 mbar，最大值为 39 mbar，最小值为 1.1 mbar；相对湿度平均值为 81%，最小值为 10%，春季和夏初值较大，秋冬季值较小。

(5) 风速和风向：丹霞山平均风速不大，为 1.1 m/s，秋冬季稍大，为 1.2 m/s，春夏季值较小。主导风向为 SSE(东南偏南)，春冬季为 SSE(东南偏南)，夏季为 S(南)，秋季为 NE(东北)。

(6) 蒸发量：丹霞山年平均蒸发量为 1415 mm，年最大蒸发量为 1709 mm。

(7) 霜期：丹霞山初霜期一般出现在 11 月 24 日，终霜期出现在 3 月 5 日，霜期达 102 天，霜日达 30 天，无霜期为 263 天。丹霞山少见降雪。

(8) 台风：丹霞山属于季风区，由于距离海洋相对较远，极少受台风的直接损害，基本上只有台风外围低压环流的影响，但台风对丹霞山秋季降雨影响极大，没有台风影响就没有降雨，水资源补给就少，因此台风对于缓解丹霞山秋旱有重要作用。

(9) 四季：按平均气温划分，平均温度大于 24 ℃为夏季，小于 14 ℃为冬季，14～24 ℃为春、秋季。在丹霞山 3—4 月为春季，5—9 月为夏季，10—11 月为秋季，12 月至翌年 2 月为冬季。以平均气温来划分四季，多年平均秋季长 71 天，夏季长 168 天，春季长 78 天，冬季长 48 天，表现为冬季短，夏季长，春季长于秋季的特点。该区春季阴雨多、阳光少，空气潮湿，天气多变；夏季闷热天气较多，强对流天气频繁，多雷少雨，常见洪涝；秋季少雨，阳光充足，空气干爽；冬季少雨，有霜冻，天气较冷。总之，丹霞山具有亚热带季风性湿润气候向南亚热带过渡的特点，夏季长，冬季短，春夏季多云雨，秋冬季降水较少，秋高气爽。

2.1.3 实习路线

丹霞山景区大门(合影，彩图 2-1)—进山步道(考察马尾松、杉木林，采集土壤、凋落物样品)—丹霞山博物馆(彩图 2-2 至彩图 2-4)—阳元山景区(考察阳元山地质地貌、土壤与植被)。

长老峰景区—半山亭(观察古树名木)—锦石岩寺(观察大、小型蜂窝状洞穴，垂直节理和一线天等地质构造地貌)—观日亭(观察丹霞梧桐)—阴元石(观察“沟谷效应”和“孤岛效应”特征)—卧龙冈原始森林生态科考线路(考察丰富的植物群落类型，观赏天柱石、宝塔峰等地貌景观)。

巴寨景区(样方调查，了解马尾松林的生长情况，采集凋落物样品；土壤剖面观察，并采集土壤样品)—巴寨顶峰(登上享有“丹霞至尊”之美称的丹霞山最高峰观赏山顶茂盛的亚热带丛林)。

2.2 丹霞山博物馆

参观丹霞山博物馆拉开了丹霞山实习的序幕，通过丹霞山工作人员对全景模拟沙盘的讲解，学生可以了解完整的世界地质公园——丹霞山的全貌景观及地理位置信息。通过观看演播厅多媒体播放的内容，学生可以对丹霞山地质地貌、自然景观、历史人文景观及旅游发展等方面的内容有更进一步的动态了解。通过对丹霞山博物馆地球科学厅、地质厅和生物厅的参观，学生对丹霞山独特的地质地貌、生态环境会有更深刻的认识。

2.2.1 时间安排

总参观时间约为 1.5 h，其中丹霞山全景模拟沙盘讲解时间为 15 min，丹霞山的航拍宣传视频观看时间为 15 min，地球科学厅、地质厅、生物厅参观时间各 20 min。

2.2.2 实习内容

1. 聆听丹霞山全景模拟沙盘讲解

全景模拟沙盘是丹霞山风景区微缩模型，模型按实景 1∶6000 比例制作，展现了真实、完整的丹霞山世界地质公园全貌景观及地理位置信息。

2. 多媒体厅观看丹霞山介绍

多媒体厅是演播厅,以多媒体形式播放丹霞山的航拍宣传视频,介绍丹霞山的地质、自然景观、历史人文景观及旅游发展方面的内容,是动态了解丹霞山世界地质公园全貌景观的方式。

3. 参观地球科学厅

地球科学厅以图文形式介绍了地质构造演化,丹霞山的区域地质背景,丹霞地貌的形成、类型、分布及其研究发展史等地质地貌内容。

展厅的展板介绍了地球的发育过程,内动力、外动力等对地貌形成的影响。

展板 1 介绍了地球外动力和内动力地质作用。如流水作用、风化作用、重力作用以及地壳升降作用等。

展板 2 分别介绍了断层、节理对山块格局的控制,岩层产状对坡面形态的控制,地壳升降对地貌发育进程的控制。

展板 3 对地球上不同的地貌类型进行了介绍。如构造地貌、河流与河口地貌、喀斯特地貌、冰川与冰缘地貌、黄土地貌、风沙地貌、海岸与陆架沉积地貌、湖泊地貌等。

展板 4 介绍了地质构造的类型,如向斜、背斜、断裂、节理、断层等。

展板 5 着重介绍了各个地层的划分。地层划分是根据地层特征和属性(如岩性、化石和不整合面等)将地层组织成相应的单位。本展板以地质年代表进行地层划分。

展板 6 介绍了物理、化学、生物风化的相关知识。如岩石中含铁的矿物受到水和化学风化作用,氧化成红褐色的氧化铁等。

4. 参观地质厅

地质厅则陈列了丹霞盆地里各个地质时期的岩石、矿物实物标本,可使学生加深对丹霞山在地质学上的价值及地位的了解。

地质厅陈列的展板对沉积岩、变质岩、岩浆岩等的相关情况进行了介绍。

5. 参观生物厅

生物厅介绍了丹霞山独特的生态环境的完整性和物种的多样性。中国丹霞山是生物多样性原地保护的最重要的自然栖息地,是具有突出普遍价值的生物多样性的突出代表。在生物厅陈列着大量的动植物标本。

2.3　丹霞山地质地貌

丹霞山是世界“丹霞地貌”命名地,由 680 多座顶平、身陡、坡缓的红色砂砾岩石构成,以赤壁丹崖为特色。

2.3.1　丹霞地貌分布概况

丹霞地貌是指以陆(河、湖)相为主的红层发育的具有陡崖坡的地貌。丹霞地貌主要分布在中国、美国西部、中欧和澳大利亚等地,以中国分布最广。据不完全统计,国外有丹霞地貌的国家有 30 个,共 80 处,典型的丹霞地貌有委内瑞拉的卡奈马国家公园、圭亚那高原上安赫尔瀑布(世界第一高瀑布)下的红色高崖,美国亚利桑那州的大峡谷国家公园和科罗拉多大峡谷,澳大利亚乌鲁鲁-卡塔丘塔国家公园的世界第一巨石,斯里兰卡的狮子岩等。

中国目前已知的 1003 处丹霞地貌分布在 28 个省(市、区)(彩图 2-5,表 2-1),东北至黑龙江省宁安市的牡丹江凹岸的红石砬子,南至海南省琼海市白石岭,西至新疆乌恰县的克孜勒河两岸，东到浙江象山沿海。从 4500 m 左右的青藏高原面到海平面，涉及青藏高原半干旱区、半湿润区，中温带湿润区、半湿润区、半干旱区、干旱区，暖温带半湿润区、半干旱区、干旱区，北亚热带湿润区，中亚热带湿润区、半湿润区，南亚热带湿润区，北热带湿润区，14 个气候区内都有丹霞地貌的分布，且均以赤壁丹崖为其基本特征。

表 2-1　中国各省(市、区)丹霞地貌一览表

序号	省(市、区)	处数	序号	省(市、区)	处数	序号	省(市、区)	处数
1	广东	66	11	重庆	26	21	河南	2
2	香港	1	12	四川	142	22	安徽	6
3	海南	1	13	云南	21	23	江苏	5
4	江西	175	14	黑龙江	2	24	陕西	17
5	浙江	60	15	辽宁	1	25	甘肃	112
6	福建	29	16	内蒙古	12	26	青海	48
7	湖北	19	17	宁夏	8	27	新疆	38
8	湖南	49	18	河北	5	28	西藏	47
9	广西	45	19	山东	4			
10	贵州	37	20	山西	25		合计	1003

根据自然态势现状，结合行政区划分，中国丹霞基本形成三大区、十大省区和近 300 个景观组合良好，类型、发育等相对完整的分布区。按照分布数量与规模尺度，中国丹霞地貌可分成西北区、西南区和东南区三个相对集中的分布区(彩图 2-5)。分布空间格局可以概括为“条带展布、斑块镶嵌、集中出现”。以东南区丹霞地貌分布最多，西南区次之，东南和西南两区之和占到全国丹霞地貌总量的 2/3(表 2-2)。占数量前三位的是江西、四川、甘肃，基本上也分别代表了三大集中分布区的态势。

表 2-2　三大集中分布区丹霞地貌分布特征

丹霞地貌分区	数量	比重/(%)	分布特色
东南区(8 省(市、区))：广东、江西、浙江、福建、湖南、湖北、海南、香港	400	39.9	沿仙霞岭—武夷山—南岭弧状地带分布，呈现“丹山碧水，风景如画”
西南区(6 省(市、区))：重庆、四川、云南、广西、贵州、西藏	318	31.7	四川盆地东部—南部—西部马蹄形盆地边缘分布，是“丹霞盆景，大佛之乡”
西北区(5 省(市、区))：陕西、甘肃、青海、新疆、宁夏	223	22.2	陇山周围—河西走廊 T 型分布，可谓“丝绸之路，丹霞画廊”
其他地区(9 省(市、区))：安徽、江苏、河南、山东、山西、内蒙古、河北、辽宁、黑龙江	62	6.2	盆地镶嵌、零星分布，较少集中连片，个别发育典型丹霞地貌景观，如河北承德地区、江苏与马陵山一带，内蒙古的狼山—阴山山前红层盆地等
合计	1003	100	

2.3.2　丹霞地貌形成特点

地质学家把形成丹霞地貌的红色或偏红色的陆(河、湖)相的沉积岩统称为“红层”,在红层上发育的地貌被统称为“红层地貌”。因此,丹霞地貌只是红层地貌中的一种。据地质学家的研究,在地质历史上,形成红层的成岩过程,一般发生在足够大的陆地上的盆地里,而且这里还应具有热带或亚热带的半湿润、半干旱或干旱的大陆性气候。这是因为,只有足够大的陆地才能在其上发育半湿润-半干旱的大陆性气候,才有可能在大陆中的盆地里形成河、湖相的红色沉积岩。

我国的大陆板块是由许多小板块逐渐拼贴而成的,这种拼贴过程,一直延续到中生代(距今 2.25 亿～0.7 亿年)才出现了足够大的陆地。在中生代晚期——白垩纪(距今 1.35 亿～0.7 亿年)的地壳构造运动中,我国大陆形成了大量的山间盆地,同时大部分陆地又都处于热带或亚热带的半湿润、半干旱的气候环境里,于是在山间盆地中形成了大规模的陆(河、湖)相红色沉积岩层。地质学家研究表明,我国 80%以上的丹霞地貌都发育在白垩纪的红色岩层中。在以后的地质年代,红层盆地随着地壳构造运动而不断抬升,形成了许多高出“基准面”的红层台地。此后,完整的红层台地主要受流水长期冲刷切割,逐渐变成红色的格子、方山、堡寨等形状的地貌。

我国的上述红层地貌,后来被第四纪(距今约 200 万年)的大量沉积物广泛覆盖,但到该地质年代的中后期,我国西南、东南和西北等地区出现了许多大面积红层地貌的露头。出露的红层地貌又经受长期强烈的风化作用(南方湿润区以水蚀为主,西北干旱区主要是风蚀和寒冻作用),于是就逐渐形成了现代的丹霞地貌。这就是我国西南、东南和西北等地区会成为丹霞地貌密集分布区的原因。

甘肃河西走廊的张掖丹霞面积较大(达 500 km^2 以上),特点明显,是西北干旱区最典型和最具代表性的丹霞地貌。在此气候区,缺乏地表径流,温差风化与盐风化作用较强,往往还伴有一定的风蚀作用,层状或片状剥落明显,表面粗糙,往往形成北方所特有的泥乳状(泥钟乳)、窗棂状、叠板状、波浪状及陡斜状等丹霞地貌类型。另外,冬、春季节大风日多,普遍降尘,丹霞地貌表面往往被降尘所覆盖,暂时失去红色调而呈现灰黄色调,只有到夏季降雨集中冲淋才恢复本来的红色,使得北方的丹霞地貌具有色调的季节变化(彩图 2-6)。

贵州赤水丹霞发育于青年早期,且面积约有 1200 km^2,是西南湿润区最典型和最具代表性的丹霞地貌。在此气候区,由于地处中亚热带,受印度洋暖湿气流影响,潮湿多雨,保持了最完整、具有代表性的中亚热带森林生态系统和物种多样性。同时,高原的剧烈抬升与流水的强烈下切造成了地形的巨大反差,形成多级丹霞悬谷和瀑布。最终形成“丹山”“碧水”“飞瀑”“林海”等有机结合的丹霞景观(彩图 2-7)。

湖南崀山丹霞,青、壮、晚年期均有发育,特点明显,是东南湿润区最典型和最具代表性的丹霞地貌。在此气候区,特别是沿南岭—武夷山及其弧形延伸山脉的两侧,丹霞地貌呈带状分布,且个体规模大、类型多。由于地处湿润、半湿润区,山顶和缓坡及沟谷植被覆盖度好,流水在丹霞地貌发育过程中起主导作用,往往形成典型的顶平、身陡、坡缓的丹霞地貌,流水作用面不仅红色鲜明,且非常光滑,往往发育为垂直溶沟,形成“晒布岩”式奇观。由于流水侵蚀、溶蚀及重力等综合作用,在崖壁或地貌体内常出现岩槽、额状洞、扁平洞、穿洞、天生桥等带有东南湿润区特色的丹霞地貌类型(彩图 2-8)。

2.3.3 广东韶关丹霞山地貌的形成过程

广东韶关丹霞山地貌也是东南湿润区丹霞地貌的典型，是丹霞地貌的命名地。它有单体类型的多样性和地貌景观的珍奇性，是发育到壮年中晚期簇群式峰丛峰林型丹霞的代表，具有典型的顶平、身陡、坡缓特点。

丹霞山所处地区是在加里东褶皱基底上发育起来的凹陷，泥盆纪前期本区基本为海槽与浅海环境，泥盆纪后期发生强烈的印支运动，使本区断褶上升为陆地，并使泥盆纪至三叠纪地层形成过渡型褶皱，在距今 2.5 亿年前，韶关地区形成一个大盆地，称为韶关盆地。而侏罗纪的早期燕山运动，断裂活动强烈，使本区发生了大规模岩浆侵入和喷出活动，到距今 1.5 亿年前后，韶关盆地西部总趋势为隆起，沉积中心向东部偏移，内部又发育了一些小盆地，丹霞山及其周边的一些地方就是在这个时候继续下沉的一个小盆地，称为丹霞盆地(彩图 2-9)。在白垩纪，丹霞盆地受喜马拉雅造山运动影响，四周山地强烈隆起，盆地内接受大量碎屑沉积，形成了巨厚的红色地层。到距今 7000 万年前后，地壳趋于稳定，结束了沉积。所以广东韶关丹霞山所处的丹霞盆地为白垩纪形成的山间红色盆地。

到距今 7000 万～1000 万年，地壳从上升到平静，丹霞盆地经历了一次由河流切割到夷平的过程。7000 万年前沉降结束，随着地壳上升及平静，地形切割，各种丹霞地貌形成。在新生代(距今约 6500 万年)以来的构造运动中以整体抬升为主，盆地发生多次间歇上升，平均大约每万年上升 1 m，同时流水下切侵蚀，所以整体保存了构造盆地格局。流水向盆地中部低洼处集中，沿岩层垂直节理进行侵蚀，形成两壁直立的深沟(巷谷)。巷谷崖麓的崩积物在流水不能全部搬走时，形成坡度较缓的崩积锥。随着沟壁的崩塌后退，崩积锥不断向上增长，覆盖基岩面的范围也不断扩大，崩积锥下部基岩形成一个和崩积锥倾斜方向一致的缓坡。崖面的崩塌后退还使山顶面范围逐渐缩小，形成堡状残峰、石墙或石柱等地貌。随着进一步的侵蚀，残峰、石墙和石柱也将消失，形成缓坡丘陵。

2.3.4 丹霞山地质特点

总的来说，丹霞山基本由红色砂、砾，陆(河、湖)相沉积岩构成。现在悬崖上可以看到的粗细相间的沉积层理，颗粒粗大(直径在 2 mm 以上的碎屑含量大于 50%)的岩层称为砾岩，细密均匀(直径在 0.05～2 mm 的碎屑含量大于 50%)的岩层称为砂岩，两者相混合的称为砂砾岩。

在物质组成上，偏红色的陆(河、湖)相碎屑沉积地层砾石，一般与其外围山地的物源一致，岩屑、砾屑是其外围物源地岩石碎屑的混合；砂质主要是石英，含部分长石；胶结物以泥、砂为主，化学胶结物主要为硅质、钙质和铁质。

丹霞盆地岩石地层由伞洞组、马梓坪组、长坝组及丹霞组组成(彩图 2-10)。

伞洞组、马梓坪组分布于盆地东北黄坑、仁化一带。伞洞组主要由玄武岩、安山岩、凝灰岩和少量凝灰质砂岩、粉砂岩组成，厚度为 50～150 m。马梓坪组主要由紫红色砂岩、粉砂岩、泥质粉砂岩和页岩组成，厚度为 60～1000 m。

长坝组分布于盆地边缘及盆地中央地势较低的地方，厚度为 2000～2500 m。按岩性组合可分为 4 段，从下往上具有粗—细—粗—细的变化规律。第一段岩性为砾岩、砂砾岩，底部夹多层火山岩；第二段主要为一套紫红色厚层状粉砂泥质岩、泥质粉砂岩夹中薄层状细砂岩、粉砂岩；第三段为一套黄褐色、紫红色砾岩、砂砾岩，局部夹火山岩；第四段为一套紫红色粉砂质泥岩、泥质粉砂岩夹少量薄层状细砂岩。

丹霞组广泛分布于盆地中央地势较高的地方，如丹霞山、人面石、金龟岩、白寨顶、朝石顶、巴寨、茶壶峰、观音山等，厚度约1000 m。以岩性粗粒、胶结坚硬、赤壁丹崖的丹霞地貌为主要特征。按岩性组合可分为3段，从下往上具有粗—细—粗的变化规律。第一段岩性为褐红色、紫色块状砾岩、砂砾岩和含砾砂岩（彩图2-11）；第二段为紫红色、棕红色、褐红色厚层块状长石砂岩，夹少量粉砂岩、泥岩和砾岩，并具大型板状交错层理（彩图2-12）；第三段为棕红色砾岩、砂砾岩、中粒砂岩夹粉细砂岩（彩图2-13）。

丹霞的红层颜色体现着偏红色沉积环境在时空上的差异，导致各地红层的颜色在色度和纯度上有较大差异；同一套红色岩系中上下的颜色也可能存在较大差别，有时可能含有多层的非红色夹层。物质成分会影响红层的颜色，当红色碎屑岩中的碳酸盐含量在25%以上时，岩石外表的颜色逐渐向灰白色改变。红层砾石的原岩成分、砾石本身的颜色、砾石的含量、胶结物成分及砂质、岩层的含水量等都对红层的颜色和色调产生一定的影响。

丹霞山红层是一种典型的陆（河、湖）相沉积（物质成分比较复杂），红层中含有较多的可溶性盐，Al、Fe、Ca、K、Na的氧化物含量高。红层的红色主要是高价铁（Fe^{3+}）的相对富集而成的，这必须要有足够的淋溶作用。所以丹霞山红层形成的古地理环境是封闭的、相对干燥的内流盆地环境。

在出露丹霞组的上段为白寨顶段，主要为砾石，颜色为棕红色或暗红色。丹霞组中段为锦石岩段，主要为细小的砂岩和少量的砾岩，颜色为棕红色或肉红色，并且有红黑相间的层理，原因是砂岩层与砾岩层交替发育。丹霞组下段粗碎屑岩组成的地层为巴寨段，主要为砾石，颜色多为暗红色。

2.3.5 丹霞山地貌特点

丹霞山的丹霞地貌是在丹霞组地层的基础上发育而来的。丹霞山的地貌主要由产状水平或平缓的层状铁钙质混合不均匀胶结而成的红色碎屑岩（主要是砾岩和砂岩）构成，受垂直或高角度节理切割，并在差异风化、重力崩塌、流水溶蚀、风力侵蚀等综合作用下，形成有陡崖的城堡状、宝塔状、针状、柱状、棒状、方山状或峰林状的地形。

丹霞山地貌大部分发育在相对坚硬的砾岩、砂砾岩、砂岩的地层组合上，相对软弱的粉砂岩和泥质岩多发育为红层丘陵，只是在河流凹岸或质地稍坚硬时才形成尺度不大的红色陡崖坡。在砂砾岩中，因有交错层理所形成锦绣般的地形，称为锦石。河流深切的岩层，可形成顶部平齐、四壁陡峭的方山，或被切割成各种各样的奇峰：直立的、堡垒状的、宝塔状的等。在岩层倾角较大的地区，则侵蚀形成起伏如龙状的单斜山脊；若有多个单斜山脊相邻，则称为单斜峰群。岩层沿垂直节理发生大面积崩塌，会形成高大、壮观的陡崖坡；若陡崖坡沿某组主要节理的走向发育，则形成高大的石墙；石墙的蚀穿便形成石窗；石窗进一步扩大，变成石桥。各岩块之间常形成狭陡的巷谷，其岩壁因红色而名为赤壁，壁上常常发育有沿层面的岩洞。

总的来说，韶关丹霞山主要体现为寨地貌，其特点是顶平、身陡、坡缓，这与丹霞山的红色陆相碎屑岩发育有关。主要的地貌类型有：①构造台地及破碎后形成的峰林地貌，如方山（寨、城）、岭（龙、墙）、石峰、石柱、石蛋等；②谷地地貌，如巷谷（一线天等）与峡谷；③崖壁地貌，如垂直的或直线状崖、额状崖、蜂窝状崖壁地形、崖壁上的溜痕等；④岩洞地貌，如浅洞、穿洞等，及岩洞内微地貌（龙鳞片石等）。

2.3.6 丹霞山地貌分类

依据单体形态可分为正地貌和负地貌，再根据其形态特征又可细分为若干类型（表2-3）。

表 2-3　丹霞山地貌单体形态分类

类型		指标依据	特征	实例
正地貌	丹霞崖壁	坡度大于 60°，高度大于 10 m 的陡崖坡	多直立陡崖，可因岩性差异呈层状组合，壁上多顺层凹凸和竖向流水蚀槽	锦石岩大崖壁等各山头的陡崖坡
	丹霞方山（石堡）	近平顶，四面陡坡，长宽比小于 2:1	岩层近水平，山顶平缓，四壁陡立，呈城堡状、宫殿式丹霞地貌	火烧石、巴寨、平头寨、燕岩等
	丹霞石墙	长宽比大于 2:1，高度大于宽度	山块顺断裂构造延伸，呈薄墙状，低缓者可称石梁	细美寨（阳元山）等
	丹霞石柱	孤立石柱，高度大于直径	方圆或圆形孤立石柱，低矮者可称石墩	阳元石、蜡烛石等
	丹霞石峰	有大面积裸露岩石，锥状的陡坡山峰	四面陡坡，局部有陡崖，但山顶面不发育，呈锥状山峰	翔龙湖乘龙台、望仙台等
	丹霞丘陵	局部有陡崖，山顶浑圆状的低缓山丘	无连续陡崖坡，总体上呈圆化丘陵状	瑶塘村周围小山等
	丹霞孤石	浑圆状风化，蚀余球状石	由坚硬的厚层、巨厚层砂石或砂砾岩风化或侵蚀而残余的球状石	董塘东南的牛牯石等
	崩积堆和崩积石	陡崖下不规则锥状崩积体和巨石块	块状崩塌堆积，叠置洞穴；石块大小不同，单块巨石大可至几百立方米	丹霞山宾馆附近石块、翔龙湖中的大石块等
负地貌	沟谷	径流在地面上冲出的沟	主河谷多宽谷，支谷多峡谷，源头多巷谷，落差较大的支谷底部多壶穴（局部旋转水流夹带砂石磨蚀出窝穴）	主河谷：锦江河谷。支谷：翔龙湖谷地。巷谷：一线天
	顺层凹槽	顺软岩层发育的凹槽，深度小于槽口高度	岩性垂向差异使崖壁上软岩层快速风化成凹槽，顺层可连续或不连续	丹霞山许多崖壁上都有顺软岩层风化成的凹槽
	丹霞洞穴	深度大于外口最小尺度（高或宽）的凹穴	崖壁上顺软岩层或流水侧蚀部位延伸较长（宽）的扁平洞穴，深度不等	锦石岩洞穴群、海螺岩洞穴群等
	丹霞穿洞	蚀穿山块的通透洞穴	通透洞穴即穿洞（穿岩、石窗），洞顶厚度小于跨度者为石拱，拱跨在河谷者称天生桥	阳元山通泰桥、天罡桥、大石山穿岩等
	竖向洞穴	高度大于宽度，垂直方向延伸的洞穴	顺垂直裂隙发育的垂向洞，或崖壁表面水流侵蚀的竖向洞穴	阴元石、锦石岩马尾泉下洞穴等

丹霞山主要地貌类型分述如下。

1. 赤壁丹崖地貌

丹霞地貌的最突出特点是发育赤壁丹崖。所谓丹崖，是指相对高度大于 10 m，坡度大于 60°的地貌，属崖壁地貌，崖壁地貌是组成水平构造地貌的两大要素之一。崖壁的坡度一般大于60°，有的甚至超过90°，或逆坡倾斜。崖壁的形态受岩性支配，其种类有悬崖、额状崖、凹状崖和阶梯状崖。悬崖陡峭，造崖岩层是岩性均一的坚硬岩石，崖壁的后退多沿垂直节理进行，往往形成阶级状崖，又称为构造阶地或假阶地。这种阶地是由于差异侵蚀而成，与地壳上升及河流作用无关。组成崖壁的岩层中如果夹有软弱岩层，它就因为易被侵蚀而向内凹入，成为凹状崖。如果凹入很大，则成为岩洞，但这种岩洞宽度往往大于高度和深度，也无支洞，与石灰岩洞不同。

锦石岩大崖壁（彩图2-14）是其最典型的代表，考察点位于长老峰游览区佛教女众道场内。它高为200 m左右，坡度超过90°，为一个反坡（反崖），有突出的额状崖，为丹霞组锦石岩段的命名地。左边部分崖壁颜色较黑，右边较浅且为霞红色。原因是左边部分表层较老，受到植物、水流等影响成为黑色，右边部分在地质年代近期内出现崩塌，表层较新，受外界因素影响小。天然剖面上红色砂岩和砾岩相间，中间最厚的红色砂岩层达8.5 m，具有古代河流三角洲的前组沉积形成的大型板块交错层理，标志明显。岩石组成方面，该崖壁主要由砂岩和砾岩相间组成，砂岩为红色，砾岩颜色较深。上层以砂岩为主，下层以砾岩为主，最上层有散乱砂岩，但以砾岩为主。

溜痕是赤壁丹崖地貌的重要标志，它是由于崖顶的片状水流在一定范围内稍作集中并向下流动，侵蚀崖壁而形成的平行细沟，在比较平齐的崖壁上均有不同程度的发育。位于阳元山的最为典型，在长约1 km的砂岩岩壁上，连续发育许多自上而下的平行细沟，人称晒布岩（彩图2-15）。晒布岩整体形状为梯形，顶部有大量的植物，中间为光秃秃的岩壁。岩壁上分布着密密麻麻的流纹，流纹几乎平行，并接近90°垂直于地面，晒布岩的中部有一条包围岩体的水平凹槽，凹槽上有少许的植物。晒布岩具有“顶平、身陡、坡缓”的坡面特点，晒布岩上流纹的形成原因是山顶的水流成股沿着岩壁向下流动，水流侵蚀崖壁形成许多平行的小细沟，长时间的流水侵蚀形成了流纹状的凹槽。晒布岩顶部地势平缓，能够保留较厚的风化层，植物能在松软的风化层上生长，形成茂密的植被。晒布岩的中段由丹霞组构成，岩性坚硬，坡度陡，风化层容易被风和流水刮走，无法保留松软的风化层，山体裸露，岩石坚硬，植物无法生长，形成光秃秃的表面。晒布岩的下段由长坝组成，岩性较弱，坡度平缓，植物容易生长（彩图2-16）。

2. 峰林地貌

1）方山、塔状山、单斜地貌

丹霞山是青壮年期丹霞地貌的代表，其特点是山块离散，大多呈孤立的石峰、石堡、石墙、石柱等形态。山块由不同尺度的赤壁丹崖坡面组合而成，整体上一般具有顶平、身陡、坡缓的特点。丹霞盆地地层中的长坝组岩性较软，多表现为低山缓坡丘陵，植物容易生长；丹霞组岩性坚硬，表现为赤壁丹崖发育而成的典型丹霞地貌，山体裸露，平缓的顶部保留了较厚的风化层，生长有茂密的植被。在断裂作用下，有些岩层被不均衡抬升，会形成单斜地貌。丹霞盆地中单斜地貌的特色是顶部比较倾斜，形成缓坡，而另一侧则极陡，形成陡崖，陡崖下仍为缓坡（彩图2-17）。例如锦江断裂（丹霞盆地中最大的断裂，呈北东走向），造就了丹霞盆地西侧（锦江西侧）的单斜地貌。巴寨是单斜地貌的典型代表（彩图2-18），形成了多级的单斜面，巴寨最高峰为619 m，是最高平坦面，上盘的凹地高约为500 m，为第二平面，丹霞山一般高度约为400 m，为第三平面，说明丹霞盆地经过数次抬升形成多层平面。

2）石墙、石柱、石蛋等地貌

随着侵蚀的发展，沿软层面侵蚀，崖面崩塌后退，形成石堡地形，进一步发展可形成石墙地形。墙下穿洞，会形成石桥地形；如果石墙地形分裂，可形成石柱地形；有些残峰留在高处，形成石蛋地形(人面石等)。它们与方山地形一起，构成了丹霞山各种地貌景观，阳元石、蜡烛石、望夫石等是典型的石柱地貌(彩图 2-19)，细美寨、观音石(一帆风顺)是石墙地貌(彩图 2-20)，人面石、雷公石等是石蛋地貌(彩图 2-21)。

阳元石是一个普通的丹霞石柱地貌，也是一个形态奇特的造型地貌，酷似男性生殖器官，高 28 m，直径 7 m，被誉为“天下第一奇石”(彩图 2-22)。阳元石曾经和阳元山大石墙同为一个山块，后来沿着裂隙风化，它逐渐与石墙分离，逐步形成目前的形态。如果将整个山块隆起作为阳元石的孕育，按照丹霞山的平均上升速度计算，那么它应该有大约 100 万年的历史；如果按照阳元石的相对高度和平均剥蚀速率计算，石柱的形成大约有 30 万年的历史。

观音石位于丹霞山牛鼻村，也称观音山，或观音送子、一帆风顺等，同样是一个形态奇特的造型地貌，也是一个普通的丹霞石墙地貌(彩图 2-23)。它是山体破碎后留下的宽厚山块，这种地貌在韶关丹霞山非常多，发育下去就会演变成石柱地貌。

3. 谷地地貌

1) 巷谷地貌

巷谷又称“线谷”或“一线天”，是一种由流水沿着红层垂直节理侵蚀而成的狭窄巷道，一般宽 1 m 左右，上下几乎等宽，即使是在阳光明媚的白天仍幽暗潮湿，具有一种神秘的气氛。最典型的要数位于锦石岩的百丈峡，长百余米，高约 20 m，宽不到 1 m，只能容纳一人单向通行(彩图 2-24)。其实韶关丹霞山最长、最深的巷谷是韶石顶评公石寨一线天，长约 600 m，深约 150 m，底部宽 0.5～2 m，上口宽 2～3 m，景观价值很高(彩图 2-25)。而最具有神秘感的巷谷是姐妹峰巷谷群，山块好像被刀切一样，巷谷纵横交错，宛如迷宫(彩图 2-26)。

2) 峡谷地貌

峡谷是已经展宽的巷谷，底部宽度大于 3 m，丹霞地貌的峡谷一般上下等宽，也有的上部稍宽。丹霞山迄今为止已知最长、最深的峡谷是评公峡，位于韶石山景区羊州寨区域，长约 800 m，深超过 130 m，宽 10～20 m；谷底植被茂密，多藤本，保持着原始的峡谷植物群落。在峡谷一侧半腰的位置有一额状洞穴，洞深 5～10 m，长约 100 m，内有巨大的崩积岩块，口外保存“评公石寨”寨门，内部保存了一定人类活动的遗迹和摩崖石刻(彩图 2-27)。

锦江也可称为峡谷，是一条属于韶关和仁化之间的断裂带，命名为韶仁大断裂，断裂的方向为北北东，属于新华夏系，断裂西向有许多山峰，山峰多数为东高西倾，东升西降，为单面山。锦江沿韶仁断裂发育，是一条遗传河，锦江在 7000 万年前流过丹霞盆地时经过不断摆动形成曲流，随着丹霞盆地的不断抬升，曲流向下侵蚀，所以锦江至今弯曲，周围较高。

4. 岩洞地貌

1) 天生桥和穿洞

丹霞山有多种成因类型的天生桥和穿洞。

(1) 侵蚀性天生桥：在一些陡崖坡上，水流沿平行坡面的节理渗入岩体，并从下部的隔水层渗出，使节理外侧下部的岩体被侵蚀、溶蚀形成穿洞，再经崩塌、风化，使上部的岩体悬空成为天生桥。阳元山天生桥、东坑逐仙人桥、山里坑天生桥等都属于这一类型，阳元山天生桥(通泰桥)是最大、最为典型的侵蚀性天生桥。它长约 50 m，内跨 38 m，拱高 15 m，桥面宽 6～8 m，桥身最薄处 3 m(彩图 2-28)。

(2) 侵蚀穿洞：流水沿垂直节理或巷谷在一定部位汇合，顺岩层的某一薄弱地带在地下穿透山梁，不断侵蚀扩大并可能伴随一定崩塌，则发育成侵蚀穿洞(彩图 2-29)。目前丹霞山发现的最大侵蚀穿洞是白寨顶大穿岩，长约 50 m，宽 13～15 m，高 3～5 m。其次较大的还有金龟岩穿洞，长 36 m，宽 6～8 m，高 1.8～2.5 m(彩图 2-30)。

(3) 风化穿洞和石拱：若山体或石墙两侧的同一层位都有额状或扁平洞穴发育，有可能把山体或石墙蚀穿，形成穿洞，如丹霞山细美寨的风车岩、韶石山的金龟岩及穿窿岩等(彩图 2-31)。若上述穿洞继续受到风化剥蚀及洞顶崩塌作用，则会继续增高、扩大。当穿洞的高度大于顶上的岩层厚度时，则成为风化石拱(风化天生桥)。丹霞山的这类石拱首推西缘的穿岩，该石拱位于穿岩顶东侧，风化剥落及崩塌作用把一条向南东延伸的山脊蚀穿，成为穿岩石拱(彩图 2-32)。

(4) 崩积穿洞和崩积石拱：崩积物的相互堆叠，还可形成崩积穿洞。如蕉冲岩西南侧的穿窿岩，完全是由崩积岩块所堆成的穿洞，小路从这个穿洞中经过。"龙盘虎踞"北侧的巨大崩积岩块互相堆叠也形成穿洞，进入其内有扑朔迷离之感。崩塌的条状岩块，横架在沟谷上，形成崩积天生桥。在僧帽峰南侧谷地、大瑶山北侧的溪坑上，有小型的崩积天生桥，水从桥下流，人从桥上行。阳元山狮子岩的第一道山门——"云门"，就是一座崩积石拱门(彩图 2-33)。

2) 岩洞

丹霞山有众多的岩洞，包括水平洞穴、穿洞、天井等，形成的原因包括水蚀、风化、崩塌等。景观价值比较高的有韶石山的金龟岩岩洞、丹霞山细美寨的风车岩等。金龟岩岩洞是目前发现的岩洞中比较典型的，其规模较大，洞高 2～3 m，洞内面积达几百平方米(彩图 2-34)。

(1) 风化岩槽：岩壁上较易风化剥蚀的泥砂岩层发生凹进，形成岩槽。其高度视该岩层厚度而定，其深度由数厘米、数十厘米至数米不等。这是风化洞穴的初期阶段，在丹霞地貌的许多岩壁上，皆有这种岩槽地貌发育(彩图 2-35)。丹霞山许多崖壁上有凹槽，是崖壁岩性垂向差异导致软岩层快速风化形成深度小于槽口高度的微地貌景观(彩图 2-36)。

(2) 风化-崩塌额状洞：风化岩槽的一部分进一步加深，则会使洞顶的砾岩层过度悬空而部分崩塌，使洞顶增高。因洞口附近生成较早，风化、崩塌时间较长，故较高，有如额状，故称为额状洞或额状岩(彩图 2-37)。这种洞穴在丹霞地貌中分布极为广泛。

(3) 风化-崩塌扁平洞：额状洞的一部分在风化及崩塌作用下，继续加深，除洞口附近仍呈额状之外，整个洞身则受软岩层控制成为扁平状。这种扁平洞穴的横断面是底部较平坦、顶部呈平缓拱状，越向内越低、越窄。丹霞山的许多大型洞穴均属此类，但是这种洞穴在形成初期，往往存在重要的流水侵蚀作用。这类洞穴大多状如石室，是开辟石窟寺和岩居的良好场所(彩图 2-38)。

(4) 水蚀洞穴：河、溪平水期水面附近的岩壁受水流、波浪侵蚀时间最长，特别是凹岸，岩层可被蚀凹进，形成水平洞穴。特别是水面附近为软岩时，这种水面附近的水平洞穴，发育特别明显。当一些小溪凹岸的水面附近是软岩时，则可被侵蚀成为凹岸洞穴；当地壳抬升或流水下切快速时，洞穴可能被抬升到较高的部位，形成高位洞穴，其也是开辟石窟寺或岩居的良好场所(彩图 2-39)。丹霞山竖向洞穴发育也不少，它是顺垂直节理或裂隙发育的垂向洞，或崖壁表面水流侵蚀的竖向洞穴，景观最为奇特的是阴元石(彩图 2-40)。

(5) 大型蜂窝状洞穴：大型蜂窝状洞穴群是在红色砂岩层中(其上、下层为砾岩)发育的一种特殊景观洞穴。这种洞穴的直径通常为 0.5～2 m，洞穴常成排出现，相互串通，也有大洞套小洞，洞口、洞身皆呈浑圆状，片状风化剥落的现象清晰(彩图 2-41)。这些洞穴是在流水侵蚀或风的作用下形成的，是岩石的矿物组成及结构、洞穴所在的地形条件、气候因素和蜂窝状洞穴所形成的微气候共同作用的结果(彩图 2-42)。

(6) 小型蜂窝状洞穴：往往发育于大型水平洞穴内，是大洞穴内的次一级小型洞穴。以丹霞山锦石岩洞穴内的龙鳞片石最为典型，在接近内缘的顶部及北侧洞壁的砂岩层表面，有一条宽约 1 m 并横跨整个后侧洞壁的小型蜂窝状洞穴带。这些圆形小蜂窝的直径 5～10 cm 不等，深度 1～2 cm 至十几厘米不等。它们密密麻麻地互相紧挨在一起，并被厚 1～2 cm 的砂岩脊隔开，而且在较大的蜂窝内还有小蜂窝发育，看似如鳞片，故称为龙鳞石（彩图 2-43）。龙鳞石的表面皆为绿色的藻类所覆盖，其颜色春季为嫩绿色，夏季为深绿色，秋季为黄绿色，冬季为褐黄色，故又称为“变色龙”。

5. 坠石地貌

坠石地貌属于崩塌的一种。在崖麓及崩积缓坡上，常堆积着许多巨大的岩块。丹霞地貌崖壁崩塌过程也会形成大量的坠石，有时受到局部地形影响，还可形成洞穴。在丹霞山的翔龙湖和丹霞山西北坡等多处崖麓都可见到，以翔龙湖中的坠石最为典型（彩图 2-44）。

2.4 丹霞山土壤

2.4.1 丹霞山土壤形成的自然条件

丹霞山位于南岭山脉南坡，属亚热带南缘，具有中亚热带向南亚热带过渡的亚热带季风性湿润气候特点，地带性植被类型为南亚热带季风常绿阔叶林。丹霞山的岩石主要是粉砂岩、砂岩、砂砾岩和泥质岩。受地壳上升、流水侵蚀和重力坍塌作用，形成了“顶平、身陡、坡缓”的典型的丹霞地形地貌。在流水作用、风化作用的影响下，成土母质主要为坡积物、洪积物和冲积物。因此，在上述成土因素相互影响和综合作用下，丹霞山风景区地带性土壤为红壤（彩图 2-45）。

2.4.2 红壤的分布

红壤是在中亚热带湿热气候常绿阔叶林植被条件下，经脱硅富铝化和生物富集作用发育而成的红色、铁铝聚集、酸性、盐基高度不饱和的铁铝土。

红壤是中国铁铝土纲中位居最北、分布面积最广的土类，主要分布在长江以南广阔的低山丘陵区，其范围大概在北纬 23°～32°。东起东海诸岛，西达云贵高原及横断山脉，包括江西、福建、浙江的大部分，广东、广西、云南的北部，以及江苏、安徽、湖南、湖北、贵州、四川和西藏等省（自治区）南部，涉及 13 个省（自治区）。其中江西、湖南两省分布最广。

2.4.3 红壤的形成

1. 脱硅富铝化

脱硅富铝化是红壤的主要成土过程，表现在土体中的硅酸盐矿物遭受强烈分解的同时，硅酸和盐基不断淋失，而铁、铝的氧化物则明显聚积，黏粒与次生矿物不断形成。

在热带、亚热带湿热气候条件下，岩石的化学风化强度大，硅酸盐矿物强烈分解，形成高岭石和二氧化物、三氧化物，并释放出盐基化合物，风化液呈中性至碱性环境。同时，风化壳又受到强烈的淋溶作用，使盐基离子和硅酸大量淋失，铁铝因溶解度低或脱水成凝胶而积累，使表层铁铝氧化物愈积愈多，以致形成结核和铁盘。

2. 生物富集

在热带、亚热带不同森林植被的作用下，红壤中物质的生物循环十分强烈，生物和土壤之间物质和能量的转化和交换极其快速，表现特点是在土壤中形成了大量的凋落物，同时土壤中的微生物也以极快的速度矿化分解凋落物，使各种营养元素进入土壤，从而大大加速了生物和土壤的养分循环并维持较高水平而表现强烈的生物富集作用，丰富了土壤养分的物质来源，促进了土壤肥力的发展。

在自然植被茂盛的情况下，红壤的生物富集作用使营养元素在表层土壤积累，土壤的养分比较丰富。但是，由于有机质的矿化作用迅速，这些养分并不都是固定在土壤里，而是处于不停循环过程中，一旦自然植被遭到破坏，生物小循环也就削弱，矿质化所释放出来的养分就大部分进入地质大循环的轨道，从而使土壤日趋贫瘠。所以，良好的植被有利于红壤土壤肥力的提高。

根据红壤的成土条件、成土过程、属性及其利用特点，按照中国土壤分类系统，红壤土类可分为红壤、黄红壤、棕红壤、山原红壤和红壤性土 5 个亚类。

2.4.4　红壤的基本性状

1. 红壤的剖面形态特征

红壤的典型土体构型为：A_h—B_s—C_{sq}（C_{sq}为次生硅积聚层）或 A_h—B_s—B_{sv}—C_{sv}。红壤剖面以均匀的红色（10R5/8）为其主要特征。

A_h为腐殖质层，一般厚度为 20～40 cm，呈暗红色（10Y3/3），植被受到破坏后厚度只有 10～20 cm。

B_s 为铁铝淀积层，厚度为 0.5～2 m，呈红色（10R5/8 至 10R5/6），紧实黏重，呈核块状结构，常有铁、锰胶膜和胶结层出现，因而分化为铁铝淀积层（B_s）与网纹层（B_{sv}）等亚层。

C_{sv}层包括红色风化壳和各种岩石风化物，是在淀积层（B）之下形成的淡红色（10YR7/8）与灰白色（10Y5/1）相互交织的网纹层。

2. 红壤的理化性状

1）土壤质地较黏重，物理性质不良

红壤黏粒含量一般在 30%以上，以壤质黏土为主，有机质含量一般较低，黏土矿物以高岭石为主，并含有胶结性强的铁、铝氧化物，因此使得红壤的孔隙度低，容重大。土壤膨胀收缩性大，遇水吸湿膨胀成糊状，阻滞水分下渗，易造成地表径流，因而红壤具有田间持水量低、凋萎系数大、有效水范围窄等不良土壤水分物理性质。

2）红壤呈酸性、强酸性反应

红壤心土 pH 值为 4.2～5.9，底土的 pH 值为 4.0；红壤的交换性铝可高达 2～6 cmol(+)/kg，占潜性酸的 80%以上。由于大量盐基淋失，盐基饱和度很低，一般低于 30%。

3）养分含量低

红壤有机质含量通常在 20 g/kg 左右，侵蚀严重地段的有机质含量低于 10 g/kg。腐殖质胡敏酸/富里酸（HA/FA）为 0.3～0.4，胡敏酸分子结构简单，分散性强，不易絮凝，故红壤水稳性结构体差。

红壤氮素含量与有机质含量呈正相关，磷素含量低，处于严重缺磷状况，钾素含量也普遍缺乏。

4）黏土矿物组成与阳离子交换性能

红壤黏粒的 SiO_2/Al_2O_3 为 2.0～2.7，黏粒矿物以高岭石为主，一般可占总量的 80%～85%；赤铁矿占 5%～10%，有少量蛭石、水云母。阳离子交换量为 15～25 cmol(+)/kg。这是因为红壤的黏粒矿物以负电荷较少的高岭石为多，加之铁、铝氧化物包被了层状铝硅酸盐，导致阳离子交换量低。

2.4.5 丹霞山土壤肥力特征

为研究丹霞山土壤肥力特征，近几年笔者在丹霞山风景区内的阳元山、长老峰和巴寨不同高度的典型地段采集 0～20 cm 土壤样品（彩图 2-46）。测定土壤的养分含量、土壤 pH 值和土壤机械组成等指标，确定土壤肥力特征，具体结果见表 2-4。

表 2-4 丹霞山土壤测定结果及分级

地点	项目	有机质 /(g/kg)	全氮 /(g/kg)	碱解氮 /(mg/kg)	全磷 /(g/kg)	有效磷 /(mg/kg)	全钾 /(g/kg)	速效钾 /(mg/kg)	pH值	质地
阳元山山脚	含量	42.32～46.24	1.62～1.97	148.52～186.01	0.12～0.17	4.02～4.67	3.48～4.07	26.31～38.27	5.22～5.41	中壤土
	等级	一	二	一	六	五	六	五	强酸性	
阳元山山顶	含量	35.65～41.45	1.55～1.76	87.65～98.33	0.57～0.74	3.32～3.90	2.97～3.53	36.73～44.81	4.57～4.73	中壤土
	等级	二	二	三	三	五	六	五	强酸性	
长老峰山脚	含量	21.40～27.53	1.73～2.06	92.08～102.75	0.22～0.38	6.29～6.83	5.14～5.49	31.67～38.92	5.28～5.48	中壤土
	等级	三	二	三	五	四	五	五	强酸性	
长老峰山腰	含量	29.61～35.15	1.87～2.31	131.26～155.15	0.18～0.27	7.09～7.69	6.34～6.78	55.45～63.67	6.23～6.45	轻壤土
	等级	二	一	二	五	四	五	四	酸性	
长老峰山顶	含量	58.37～65.57	3.72～4.46	167.81～193.73	0.63～0.87	4.44～5.05	3.87～4.21	102.28～131.47	4.96～5.10	中壤土
	等级	一	一	一	三	五	六	三	强酸性	
巴寨山脚	含量	48.76～53.17	1.45～1.73	92.27～112.48	0.19～0.25	3.12～3.42	6.27～6.54	73.35～92.38	4.57～4.75	中壤土
	等级	一	二	三	五	五	五	四	强酸性	
巴寨山腰	含量	50.47～54.60	1.77～1.91	123.11～147.63	0.21～0.24	4.16～4.49	5.02～5.58	67.07～74.81	5.02～5.31	轻壤土
	等级	一	二	二	五	五	五	四	强酸性	
巴寨山顶	含量	58.64～66.23	2.11～2.38	161.98～177.27	0.22～0.25	2.35～2.94	6.30～6.62	70.19～83.83	4.33～4.47	中壤土
	等级	一	一	一	五	六	五	四	极强酸性	

根据全国第二次土壤普查养分分级标准，丹霞山土壤有机质和全氮处于较高水平，而磷和钾处于较低水平。土壤反应属于酸性和强酸性，个别点位土壤属于极强酸性，土壤质地为轻壤土至中壤土。

总体来看，丹霞山景区土壤有机质和氮素含量较高，多数处于一、二级水平，而磷和钾含量较低，多数处于五、六级水平。土壤偏酸，多数在强酸性—酸性范围。土壤质地偏轻，多数在轻壤—中壤范围。

彭少麟等(2011)根据修正的内梅罗(Nemoro)综合指数法对丹霞山风景区土壤肥力进行定量综合评价，选取 pH(H_2O)、有机质、全氮、碱解氮、有效磷、速效钾 6 个属性作为评价指标。结果表明，丹霞山风景区绝大多数土壤处于"贫瘠"水平，占样品总数的 63.2%，36.8%的土壤肥力水平达到"一般"水平，没有"肥沃"等级的土壤。土壤的平均肥力系数为 0.736，属"贫瘠"水平。造成土壤综合肥力水平低的主要原因是土壤有效磷和速效钾含量太低，氮素含量亦较低，土壤呈酸性至强酸性。

全氮分肥力系数属于"贫瘠"水平的土壤占 31.6%，速效磷分肥力系数属于"贫瘠"水平的土壤达 94.7%，速效钾分肥力系数属于"贫瘠"水平的土壤达 42.1%。所以，根据利比希最小因子定律，要想提高土壤肥力，关键在于增加土壤有效磷含量水平。另外，要适当补充氮素和钾素供应。

2.5　丹霞山植被

2.5.1　丹霞山植物多样性

丹霞山作为一种特殊地貌类型，一方面有着与其他亚热带地区相似的植物区系成分，另一方面也孕育着其独特的植物种质资源。

野外调查和文献资料查证表明，丹霞山野生维管植物约有 1706 种，隶属于 206 科 778 属，其中，蕨类植物 37 科 70 属 139 种，裸子植物 6 科 8 属 10 种，被子植物 163 科 700 属 1557 种；另有栽培植物 210 种，隶属于 69 科 165 属，其中，裸子植物 5 科 7 属 8 种，被子植物 64 科 158 属 202 种。另有苔藓植物 37 科 70 属 170 种，即全部高等植物 243 科 848 属 1876 种。另有各类栽培植物 69 科 165 属 210 种(表 2-5)。

表 2-5　丹霞山高等植物区系种类组成

植物类群统计		野生种			栽培种		
类别		科	属	种	科	属	种
蕨类植物		37	70	139	—	—	—
种子植物	裸子植物	6	8	10	5	7	8
	被子植物	163	700	1557	64	158	202
苔藓植物		37	70	170	—	—	—
高等植物合计		243	848	1876	69	165	210

(据彭少麟等，2011)

2.5.2　生态系统多样性及其演替特征

1. 生态系统多样性

丹霞山具有非常丰富的生态系统多样性，调查结果表明丹霞山生态系统有 42 类，其中，自然生态系统 11 类，人工生态系统 14 类，复合生态系统 17 类。另外，丹霞地貌区小尺度范围内高度多样化的生态系统普遍存在。可见，丹霞地貌具有生态系统复杂化和高度复合化特性。

2. 演替特征

丹霞地貌存在着完整的原生演替与次生演替系列（图 2-1）。典型丹霞地貌的山顶为原生演替的矮灌木林和乔木林，周围斜坡仍然受季节性降水侵蚀、风化、重力崩塌等作用，原生演替从裸露的岩石开始，形成原生演替早期的苔藓、草本群落。随着岩石的进一步风化和苔藓、地衣等植物的作用，土壤层增厚，将原生演替继续往前推进。

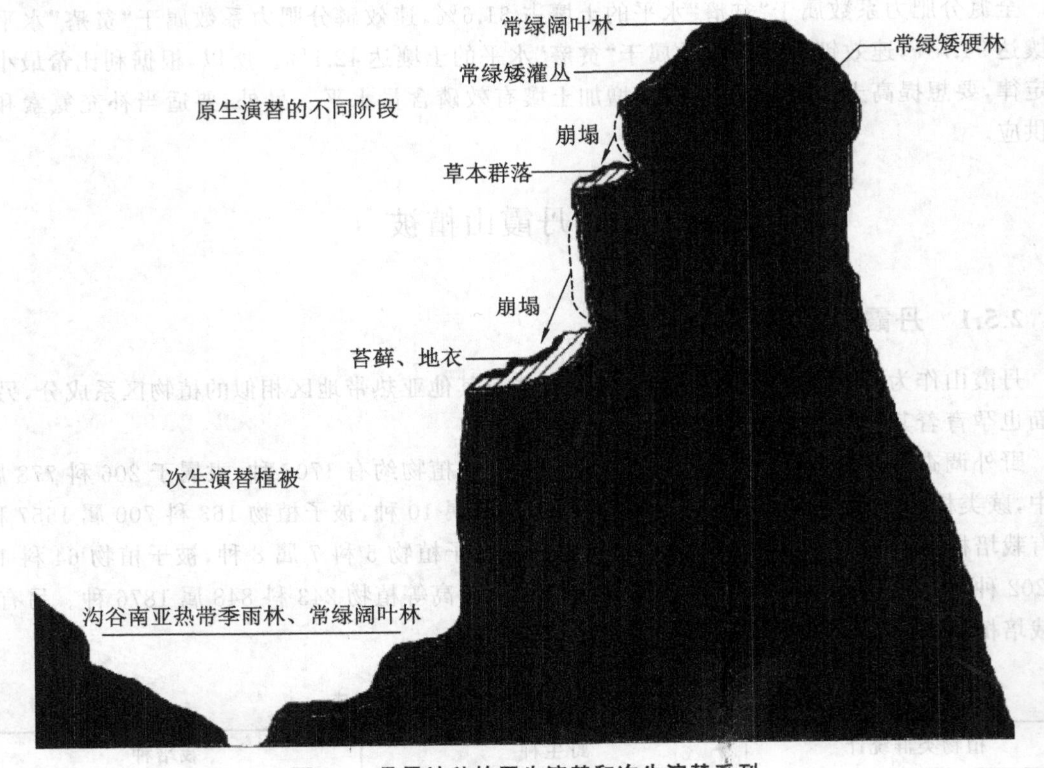

图 2-1　丹霞地貌的原生演替和次生演替系列

（据侯玉平等，2008）

丹霞地貌是由于季节性和突发性的降雨不断对红层岩石产生极强的侵蚀和淋蚀，以及河流的纵向切割和溯源侵蚀形成的陡峭谷壁和深切沟谷，同时，水流的参与又加剧了风化溶蚀和崩塌作用，不断地对其进行塑造和改造。特殊的地质地貌过程使岩石不断有新的崩塌，这一特殊地貌形成过程中所产生的特殊的水热环境、土壤特征、地质条件，使其植被在长期演替的过程中，形成了赤壁丹崖和山顶上独具特色的原生演替，并在不同的空间上形成了完整的时间演替系列（彩图 2-47 至彩图 2-53）。

1）丹霞地貌区的原生演替过程

（1）演替初期。

原生演替过程表现在赤壁丹崖的崖壁面上和山顶山脊。以韶石顶裸露岩石的卷柏-草本群落为例。卷柏是一种蕨类植物，在干旱时地上部分合拢，呈枯黄色，实际上没有干枯，一旦降水充足则重新迅速生长变绿，表现出对干旱及季节性降水的适应。卷柏等及其他苔藓植物定居以后，就为其他草本植物创造了土壤条件，并向周围裸露的岩石拓展。

丹霞地貌区崖壁阳面和阴面往往存在着不同的演替过渡阶段。在阳面，石壁基岩经风化形成薄碎屑物，碎屑物在水、热条件的作用下进一步风化，为苔藓、地衣的入侵创造条件。在苔藓和地衣的反作用下，碎屑物逐步形成浅薄的土层，为草本植物定居创造条件，进而逐渐形成草本群落。在阴面，在进行以上演替过程的同时，山脚一些藤本植物生长并攀援，繁茂的枝叶覆盖壁面。生物学特点决定了藤本植物改善小环境的作用更强烈，基岩的风化和土壤的形成被加速，为草本和小灌木的定居提供条件，进一步发展可形成灌木群落。

（2）演替中后期。

丹霞地貌区山顶和山脊演替中后期出现矮灌木林群落和乔木群落。丹霞山山顶和山脊因地势平坦，原生裸地上出现苔藓到草本后，逐渐改善土壤条件，灌木及乔木群落的形成将演替推向中后期，如望郎峰附近和舵石顶的灌木-乔木群落。在丹霞山，此类山顶有以乌冈栎、乌饭树、檵木等为优势种群组成的常绿硬叶林，其个体跟山脚沟谷相比具有植株较矮、叶面积较小、叶肉厚、叶表面有蜡质层等特征，表现出对山顶辐射强、干旱等恶劣环境的适应。在丹霞山体较缓的悬崖边，往往发育有落叶阔叶的丹霞梧桐群落。

丹霞山主景区的海珠峰和海螺峰，虽然山顶植被早期曾受到干扰，但后来保护较好，形成原始的常绿针阔叶混交林和阔叶林，马尾松、木荷、黄杞等高达 30 m 以上，乔木层郁闭度达 0.95 以上，林下草本层稀疏，已经接近南亚热带演替后期顶极群落。因此可以预测其他丹霞地貌山顶和山脊原生群落将会朝着南亚热带顶极群落这个方向演替。可以认为，丹霞地貌山顶不同时间序列的原生演替群落，是在受气候条件和山顶特殊环境影响下形成的，虽然单块群落面积不大，但对不同原生演替阶段群落的研究具有其他地方无法比拟的优越条件。

2）丹霞地貌区的次生演替

丹霞地貌区也存在着完整的次生演替系列，次生演替是发生在次生裸地上的群落演替。人为或自然的强度干扰使原生态系统造成灾难性后果而产生次生裸地，但通常它并未使全部原有植被灭绝。这样，残存种类可能与新产生的种类交织在一起。丹霞地貌区次生演替过程出现在沟谷经人类干扰过的次生林中。

中国亚热带森林存在主导的演替模式：灌草丛—针叶林（或其他先锋种）—针阔叶混交林—阳生性常绿阔叶林—中生性季风常绿阔叶林（图 2-2），这一过程与中国南亚热带的演替过程相近。丹霞地貌区存在着这一模式完整的次生演替系列。

在丹霞沟谷和山麓中形成次生演替系列，演替成熟的地带性顶极类型为常绿阔叶林，这种具典型特征的植被类型，对于研究森林植被群落具有广泛的意义。丹霞特殊地貌引起的这两种演替系列为探索其植被的演替规律（特别是原生演替）提供了非常难得的理想场所，使得生态学者在同一区域就可以观察到一个完整的植被演替系列。

丹霞地貌区独特的演替过程也具有重要的实践意义。丹霞地貌区两种演替系列类型的不

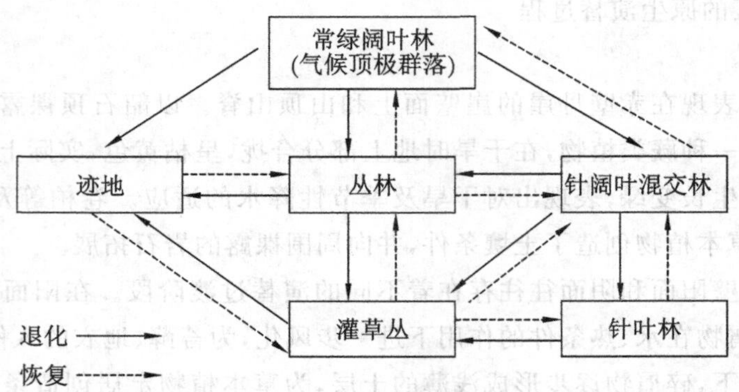

图 2-2 南亚热带和亚热带生态系统退化与恢复演替的一般过程

(据侯玉平等,2008)

同演替阶段的群落具有不同的结构、功能特征,存在不同的制约因素,影响演替进程的发展。因此,对丹霞地貌区不同演替系列的各个阶段的认识,将为丹霞植被的经营管理和保护措施提供必要的依据,亦对区域的植被生态恢复具有重要的指导意义。

3. 地貌生态特征

1) 丹霞地貌特殊的沟谷生态效应

其特殊沟谷生态效应体现在以下两个方面。

(1) 丹霞地貌演变过程中形成多石峰隆起和沟谷凹陷,特殊的地貌环境使得沟谷中的生态因子与其他非丹霞地貌开阔区域产生差异,小气候相对封闭,水湿条件极好,为喜高温高湿的热带物种提供了较好的生存环境;沟谷所处位置的地理环境,如四周崖壁的光滑程度会影响到太阳光反射到沟谷的光强,这些都会对沟谷中的温、湿度产生影响。

(2) 丹霞地貌特殊的生态条件,为沟谷地带孕育出一批热带性较强的分类群提供了可能,与相近纬度的诸多植被相比,丹霞地貌植物区系热带性明显增强,热带分布区类型所占比例比同纬度区域要大 10%以上,大多数沟谷中热带性物种分布比较明显,藤本分布较多,蕨类植物也较丰富,耐水湿的植物区系发育良好。这实际上造成了植物水平分布上的移位,使中亚热带区域中分布有南亚热带甚至热带区域的物种,出现了由于其特殊的沟谷地貌效应而形成的与其地貌条件保持协调和平衡的演替顶极类型,称为地貌顶极群落。

2) 丹霞地貌特殊的山顶生态效应

特殊的丹霞地貌产生了特有的山顶生态现象。

通过测定丹霞山宝珠峰和海螺峰的山顶的生态因子特征、群落结构特征和物种生态型特征,并与山脚的群落与种群以及相近非丹霞地貌区做比较。结果表明,山顶的平均温度高于山脚沟谷,平均湿度小于山脚沟谷,群落物种数和物种多样性均小于山脚沟谷。相比山顶而言,山脚沟谷的植物有很强的热带性(图 2-3,彩图 2-54,彩图 2-55)。这些特征都有别于一般非丹霞地貌山地。

另外,在山顶和山脚调查的几个种群在叶面积、比叶面积、树皮、枝下高和冠幅等方面,均出现了生态型的差异。

丹霞地貌山顶平缓或呈锥状山峰,四壁陡立。其陡崖坡上无土层和水分,一般无大型植物生长。大多数陡立的崖壁上几乎没有植物生长,造成山顶植物群落与山脚植物群落隔离。但

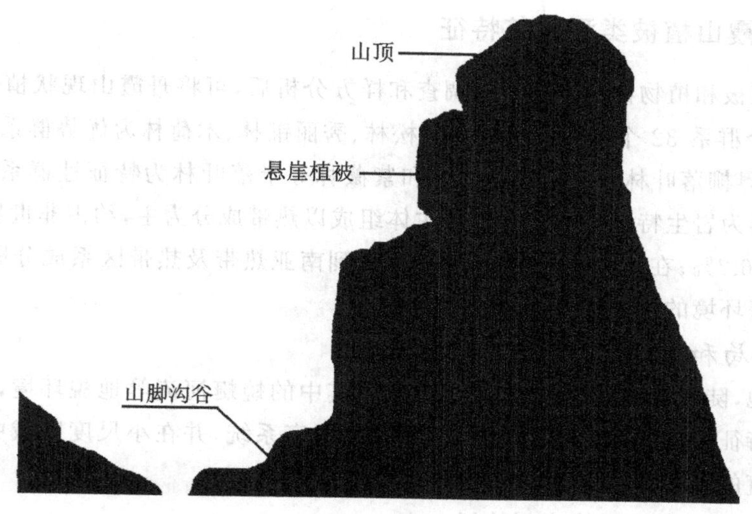

图 2-3　山顶和山脚沟谷示意图

（据彭少麟等，2011）

也还有些崖壁的部分垂直带上有植被覆盖，连接了山顶和山脚的植物群落，使山顶处于不完全隔离状态。丹霞地貌山顶这种特殊的地貌特征，造成了山顶和山脚生态环境的显著差异。这种分异与一般意义上的气候垂直分异不同，主要是由于地貌的大幅度变化而引起的光、热、水、土差异所致。

海拔梯度实际上反映了水热状况的梯度变化，因此海拔的影响实际反映了气候因子的综合影响。很多情况下，山地的温度随着海拔的升高而降低，而湿度则在中海拔地区较高。

丹霞山的温、湿度变化与海拔之间的关系却与这些非丹霞地貌的山地完全不同。宝珠峰和海螺峰山顶的日平均温度和最低温度都高于山脚沟谷，平均湿度都低于山脚沟谷，这可能是由丹霞地貌特有的坡面特征造成的。由于大多数陡立的崖壁上几乎没有植物生长，山顶植被处于不完全隔离状态，所以与其他不存在隔离的山地植被区相比，水分更容易丧失；而山脚沟谷处于许多陡立的崖壁之间，水分容易集中，水源涵养较好，流水侵蚀较剧烈，另一方面，山脚沟谷内植物郁闭度高，阳光不足，因此丹霞地貌山顶的湿度反而较山脚沟谷低，与其他山地不同。同时，山顶由于受阳光照射较多，而湿度又较低，所以山顶的温度反而高于山脚沟谷。

丹霞山山顶与山脚沟谷水分和温度等环境因子的差异，导致了丹霞山植物在群落水平和个体水平上都出现了较大的差异。

丹霞山由于其特殊的山顶生态特征，形成不同于一般山地的局部小气候，即山顶温、湿度日变化小且湿度较低，山脚（往往形成沟谷）温、湿度日变化大且湿度高，这种小气候一方面从植物群落上影响了其组成结构及区系的变化，表现在群落优势种和生物多样性指数的不同，以及物种类型的差异。山顶水热条件较差发育为亚热带常绿阔叶林，而山脚（沟谷）因为水热组合较好而发育成季雨林或雨林的植被类型。另一方面其又影响了山顶和山脚植物形态方面的趋异，即生态型的改变。丹霞地貌山顶和山脚一些相同物种生态型的差异也是适应性进化的典型事例。因此，丹霞地貌山顶对生态型研究、岛屿理论研究和适应性进化研究都具有一定的科学意义。

2.5.3 丹霞山植被类型及其特征

对丹霞山植被和植物群落进行全面调查和样方分析后，可将丹霞山现状植被分为 9 个植被型，包括 24 个群系 32 个群丛。其中马尾松林、秀丽锥林、木荷林为优势群系，甜槠常绿林、乌冈栎硬叶林、粤柳落叶林以及丹霞梧桐林和紫薇林等半落叶林为特征性群系，卷柏、苦苣苔等石壁草本群落为岩生特色群系。植被的主体组成以热带成分为主，约占非世界属的 69.3%，温带成分亦占 36.2%；在优势科属的组成方面，受到南亚热带及热带区系成分影响，并由于丹霞地貌干热岩壁环境的影响，出现许多旱生性灌丛。

1. 植被格局和物种组成

在丹霞盆地，陡峻的峰林、低缓的丘陵和贯穿其中的蜿蜒河流等地貌环境，以及丹霞地貌的小环境气候特征，孕育了丰富的自然植被和农业生态系统，并在小尺度区域中，按环境梯度形成水平和垂直的群落序列。

1）植被群落的水平和垂直序列特征

在水平地带梯度上，丹霞山位于南亚热带的北缘，原生植被具有南亚热带（山地）常绿阔叶林和南亚热带季风常绿阔叶林的过渡特征。这是由于南岭山脉对北方南下寒流的阻隔以及该地区的丹霞地貌的岩石暴露面大，加强了局部的辐射热，在沟谷形成了夏季干热、冬季湿暖的“热谷”环境，使植物群落比同地区的常绿阔叶林有更大比例的热带成分。

在垂直地带梯度上，丹霞山的山体相对高差不大（一般为 150～300 m，最大为 445 m），但是垂直分布系列较多。在海拔 350～625 m（海螺峰、燕岩、巴寨）分布有亚热带山地常绿阔叶林，在海拔 300 m 以下分布有南亚热带季风常绿阔叶林，并含有南亚热带沟谷雨林层片的特征；在海拔 250～300 m 的土层较薄地段和悬崖陡壁，可列出一类低纬度、低海拔的亚热带硬叶常绿阔叶矮林和落叶树灌丛（丹霞梧桐、圆叶小石积、紫薇等）。而在海拔 50～249 m 的丘陵和较开阔的河流阶地上，人类的活动形成了经济林、水稻田与村落等农业景观。可见，丹霞地貌产生的热效应影响局部区域的气候和土壤环境，使之与相邻的非丹霞地貌区植被生态系统相比具有更大的多样性和更丰富的植被类型，这也是丹霞地貌的独特生态和景观自然遗产的重要价值所在。

2）植被群落的组成特点

（1）丹霞山典型的沟谷、低地常绿阔叶林以热带、南亚热带植物区系成分占优势。常常在沟谷地区形成季风雨林的层片、季风雨林景观，绞杀、茎花、附生、树蕨以及木质藤本等热带植物极为丰富。例如，树蕨类有较常见的桫椤科的刺桫椤，以及稀有的细齿黑桫椤；原始厚囊蕨类有观音座莲科的福建观音座莲等；木质藤本有买麻藤科的买麻藤属 2 种，番荔枝科的瓜馥木属、紫玉盘属，豆科的黧豆属、崖豆藤属和羊蹄甲属，梧桐科的刺果藤属等；绞杀和茎花植物有桑科的榕属、波罗蜜属；附生植物有阴石蕨、槲蕨等多种蕨类和多种兰科植物；棕榈科的华南省藤、棕榈等；还有蝶形花科红豆属的多种高大乔木种类，水东哥科、无患子科，茜草科的水锦树属，紫金牛科、芭蕉科、天南星科等沟谷林植物。

（2）丹霞山以山地常绿阔叶林所占面积较大，亚热带山地常绿阔叶林成分占明显优势，但落叶树、半落叶树、灌木种类也较丰富。其中构成常绿林的主要树种有：马尾松、刺柏、秀丽锥、甜槠、柯、乌冈栎、青冈、樟树、黄樟、阴香、鸭公树、新木姜子、凤凰润楠、木荷、木莲、软荚红豆、金叶含笑、白桂木、小叶榕、笔管榕、网脉山龙眼、多花山竹子、蕈树(阿丁枫)、杨梅叶蚊母树、黄杞、鸭脚木、杨梅、两广梭罗、光叶山黄皮等。

常见的落叶或半落叶乔木:丹霞梧桐、天料木、粤柳、无患子、南酸枣、枫香、豆梨、紫果槭、樟叶槭、黄牛木、朴树、糙叶树、山杜英、薯豆、翻白叶树、山乌桕等。

常见灌木:紫薇、圆叶小石积、火棘、桃金娘、檵木、乌饭树、杨桐、九节、梅叶冬青、罗伞树、木犀、盐肤木、水杨梅、赤楠、油茶及多种杜鹃等。

藤本植物主要有:买麻藤、油麻藤、藤黄檀、龙须藤、刺果藤、鸡血藤、雀梅藤等。

草本植物主要有:芒萁、乌毛蕨、铁线蕨、江南星蕨、海芋、龙须草、芒草、类芦、五节芒等。

竹类主要有:撑篙竹、青皮竹、粉单竹、毛竹、吊丝球竹、苦竹、箬竹等。

人工林树种主要有:马尾松、油桐、大叶相思、尾叶桉、隆缘桉等。

2. 植被类型系统

根据《中国植被》和《广东植被》的植物群落分类原则以及植被区划,丹霞山地带性植被类型属南亚热带季风常绿阔叶林。依据以往的调查及样方的分析,将丹霞山现状植被分为 9 个植被型,其中Ⅰ～Ⅷ植被型为天然次生林植被类型,包括 19 个群系和 26 个群丛,Ⅸ植被型为人工林植被类型(表 2-6)。

表 2-6　丹霞山的主要植被类型

植被型	群系	群丛
Ⅰ.亚热带暖性针阔叶混交林	Ⅰ.1 马尾松群系	Ⅰ.1.1 马尾松-檵木(/桃金娘)-芒萁群丛 Ⅰ.1.2 马尾松＋枫香(/鸭公树)-鼠刺-乌毛蕨群丛 Ⅰ.1.3 马尾松＋柯(/＋刺柏)-映山红-薹草群丛
Ⅱ.亚热带暖性落叶阔叶林	Ⅱ.1 粤柳群系	Ⅱ.1.1 粤柳＋乌桕(/杜英)群丛
Ⅲ.南亚热带季风常绿阔叶林	Ⅲ.1 秀丽锥群系	Ⅲ.1.1 秀丽锥＋白桂木-华南省藤＋罗伞树-沿阶草群丛 Ⅲ.1.2 秀丽锥＋鸭脚木(/黄樟)-罗伞树＋三椏苦-高秆珍珠茅群丛 Ⅲ.1.3 金毛柯＋秀丽锥＋水青冈-越南叶下珠-黑莎草群丛
	Ⅲ.2 木荷群系	Ⅲ.2.1 木荷＋柯-罗伞树＋三椏苦-芒萁群丛 Ⅲ.2.2 木荷＋马尾松＋黄樟-罗伞树＋三椏苦-珍珠茅群丛 Ⅲ.2.3 木荷＋黄杞＋鸭脚木-檵木-狗脊群丛
	Ⅲ.3 软荚红豆群系	Ⅲ.3.1 软荚红豆＋山杜英(/柯)＋疏齿木荷-密花树-珍珠茅群丛
	Ⅲ.4 苦槠/柯群系	Ⅲ.4.1 苦槠＋柯＋杨桐-檵木-珍珠茅群丛
	Ⅲ.5 黧蒴锥群系	Ⅲ.5.1 黧蒴锥-檵木＋杨桐-薹草群丛
Ⅳ.亚热带山地常绿阔叶林	Ⅳ.1 甜槠群系	Ⅳ.1.1 甜槠＋黄杞-赤楠-朱砂根群丛
Ⅴ.亚热带山地硬叶常绿阔叶林	Ⅴ.1 乌冈栎群系	Ⅴ.1.1 乌冈栎-乌饭树(/檵木/杜鹃)-珍珠茅群丛

续表

植被型	群系	群丛
Ⅵ.亚热带山地落叶灌丛林	Ⅵ.1 圆叶小石积群系	Ⅵ.1.1 圆叶小石积＋紫薇(/豆梨)-珍珠茅群丛
	Ⅵ.2 丹霞梧桐群系	Ⅵ.2.1 丹霞梧桐＋圆叶小石积-野古草＋龙须草群丛
Ⅶ.亚热带灌草丛	Ⅶ.1 乌饭树群系	Ⅶ.1.1 乌饭树＋杨桐＋檵木-芒萁群丛
	Ⅶ.2 桃金娘群系	Ⅶ.2.1 桃金娘＋岗松-鹧鸪草群丛
	Ⅶ.3 苦竹群系	Ⅶ.3.1 苦竹-龙须草＋刺芒野古草群丛
	Ⅶ.4 斑茅群系	Ⅶ.4.1 河八王(/＋斑茅)＋石芒草群丛
	Ⅶ.5 石壁草本群系	Ⅶ.5.1 卷柏群丛 Ⅶ.5.2 苦苣苔群丛
Ⅷ.湿地群落	Ⅷ.1 水东哥群系	Ⅷ.1.1 水东哥-石菖蒲＋楼梯草群丛
	Ⅷ.2 香蒲群系	Ⅷ.2.1 香蒲＋稗群丛
	Ⅷ.3 苦草群系	Ⅷ.3.1 苦草＋竹叶眼子菜群丛
Ⅸ.人工群落	Ⅸ.1 松、杉林	Ⅸ.1.1 马尾松群丛(a.马尾松；b.湿地松) Ⅸ.1.2 杉木群丛
	Ⅸ.2 桉树林	Ⅸ.2.1 桉树群丛(a.尾叶桉林；b.马尾松＋桉)
	Ⅸ.3 竹林	Ⅸ.3.1 竹群丛(a.青皮竹；b.粉单竹；C.撑篙竹)
	Ⅸ.4 园地	Ⅸ.4.1 果园、旱地
	Ⅸ.5 农田	Ⅸ.5.1 水稻田

(据彭少麟等，2011)

3. 主要植被类型及其特征

丹霞山以天然次生植被为主，其中森林植被型有 6 类，最主要的是南亚热带季风常绿阔叶林和暖性针阔叶混交林。现有的马尾松林、杉林和竹林归为人工林，近年在丹霞盆地周边的桉树林等也是人工林植被的主要群系。

1）次生植被

Ⅰ. 亚热带暖性针阔叶混交林

该植被型实际是次生的或人工的马尾松单优群落，通过多年的保护和次生演替，与多种阔叶树混交形成的风景林。该植被分类系统将明显的人工栽培马尾松、湿地松、杉木等针叶经济林归为人工林植被。次生的针叶林仅有 1 个群系 3 个群丛。

Ⅰ.1　马尾松群系 Form.*Pinus massoniana*

主要分布在人面石、宝珠峰、大石山、瑶山、朝石顶、葫芦寨、矮寨、茅坪、巴寨等地的丘陵和山坡。该群系多数是马尾松人工林和天然飞播形成的次生林。群落的乔木层高 13～20 m，郁闭度 0.70～0.80，灌草层覆盖度 30％～40％。乔木层由马尾松单优种组成，成熟林中的马尾松最高达 24 m，胸径最大达 81 cm。

Ⅰ.1.1　马尾松-檵木(/桃金娘)-芒萁群丛

Ass.*Pinus massoniana*-*Loropetalum chinense*(/*Rhodomyrtus tomentosa*)-*Dicranopteris dicho-*

toma

主要分布在朝石山、五马归槽、大凹顶一带，观音山、巴寨、瑶山等坡麓和丘陵，海拔 100～220 m，群落郁闭度 0.50～0.75。此类群落多以人工起源和次生的马尾松林为主。乔木层一般高 8～16 m，马尾松最高达 17 m，胸径 30 cm，还混生少量的枫香、拟赤杨、秀丽锥、朴树、白花苦灯笼等；林下有大叶紫珠、杨桐、三椏苦、野牡丹、桃金娘、檵木、杜鹃、黄栀子、乌毛蕨、芒萁、野古草、纤毛鸭嘴草等。山麓坡地还伴生有箬叶竹、苦竹等小竹子。此类群落尚处在次生演替初期阶段。

Ⅰ.1.2 马尾松＋枫香(/鸭公树)-鼠刺-乌毛蕨群丛

Ⅰ.1.3 马尾松＋柯(/＋刺柏)-映山红-薹草群丛

Ⅱ. 亚热带暖性落叶阔叶林

该植被型主要是粤柳群系。在广东分布的野生柳属仅有 3 种，粤柳是其中的窄域分布的野生种之一。以稀树或成小面积河岸林带分布在金龟岩、阴元石、虎坑沟等沟谷溪流旁。常伴有粉单竹、撑篙竹等，偶见杜英、乌桕、枫香、南酸枣、板栗等落叶、半落叶树种，成为丹霞山河溪景观群落。

Ⅱ. 1 粤柳群系 Form. *Salix mesnyi*

Ⅱ. 1.1 粤柳＋乌桕(/杜英)群丛

Ass. *Salix mesnyi*＋*Triadica sebifera*(/*Elaeocarpus decipiens*)

粤柳群系主要分布在金龟岩、阴元石、虎坑沟、猪仔塝(丹霞山南)、西竺岩(燕岩北)等山边的暖性落叶溪边河岸林。该群落乔木层一般高 7～14 m，树距较疏，郁闭度 0.3～0.4；灌草层以阳生性为主，覆盖度达 45%，组成种类相对较少。

Ⅲ. 南亚热带季风常绿阔叶林

主要分布在丹霞山、大石山、巴寨、朝石山等山体较大的孤峰的中下层和峰林沟谷。主要有秀丽锥(Ⅲ.1)、木荷(Ⅲ.2)、软荚红豆(Ⅲ.3)、苦槠/柯(Ⅲ.4)、黧蒴锥(Ⅲ.5)5 个群系。其中秀丽锥群系包括白桂木和鸭脚木等南亚热带的低山沟谷雨林层片。木荷群系一方面向马尾松针叶林扩展，另一方面又与黄樟、软荚红豆、金毛柯、秀丽锥等形成多优势种群丛。

Ⅲ.1 秀丽锥群系 Form. *Castanopsis jucunda*

主要有秀丽锥＋白桂木，秀丽锥＋鸭脚木，金毛柯＋秀丽锥＋水青冈 3 个群丛，多分布在海拔 150～420 m 的谷地或山峰的中下层。较集中分布的一片在长老峰中层。

秀丽锥主要分布于海南岛，在广东分布较少，但在丹霞低山为常见树种，且林中还有多种国家保护植物，如白桂木、金毛狗、桫椤和稀有的细齿黑桫椤等。成熟群落乔木层一般高 10～18 m，郁闭度 0.80～0.90；灌草层覆盖度 40%。由于群落的乔木层有丰富的南亚热带树种，如秀丽锥、白桂木、鸭脚木、黄樟、金毛柯、紫玉盘柯、红鳞蒲桃、黄牛木、亮叶猴耳环、皂荚、阴香、鼠刺、粗糠柴、翻白叶树、两广梭罗等，而且层间的木质藤本发达，如买麻藤、瓜馥木、鸡血藤、崖豆藤、藤金合欢等，华南省藤也是常见的棕榈藤，形成该区的南亚热带沟谷雨林层片。

Ⅲ.1.1 秀丽锥＋白桂木-华南省藤＋罗伞树-沿阶草群丛

Ass. *Castanopsis jucunda*＋*Artocarpus hypargyreus*-*Calamus rhabdocladus*＋*Ardisia quinquegona*-*Ophiopogon bodinieri*

Ⅲ.1.2 秀丽锥＋鸭脚木(/黄樟)-罗伞树＋三椏苦-高秆珍珠茅群丛

Ass.*Castanopsis jucunda* ＋ *Schefflera heptaphylla* (/*cinnamomum parthenoxylon*)-

Ardisia quinquegona + *Melicope pteleifolia*-*Scleria terrestris*

Ⅲ.1.3　金毛柯+秀丽锥+水青冈-越南叶下珠-黑莎草群丛

Ass. *Lithocarpus chrysocomus* + *Castanopsis jucunda* + *Fagus longipetiolata*-*Phyllanthus cochinchinensis*-*Gahnia tristis*

Ⅲ.2　木荷群系 Form. *Schima superba*

木荷是丹霞山常绿林主要的建群种，根据群落的种类组成、群落演替和分布格局的分析，丹霞的木荷群系演替较复杂，一般群落优势种由 4 或 5 种组成。主要分为木荷+柯群丛、木荷+马尾松群丛、木荷+黄杞群丛 3 个复合的群丛。

木荷群系主要分布在丹霞山的海螺峰、宝珠峰、巴寨、金龟岩、将军寨、五马归槽等山体的中上层，一般土壤层较厚的地段。群落乔木层高 14～23 m，郁闭度 0.85～0.90；灌草层覆盖度 45%。该群系优势种还是以南亚热带种类为主，但暖性山地区系的种类渐多，如黄杞、山杜英、冬桃、猴欢喜、天料木、多种红豆属植物、蕈树、紫果槭、樟叶槭、川桂、大叶鼠刺等，而沟谷热性的种类相对减少，如桃金娘科蒲桃属，桑科榕属和波罗蜜属，茜草科的九节、狗骨柴，清风藤科的樟叶泡花树等。

Ⅲ.2.1　木荷+柯-罗伞树+三桠苦-芒萁群丛

Ass. *Schima superba* + *Lithocarpus glaber* -*Ardisia quinquegona* + *Melicope pteleifolia*-*Dicranopteris pedata*

柯，在当地常被称为白桐、桐木、白栎等，是丹霞山的常见种，常与木荷、马尾松、苦槠成为建群种。分布地段多见于海拔 110～300 m 的山坡和孤山的中下层林地，如丹霞山、大石山一带等。

Ⅲ.2.2　木荷+马尾松+黄樟-罗伞树+三桠苦-珍珠茅群丛

Ass. *Schima superba* + *Pinus massoniana* + *Cinnamomum parthenoxylon*-*Ardisia quinquegona* + *Melicope pteleifolia*-*Scleria terrestris*

Ⅲ.2.3　木荷+黄杞+鸭脚木-檵木-狗脊群丛

Ass. *Schima superba* + *Engelhardia roxburghiana* + *Schefflera heptaphylla*-*Loropetalum chinense*-*Woodwardia japonica*

Ⅲ.3　软荚红豆群系 Form. *Ormosia semicastrata*

软荚红豆在丹霞山海拔 220～600 m 各山头的中顶层常绿林中都有零散分布，而在海螺峰有一片较集中、树高大的软荚红豆群落。在该系中，还有以软荚红豆重要值排位为次的群丛，一般在乔木层中比主优种的重要值低 9%～11%，但软荚红豆仍属优势种，所以还归为该群系，且还可细分出多个群丛。群落胸断截面面积较大，为 30～50 m^2/hm^2。群落多样性指标 Shannon-Wiener 指数（H）值也高，为 4.4～5.3，但其 Simpson 指数（D）值比其他群系高，为 0.057～0.09，说明软荚红豆群落的优势种明显，特别是海螺峰林片群落趋于成熟稳定。

Ⅲ.3.1　软荚红豆+山杜英(/柯)+疏齿木荷-密花树-珍珠茅群丛

Ass. *Ormosia semicastrata* + *Elaeocarpus sylvestris* (/*Lithocarpus glaber*) + *Schima remotiserrata*-*Myrsine seguinii*-*Scleria terrestris*

主要分布在海螺峰、燕岩等孤山的中顶层和虎坑附近的坡麓。群落郁闭度为 0.75 以上。

第一层高 12～22 m，软荚红豆最高达 22 m，胸径 30 cm，其多度占该层的 47%，而其他优势种不明显，各种的多度为 2%～5%，有疏齿木荷、木荷、罗浮柿、黄杞、山杜英、阿丁枫等。第二层高 4～8 m，优势种为软荚红豆和栓皮木姜子两种，其多度占该层的 41%，其他有网脉山龙眼、密花树、柯、紫玉盘柯、光叶山黄皮等。灌草层以乔木层主要种类的苗木为主，也有小竹类的苦竹、箬叶竹等层片。以软荚红豆为次优势种的柯＋软荚红豆群落、云山青冈＋网脉山龙眼＋软荚红豆群落，其常见种与上述种类和木荷群丛基本相同。

Ⅲ.4　苦槠/柯群系 Form. *Castanopsis sclerophylla / Lithocarpus glaber*

该群系的优势种苦槠和柯是丹霞山低海拔林地常见种，基本分布在海拔 100～320 m 林中，常与其他树种混生；而以苦槠、柯为主层的群丛一般是在受破坏后的秀丽锥、鸭脚木、黄杞、马尾松等山脚林地的次生恢复林的先锋群落。所以群落的阳性小乔木较发达，如杨桐、乌饭树、檵木、鼠刺、苦竹等。该群落 H 值为 5 左右，而 D 值中等，为 0.032～0.66，说明群落的种类处于多样化和均匀化的恢复发展阶段。

Ⅲ.4.1　苦槠＋柯＋杨桐-檵木-珍珠茅群丛

Ass. *Castanopsis sclerophylla*＋*Lithocarpus glaber*＋*Adinandra millettii*-*Loropetalum chinense*-*Scleria terrestris*

苦槠和柯群系主要分布在丹霞山、燕岩、人面石、蜡烛峰、虎坑一带，以及金龟岩等地的山脚、山坡和沟谷地段。

Ⅲ.5　黧蒴锥群系 Form. *Castanopsis fissa*

主要有两个类型，少数是以黧蒴锥为单优的群落，主要分布在阴元石、黄沙坑中段林区，多数为与多种阔叶树种混生的群落。群落结构、种类与木荷林基本相同。

Ⅲ.5.1　黧蒴锥-檵木＋杨桐-薹草群丛

Ass. *Castanopsis fissa*＋*Loropetalum chinense*＋*Adinandra millettii*-*Carex* spp.

Ⅳ. 亚热带山地常绿阔叶林

该区的常绿阔叶林仅有甜槠群系，面积仅有 0.063 km^2。主要分布在丹霞山的巴寨、燕岩等山顶部海拔 500～645 m 土壤层较厚的地段。

Ⅳ.1　甜槠群系 Form. *Castanopsis eyrei*

Ⅳ.1.1　甜槠＋黄杞-赤楠-朱砂根群丛

Ass. *Castnopsis eyrei*＋*Engelhardia roxburghiana*-*Syzygium buxifolium*-*Ardisia crenata*

甜槠群系与木荷群系优势种基本相同，主要区别就是出现了甜槠、银木荷等中亚热带常绿林的优势种层片。甜槠群落乔木层高 12～20 m，郁闭度 0.80～0.85；灌草层覆盖度 45%。群落乔木层有两层，第一层高 16～20 m，优势种为甜槠、黄杞、杜英、黧蒴、铁榄、青冈栎等和少量疏齿木荷、银木荷、金叶含笑、狭叶虎皮楠、白花苦灯笼等。甜槠一般高 13～17 m，多为萌发树，最高为 20 m，胸径为 67 cm；第二层高 4～15 m，优势种有乌药、赤楠、杨梅叶蚊母树、厚皮香、山杜英、光叶红豆、厚叶灰木、石栎等。

Ⅴ. 亚热带山地硬叶常绿阔叶林

该区硬叶林主要是乌冈栎群系，是分布在山顶部、土壤层较薄、岩石陡崖地段的常见群落。群落植物因受地貌与土壤水量等生态条件制约，植物具有树型矮化、多分枝、叶小、厚革质、尖锯齿等旱生性特征，形成半干热硬叶常绿矮林。

Ⅴ.1　乌冈栎群系 Form. *Quercus phillyreoides*

Ⅴ.1.1　乌冈栎-乌饭树(/檵木/杜鹃)-珍珠茅群丛

Ass. *Quercus phillyreoides*-*Vaccinium bracteatum* (/*Loropetalum chinense*/*Rhododendron* spp.)-*Scleria terrestris*

分布在丹霞山、朝石顶、燕岩等的乌冈栎群落,树冠高 4～6 m,郁闭度 0.70～0.85;灌草层覆盖度 45%。优势种为乌冈栎、乌饭树。常见的还有檵木、蚊母树、枝穗山矾、密花树、小石积、豆梨、火棘、木犀、厚边木犀、卵叶杜鹃、金竹等。草本层有细叶薹草、沿阶草等。群落优势种明显,分布均匀,符合硬叶林生态特征。

Ⅵ. 亚热带山地落叶灌丛林

它是分布在干旱的、土层薄的岩石露头、石窟、岩石陡坡、林缘的散生或丛生的小面积群丛。主要分布在丹霞区、韶石区等及其附近。由于生境的小气候干热,形成落叶季相变化,也是构成丹霞植被多样性和景观色彩丰富的特色群系。主要群落有南紫薇、丹霞梧桐等。这两类群落的 H 值较低,在 3 左右,而 D 值较大,为 0.14～0.22,比其他森林群落大 3～7 倍。这表示此类群落种类较少,并以少数几种为优势的先锋群落(适地适生)特点明显。

Ⅵ.1　圆叶小石积群系 Form. *Osteomeles subrotunda*

Ⅵ.1.1　圆叶小石积＋紫薇(/豆梨)-珍珠茅群丛

Ass. *Osteomeles subrotunda*＋*Lagerstroemia indica* (/*Pyrus calleryana*)-*Scleria terrestris*

紫薇群系主要分布在丹霞山、朝石顶、蜡烛峰等地。群落常以豆梨、圆叶小石积、雀梅藤、檵木、木犀、乌冈栎、金竹、丹霞梧桐等多种混生。草本层有细柄茅、龙须草、野古草、猫耳朵、马铃苦苣苔、卷柏等。

Ⅵ.2　丹霞梧桐群系 Form. *Firmiana danxiaensis*

Ⅵ.2.1　丹霞梧桐＋圆叶小石积-野古草＋龙须草群丛

Ass. *Firmiana danxiaensis* ＋ *Osteomeles subrotunda*-*Arundinella hirta* ＋ *Trichophorum subcapitatum*

丹霞梧桐群系主要分布在丹霞山、韶石区、燕岩、巴寨、黄竹-矮寨附近海拔 200～450 m 的岩石山、坡脚等地段。在土层较薄的陡壁地段,成为灌木状群落,在坡麓土层较厚地段有单优乔木群落,群落乔木层高 3～12 m,种类较少,占乔木层多度 70%的为丹霞梧桐,其最高有 16 m,胸径 20 cm,有散生其他种类,如亮叶槭、圆叶小石积、六道木、紫薇、金丝桃、麻叶绣线菊、褐毛海桐等。下层灌木不发达,大多为上层灌木的种类;草本层有珍珠茅、萱草。特别是在石壁的丹霞梧桐群落,草层仅有少量龙须草,覆盖度约为 20%。

Ⅶ. 亚热带灌草丛

丹霞山的亚热带灌草丛主要分为两类:一是分布在低丘、坡麓的次生群落,生境土层薄,不适合林木生长或原有林地被砍伐后形成,在山地阴坡和原有阔叶林的迹地为乌饭树群系,在阳坡和低丘山脚,原为马尾松林的迹地为桃金娘群系;二是生于石壁陡崖的原生灌草丛,有苦竹、小石积等灌丛,还有卷柏、苦苣苔、龙须草、石蒜等地被植物群系。除此以外,在河漫滩地和山麓荒坡,分布有斑茅等高草群落。

Ⅶ.1　乌饭树群系 Form. *Vaccinium bracteatum*

Ⅶ.1.1　乌饭树＋杨桐＋檵木-芒萁群丛

Ass . *Vaccinium bracteatum* ＋ *Adinandra millettii* ＋ *Loropetalum chinense-Dicranopteris dichotoma*

乌饭树群落主要分布在白寨顶、暖坑、黄岗山、朝石顶、葫芦寨、大瑶山、矮寨等的山顶、山坡、崖谷地段。群落一般高 2～4 m，覆盖度为 65%～70%。优势种有乌饭树、杨桐、檵木、小石积等，还混生有豆梨、乌冈栎、秀丽锥、石栎、卵叶杜鹃等。

Ⅶ.2　桃金娘群系 Form. *Rhodomyrtus tomentosa*

Ⅶ.2.1 桃金娘＋岗松-鹧鸪草群丛

Ass. *Rhodomyrtus tomentosa*＋*Baeckea frutescens-Eriachne pallescens*

桃金娘群系一般分布在黄竹、巴寨、矮寨、锦江两岸等附近的丘陵。该群落多数是马尾松林遭砍伐与造林形成的，在低丘和河谷边的桃金娘群落有向乌饭树群落或马尾松、木荷、石栎等混交林方向演替的趋势，但在长期放牧的、干热的坡麓地段，该群落甚至退化为野古草、野香茅群落。

Ⅶ.3　苦竹群系 Form. *Pleioblastus amarus*

Ⅶ.3.1　苦竹-龙须草＋刺芒野古草群丛

Ass. *Pleioblastus amarus-Trichophorum subcapitatum*＋*Arundinella setosa*

主要分布在朝石顶、金龟岩、丹霞山、燕岩、巴寨等多个山峰的陡坡、石崖边或林缘。群落高 1～2 m，苦竹灌丛群落斑块面积多为 5～200 m^2，还常与乌饭树、小石积、豆梨等混生，草本层稀疏，有大菅、野古草、青香茅、芒草等耐旱的草本，也多见散生在马尾松、黧蒴锥、苦槠、木荷等疏林及其林缘，其与檵木、二列叶柃等形成林下层片。

Ⅶ.4　斑茅群系 Form. *Saccharum arundinaceum*

Ⅶ.4.1　河八王(/＋斑茅)＋石芒草群丛

Ass. *Saccharum narenga*(/＋*Saccharum arundinaceum*)＋*Arundinella nepalensis*

主要分布在矮寨区的黄竹、大石山、朝石山、马归槽等地的河流石滩地和低丘干旱地段。群落以丛生的高草为主，高 1.5～2.5 m，常见有河八王、斑茅(大密)、石芒草、五节芒、芒、类芦、白茅等。

Ⅶ.5　石壁草本群系

丹霞地貌的垂直陡壁和水平层理发育，形成丰富多样的丹霞石壁草本群落。除卷柏群丛、苦苣苔群丛外，还有秋海棠群丛、龙须草群丛、黄花石蒜群丛等。

Ⅶ.5.1　卷柏群丛

Ass. *Selaginella tamariscina*

它是分布在海拔 200 m 以上的岩石露头、砾石的一种先锋地被群落。群落特点是常以卷柏单优种构成，或丛生在龙须草、细柄茅等矮草群落中。群落斑块面积小，仅 0.2～8 m^2。群落高 0.8～12 cm，1 m^2 样方有卷柏 43～68 株，群落中还有金发藓、地钱等苔藓植物。

Ⅶ.5.2　苦苣苔群丛

Ass. *Chirita* spp.(/*Boea* spp.)

主要分布于湿润的石壁、石穴中，常形成局部石壁的优势群落。丹霞山地区的苦苣苔科植物，主要为蚂蝗七、大叶石上莲和牛耳朵群落，除了混生其他苦苣苔科植物，如卵圆唇柱苣苔和丹霞山小花苣苔外，还混生有赤车属、芒草属、冷水花属等植物，该类群落一般密度为每平方米

7～10 株，群落高度一般为 5～10 cm。在海拔 300 m 以上的较干旱石壁，为旋蒴苣苔群落，密度为每平方米 5～8 株，高度为 2～5 cm，一般混生有卷柏、龙须草、薹草等植物。

Ⅷ. 湿地群落

湿地群落主要分为沟谷山涧的水东哥群系、山塘水库的香蒲等挺水植物群系和苦草等沉水植物群系。

Ⅷ.1 水东哥群系 From. *Saurauia tristyla*

Ⅷ.1.1 水东哥-石菖蒲＋楼梯草群丛

Ass. *Saurauia tristyla-Acorus gramineus*＋*Elatostema involucratum*

在山涧和溪流旁，发育有湿生的灌林草地群落，在庙仔坑 100 m^2 的样方，种类达 57 种，其 *H* 值较高（为 5），*D* 值较低（为 0.034），这表示物种多且种群均匀。

Ⅷ.2 香蒲群系 Form. *Typha* spp.

Ⅷ.2.1 香蒲＋稗群丛

Ass. *Typha* spp.＋*Echinochloa crus-galli*

分布在水流不畅或滞水的水边、田边、水沟、水塘、湖边等向阳地，主要种类是禾本科、莎草科和柳叶菜科的草龙（*Ludwigia hyssopifolia*）等植物。水边有泽泻科的窄叶泽泻等。

Ⅷ.3 苦草群系 Form. *Vallisneria natans*

Ⅷ.3.1 苦草＋竹叶眼子菜群丛

Ass. *Vallisneria natans*＋*Potamogeton wrightii*

分布在翔龙湖、庙仔坑、瑶塘、龙坑等山涧溪流的积水洼地、流水的湖泊、池塘等的沉水植物群落。主要种类是水鳖科的苦草、水筛、黑藻、龙舌草，眼子菜科的几种眼子菜等。

2）人工植被

Ⅸ. 人工群落

丹霞地区的植被构成的 33.5% 为人工群落。在海拔 50～250 m 的丘陵和较开阔的河流阶地上，人类的长期生产活动形成了人工经济林（含竹林）和农地两大类群系。

经济林

Ⅸ.1.1 马尾松群丛 Ass. *Pinus* spp.（a.马尾松；b.湿地松）

Ⅸ.1.2 杉木群丛 Ass. *Cunninghamia lanceolata*

Ⅸ.2.1 桉树群丛 Ass. *Eucalyptus* spp.（a.尾叶桉林；b.马尾松＋桉）

Ⅸ.3.1 竹群丛 Ass. *Bambusa* spp.

分布在锦江西片的大石山、矮寨的大石山区，锦江与浈江交汇的五马归槽附近，丹霞山东北片的千云岩附近的低丘、坡麓的经济林群系主要是以马尾松林为主，局部还有小面积杉林。在朝石山至五马归槽的韶石区南部、大石区北部近年来营造了桉树林。竹林多为人工起源的单优林，分布在锦江两岸、村落附近、峰林沟谷等。在山坡为自然和人工起源的毛竹林，在河岸、村落、坡地以撑篙竹、青皮竹、坭竹、粉单竹、吊丝竹等多见。

农地

Ⅸ.4.1 果园、旱地 Ass. *Citrus* spp.

Ⅸ.5.1 水稻田 Ass. *Oryza sativa*

该区农地主要有三大片：第一片区是在锦江上段的寮湾、长沙背至夏富的河流阶地，分布有较大和连片的水稻田、甘蔗园、桑田等农园，其与附近的峰林、村落构成丹霞景区最美的田园风光；第二片区是在黄竹流域，分布有多片的农园、水田，如巴寨的暖坑、矮寨、古溪、茅坪、黄竹、湾头等地;第三片区是祯江流域的周田—较坑—长坝等连片的农田区,主要作物有水稻、桑、柑橘、甘蔗、玉米等。

4. 植被垂直序列

通过巴寨—宝珠峰的剖面线分析,丹霞山地区植被的垂直序列一般为常绿阔叶林—硬叶林石壁灌草丛—季风常绿阔叶林—人工群落等,表 2-7 为丹霞山(巴寨—宝珠峰)地区植被垂直分布情况。

表 2-7　丹霞山地区植被垂直分布表

分布海拔/m	植被类型	植被群系
≥600	Ⅳ.亚热带山地常绿阔叶林	Ⅳ.1 甜槠林
≥400	Ⅴ.亚热带山地硬叶常绿阔叶林	Ⅴ.1 乌冈栎林
250～600	Ⅵ.亚热带山地落叶灌丛林	Ⅵ.1 圆叶小石积灌丛,Ⅵ.2 丹霞梧桐灌丛
250～550	Ⅶ.亚热带灌草丛	Ⅶ.1 乌饭树群落
250～550	Ⅲ.南亚热带季风常绿阔叶林	Ⅲ.1 秀丽锥林
200～450		Ⅲ.2 木荷林
200～380	Ⅰ.亚热带暖性针阔叶混交林	Ⅰ.1 马尾松林
150～250		
150～200	Ⅱ. 亚热带暖性落叶阔叶林	Ⅱ.1 粤柳林
150～300	Ⅶ. 亚热带灌草丛	Ⅶ.2 桃金娘群落
150～300	Ⅸ.人工群落	Ⅸ.1 松、杉林
150～200		Ⅸ.4 园地,Ⅸ.5 农田

(据彭少麟等,2011)

2.5.4　丹霞山植物介绍

据不完全统计,丹霞山风景区分布的古树名木和风景树种约 800 株,分属 20 科 18 属 36 种。主要以樟科、壳斗科、桑科榕属、金缕梅科、山茶科、榆科等植物为主。其中一级保护(300 年以上)古树名木 34 株,二级保护(100～300 年)古树名木 760 多株。

丹霞山的常见植物主要有以下几种。

1. 马尾松(*Pinus massoniana*)

马尾松为松科松属植物(彩图 2-56、彩图 2-57)。乔木,树皮红褐色,下部灰褐色,裂成不规则的鳞状块片;枝平展或斜展,树冠宽塔形或伞形。针叶 2 针一束,稀 3 针一束,两面有气孔线,边缘有细锯齿;叶鞘初呈褐色,后渐变成灰黑色,宿存。雄球花淡红褐色,圆柱形,弯垂;球果卵圆形或圆锥状卵圆形,成熟前绿色,熟时栗褐色,陆续脱落。

马尾松为喜光、深根性树种,喜温暖湿润气候,能生于干旱、瘠薄的红壤、石砾土及沙质土,或生于岩石缝中,为荒山恢复森林的先锋树种。在肥润、深厚的砂质壤土上生长迅速,在钙质土上生长不良或不能生长,不耐盐碱,为长江流域以南重要的荒山造林树种。

2. 杉木(*Cunninghamia lanceolata*)

杉木为杉科杉木属植物(彩图 2-58)。乔木,树冠圆锥形,树皮灰褐色,裂成长条片脱落,内皮淡红色;大枝平展,小枝近对生或轮生,常呈二列状。叶在主枝上辐射伸展,侧枝之叶基部扭转成二列状,披针形或条状披针形,通常微弯、呈镰状,革质、坚硬,边缘有细缺齿,先端渐尖,除先端及基部外两侧有窄气孔带,微具白粉,沿中脉两侧各有1条白粉气孔带。雄球花圆锥状,通常簇生于枝顶;雌球花单生或2～4个集生,绿色。球果卵圆形,熟时苞鳞革质,棕黄色,三角状卵形,先端有坚硬的刺状尖头,边缘有不规则的锯齿,背面的中肋两侧有2条稀疏气孔带;种鳞很小,先端三裂,侧裂较大,先端有不规则细锯齿,腹面着生3粒种子;种子扁平,两侧边缘有窄翅。

木材黄白色,耐腐力强,不受白蚁蛀食。用途广,树皮含单宁。栽培地区广,为长江以南温暖地区最重要的速生用材树种。

杉木为亚热带树种,较喜光。喜温暖湿润、多雾静风的气候环境,不耐严寒及湿热,怕风,怕旱。喜肥沃、深厚、湿润、排水良好的酸性土壤。

3. 丹霞梧桐(*Firmiana danxiaensis*)

丹霞梧桐为梧桐科梧桐属植物(彩图2-59)。丹霞梧桐在《中国物种红色目录》(CSRL,2004)第一卷评估中被列为极危(CR)等级,是国家Ⅱ级重点保护野生植物,属于落叶小乔木,树皮黑褐色,嫩枝圆柱形,青绿色,无毛。树叶近圆形,薄革质,顶端浑圆,基部心形。每年6月左右开紫花,花排成顶生的圆锥花序,长达20～30 cm,具多朵花,雄花花药15枚,雌花子房近球形。果为蓇葖果,在成熟前开裂;种子圆球形,淡黄褐色,其花朵艳丽,树形优美,是优美的观赏植物。每年10月左右树叶变黄后脱落,是进行野外调查与识别的最佳时机。

每年五六月份,丹霞梧桐花成片开放,美艳如画,但是由于丹霞梧桐植株十分稀少,即使在丹霞山也不是随处都能看到这一胜景。丹霞山风景区在长老峰东侧崖壁上专设了观景台,方便游客观赏。长老峰景区的气候和土壤有典型的丹霞特征,也是适合丹霞梧桐生长的最佳天然环境,因此形成了成片的植物群落景观。

丹霞梧桐主要分布在岩壁的石缝中及山谷的浅土层中,多有小石积、金针花、还魂草、石蒜等伴生植物。

丹霞梧桐耐干旱、耐瘠薄,在石头缝里或者在有一点点土的岩壁上,它的根都能长得很牢固并且枝叶也很茂盛,颇有些近似松树的风骨。

4. 假苹婆(*Sterculia lanceolata*)

假苹婆为梧桐科苹婆属植物(彩图2-60)。乔木,叶椭圆形、披针形或椭圆状披针形,顶端急尖,基部钝形或近圆形,侧脉每边7～9条,弯拱,在近叶缘不明显联结。圆锥花序腋生;花淡红色,萼片5枚,仅于基部联合,向外开展如星状;花药约10枚;雌花的子房圆球形,被毛,花柱弯曲,柱头不明显5裂。蓇葖果鲜红色,长卵形或长椭圆形,顶端有喙,基部渐狭,密被短柔毛;种子黑褐色,椭圆状卵形。每果有种子2～4个。花期4—6月。

茎皮纤维可作麻袋的原料,也可造纸;种子可食用,也可榨油。其为我国产苹婆属中分布最广的一种,在华南山野间很常见,喜生于山谷溪旁。

5. 秀丽锥(*Castanopsis jucunda*)

秀丽锥为壳斗科锥属植物(彩图2-61)。乔木,树皮灰黑色,块状脱落,当年生枝及新叶叶面干后褐黑色,芽鳞、嫩枝、嫩叶叶柄、叶背及花序轴均被早脱落的红棕色、略松散的蜡鳞。叶纸质或近革质,卵形,卵状椭圆形或长椭圆形,顶部短或渐尖,基部近于圆或阔楔形,常一侧略短且偏斜,或两侧对称,叶缘至少在中部以上有锯齿状、很少波浪状裂齿,裂齿通常内弯,中脉在叶面凹陷,侧脉每边8～11条,直达齿尖,支脉甚纤细。雄花序穗状或为圆锥花序,花被裂片内表面被短卷毛;雄蕊通常10枚;雌花序单穗腋生。果序长达15 cm;壳斗近圆球形,连刺直径25～30 mm,基部无柄,3～5瓣裂,刺长6～10 mm,多条在基部合生成束;坚果阔圆锥形,果脐位于坚果底部。花期4—5月,果次年9—10月成熟。

产于长江以南多数省区,生长于海拔1000 m以下山坡疏林或密林中。

6.黧蒴锥(*Castanopsis fissa*)

黧蒴锥为壳斗科锥属植物(彩图2-62)。乔木,嫩枝红紫色,纵沟棱明显。叶形、质地及其大小均与丝锥类同。雄花多为圆锥花序,果序长8～18 cm。壳斗被暗红褐色粉末状蜡鳞,小苞片鳞片状,三角形或四边形,幼嫩时覆瓦状排列,成熟时多退化并横向连接成脊肋状圆环,成熟壳斗圆球形或宽椭圆形,顶部稍狭尖,通常全包坚果,坚果圆球形或椭圆形,顶部四周有棕红色细伏毛,果脐位于坚果底部。花期4—6月,果当年10—12月成熟。

生于海拔1600 m以下山地疏林中,阳坡较常见,为森林砍伐后萌生林的先锋树种之一。

7. 甜槠(*Castanopsis eyrei*)

甜槠为壳斗科锥属植物(彩图2-63)。乔木,树皮褐灰色,浅纵裂,小枝暗褐色,枝、叶无毛。叶硬革质,叶缘稍背卷,卵形或卵状椭圆形,顶端渐尖,常为尾状,基部近于圆形,一侧较短,另一侧歪斜且沿叶柄下延,压干后基部一侧或顶端常叠褶,中脉的下半段在叶面微凸起,嫩叶背面被淡褐色、略松散的糠秕状蜡鳞,干后红棕色或暗红褐色,成长叶的叶背常常带银灰色,全缘,或兼有少数小裂齿。果序长8～12 cm;壳斗阔卵形或近圆球形,连刺直径20～25 mm,刺长4～7 mm,近轴面一段无刺,壳斗顶部的刺较密,其余稀疏,常簇生或连生成不连接的5～6个刺环,壳斗外壁明显可见,被灰色微柔毛;坚果阔圆锥形。花期5—6月,果次年10—11月成熟。

产于湖南西南部、广东、广西北部及贵州南部等广大石灰岩山区。生于海拔1000～1600 m山地密或疏林中,多见于常绿阔叶林中。

8. 青冈(*Cyclobalanopsis glauca*)

青冈为壳斗科青冈属植物(彩图2-64)。常绿乔木。叶片革质,倒卵状椭圆形或长椭圆形,顶端渐尖或短尾状,基部圆形或宽楔形,叶缘中部以上有疏锯齿,侧脉每边9～13条,叶背支脉明显,叶面无毛,叶背有整齐平伏白色单毛,老时渐脱落,常有白色鳞秕;叶柄长1～3 cm。雄花序轴被苍色茸毛。果序着生果2～3个。壳斗碗形,包着坚果1/3～1/2,被薄毛;小苞片合生成5～6条同心环带,环带全缘或有细缺刻,排列紧密。坚果卵形、长卵形或椭圆形,果脐平坦或微凸起。花期4—5月,果期10月。

生于海拔60～2600 m的山坡或沟谷,组成常绿阔叶林或常绿阔叶与落叶阔叶混交林。本种是本属在我国分布最广的树种之一。

9. 木荷(*Schima superba*)

木荷为山茶科木荷属植物(彩图2-65)。乔木,叶革质,椭圆形,长7～12 cm,先端尖或稍钝,基部楔形,两面无毛,侧脉7～9对,具钝齿;叶柄长1～2 cm。花白色,直径3 cm,生于枝顶叶腋,常多花成总状花序。蒴果扁球形,花期6—8月。

本种是华南及东南沿海各省常见的种类。在亚热带常绿林里是建群种,在荒山灌丛是耐火的先锋树种。

10. 粤柳(*Salix mesnyi*)

粤柳为杨柳科柳属植物(彩图2-66)。小乔木,树皮淡黄灰色,片状剥裂;当年生枝先端密生锈色短柔毛,后变秃净,褐色。叶革质,长圆形,狭卵形或长圆状披针形,先端长渐尖或尾尖,基部圆形或近心形,稀宽楔形,上面亮绿色,下面稍淡,近无毛,幼叶两面有锈色短柔毛,沿中脉更密，叶脉明显突起，呈网状，叶缘有粗腺锯齿；叶柄长1～1.5 cm，幼叶柄上密生锈色毛，后无毛。雄花序长4～5 cm；轴有密灰白色短柔毛；雌花序长3～6.5 cm；子房卵状圆锥形。蒴果卵形，无毛。花期3月，果期4月。多生于低山地区的溪流旁。

11. 软荚红豆(*Ormosia semicastrata*)

软荚红豆为豆科红豆属植物(彩图2-67)。常绿乔木，树皮褐色。皮孔突起并有不规则的裂纹。小枝具黄色柔毛。奇数羽状复叶，长18.5～24.5 cm；叶轴在最上部一对小叶处延长1.2～2 cm生顶小叶；小叶1～2对，革质，卵状长椭圆形或椭圆形，先端渐尖或急尖，钝头或微凹，基部圆形或宽楔形，两面无毛或有时下面有白粉，沿中脉被柔毛，侧脉10～11对，与中脉成60°角，边缘弧曲相接，但不明显。圆锥花序顶生，花小，花冠白色，比萼约长2倍，旗瓣近圆形，翼瓣线状倒披针形，龙骨瓣长圆形，雄蕊10枚，5枚发育，5枚短小退化而无花药，交互着生于花盘边缘，花丝无毛。荚果小，近圆形，革质，光亮，干时黑褐色，长1.5～2 cm，顶端具短喙，有种子1粒；种子扁圆形，鲜红色。花期4—5月。

生于海拔240～910 m的山地、路旁、山谷杂木林中。韧皮纤维可作人造棉和编绳原料。

12. 桃金娘(*Rhodomyrtus tomentosa*)

桃金娘为桃金娘科桃金娘属植物(彩图2-68)。灌木，嫩枝有灰白色柔毛。叶对生，革质，叶片椭圆形或倒卵形，长3～8 cm，宽1～4 cm，先端圆或钝，常微凹入，有时稍尖，基部阔楔形，上面初时有毛，以后变无毛，发亮，下面有灰色茸毛，离基三出脉，直达先端且相结合，边脉离边缘3～4 mm，中脉有侧脉4～6对，网脉明显。花有长梗，常单生，紫红色，萼裂片5，近圆形，宿存；花瓣5，倒卵形；雄蕊红色；子房下位，3室。浆果卵状壶形，熟时紫黑色；种子每室2列。花期4—5月。

生于丘陵坡地，为酸性土指示植物。根含酚类、鞣质等，有治慢性痢疾、风湿、肝炎及降血脂等功效。

13. 南烛(*Vaccinium bracteatum*)

南烛(乌饭树)为杜鹃花科越橘属植物(彩图2-69)。常绿灌木或小乔木，分枝多，幼枝被短柔毛或无毛，老枝紫褐色，无毛。叶片薄革质，椭圆形、菱状椭圆形、披针状椭圆形至披针形，顶端锐尖、渐尖，稀长渐尖，基部楔形、宽楔形，稀钝圆，边缘有细锯齿，表面平坦有光泽，两面无毛，侧脉5～7对，斜伸至边缘以内网结，与中脉、网脉在表面和背面均稍微突起；叶柄长2～8 mm，通常无毛或被微毛。总状花序顶生和腋生，长4～10 cm；苞片叶状，披针形，边缘有锯齿，宿存或脱落，小苞片2，线形或卵形，长1～3 mm；花梗短；萼筒密被短柔毛或茸毛，稀近无毛，萼齿短小，三角形，长1 mm左右，密被短毛或无毛；花冠白色，筒状，有时略呈坛状，长5～7 mm，外面密被短柔毛，稀近无毛，内面有疏柔毛，口部裂片短小，三角形，外折；雄蕊内藏，花丝细长，密被疏柔毛，药室背部无距，药管长为药室的2～2.5倍；花盘密生短柔毛。浆果直径5～8 mm，熟时紫黑色，外面通常被短柔毛，稀无毛。花期6—7月，果期8—10月。

生于丘陵地带或海拔400～1400 m的山地，常见于山坡林内或灌丛中。果实成熟后酸甜，可食；采摘枝、叶渍汁浸米，煮成“乌饭”，江南一带民间在寒食节(农历四月)有煮食乌饭的习惯；果实入药，名“南烛子”。

14. 圆叶小石积(*Osteomeles subrotunda*)

圆叶小石积为蔷薇科小石积属植物(彩图2-70)。常绿灌木，枝条密集；小枝细弱，圆柱形，幼嫩时密被灰白色长柔毛，多年生枝条灰褐色，无毛。奇数羽状复叶，革质，小叶片5～8对，稀15对，连叶柄长2～3.5 cm；小叶片对生，相距约2 mm，近圆形或倒卵状长圆形，长4～

6 mm，宽 2～3 mm，先端钝圆或有短尖头，基部圆形或近圆形，全缘，上面有光泽，散生长柔毛，下面密被灰白色丝状长柔毛；小叶柄极短或近于无柄，叶轴上有窄叶翼，叶柄长 3～7 mm，被柔毛；托叶披针形，被柔毛，早落。顶生伞房花序；总花梗和花梗均被长柔毛；苞片披针形，早落；花直径约 1 cm；萼筒钟状，外面被柔毛；萼片三角披针形，先端急尖，约与萼筒等长，外被柔毛，内面近于无毛；花瓣近圆形，白色；雄蕊 20，比花瓣稍短；花柱 5，柱头头状，约与雄蕊等长。果实近球形，萼片宿存。花期 4—6 月，果期 7—9 月。

产于广东。生于海拔 200～500 m 的山顶灌木丛中或路旁混交林边。

15. 丹霞小花苣苔(*Chiritopsis danxiaensis*)

丹霞小花苣苔为苦苣苔科小花苣苔属植物(彩图 2-71)。多年生草本植物，无地上茎，具粗壮根状茎。叶均基生，具长柄，叶脉羽状。花序聚伞状，腋生，2 或 3 回分枝，具 2 苞片；花小。花萼钟状，5 裂达基部；裂片狭披针形。花冠淡黄色或淡紫色，檐部二唇形，上唇 2 浅裂，下唇 3 深裂。下(前)方 2 雄蕊能育，花丝披针状线形，稍膝状弯曲，花药狭椭圆球形，腹面连着，2 药室极叉开，顶端汇合；上(后)侧方退化雄蕊 2，小，上(后)中方退化雄蕊多不存在，稀存在。花盘环状或间断。雄蕊稍伸出；子房卵球形，花柱细，柱头 1，片状。蒴果长卵球形，种子小。

本种为 2010 年发表的新种，分布于广东丹霞山(模式产地)、湖南永兴、浙江。生于海拔 180～300 m 的湿润丹霞石隙或石洞。

16. 卷柏(*Selaginella tamariscina*)

卷柏(还魂草)为蕨类植物门卷柏科卷柏属植物(彩图 2-72)。土生或石生，复苏植物，呈垫状。根托只生于茎的基部，长 0.5～3 cm，根多分叉，密被毛，和茎及分枝密集形成树状主干，有时高达数十厘米。主茎自中部开始羽状分枝或不等二叉分枝，禾秆色或棕色，不分枝的主茎高 10～20 cm，茎卵圆柱状，不具沟槽，光滑，维管束 1 条；侧枝 2～5 对，2～3 回羽状分枝，小枝稀疏，规则，分枝无毛，背腹压扁，末回分枝连叶宽 1.4～3.3 mm。叶全部交互排列，二形，叶质厚，表面光滑，具白边，主茎上的叶较小枝上的略大，覆瓦状排列，绿色或棕色，边缘有细齿。孢子叶穗紧密，四棱柱形，单生于小枝末端；孢子叶一形，卵状三角形，边缘有细齿，具白边(膜质透明)，先端有尖头或具芒；大孢子叶在孢子叶穗上下两面不规则排列。大孢子浅黄色，小孢子橘黄色。

第3章 广东罗浮山综合实习

3.1 罗浮山概况

3.1.1 岭南第一山——罗浮山

罗浮山国家级风景名胜区位于广东省惠州市博罗县西北境内的东江之滨，横跨博罗县、龙门县、增城区三地，占地面积约 260 km^2。距离博罗县城 35 km，东距惠州 55 km，西距广州 99 km，南距东莞 45 km、深圳 150 km。

罗浮山也称东樵山，与西樵山、丹霞山和鼎湖山并称为广东四大名山，素有“蓬莱仙境”之称，是中国道教十大名山之一。史学家司马迁曾把罗浮山比作“粤岳”，所以罗浮山又素有“岭南第一山”之称。

罗浮山具有奇峰怪石、飞瀑名泉和洞天奇景三大特色。罗浮山共有大小山峰 432 座，较有名的有飞云峰、铁桥峰、玉女峰、骆驼峰和上界峰等。其中飞云顶(峰)是主峰，海拔 1296 m，因为高耸入云而得名。罗浮山共有 980 多处飞瀑名泉，著名的有白漓瀑布、白水门瀑布、黄龙洞瀑布、白莲湖、芙蓉池、长生井，还有北宋文人苏轼所推崇的卓锡泉等。此外，罗浮山还有朱明、蓬莱、桃源、蝴蝶、夜乐等 18 个大洞天，有通天、罗汉、伏虎和滴水等 72 个小洞天，其中朱明洞是山上最大的洞穴。

罗浮山又是岭南名山，史上道、佛、儒三家长期在此共存，历代著名诗人陆贾、谢灵运、李白、杜甫、李贺、刘禹锡、苏轼、杨万里、汤显祖、屈大均等也慕名而来，留下了不少名篇佳作，使罗浮山成为一个文化内涵极其丰富的文化山。罗浮山保留了获得众多赞誉的题词石刻、诗篇佳作和名胜古迹，其中重点名胜古迹景观景点达到 200 多处，摩崖石刻 180 多处，宗教寺观 13 处。位于朱明洞景区内的冲虚古观为东晋著名的道教理论家、炼丹家、药物学家葛洪所创立，已有 1600 多年的历史。葛洪在此修道炼丹、著书立说，留下了《抱朴子》内外篇 70 卷、《肘后备急方》《神仙传》《隐逸传》《金匮药方》和碑咏诗赋 600 多篇，冲虚古观成为全国知名的道教圣地。近现代名人孙中山、宋庆龄、廖仲恺、何香凝、陈济棠、蒋介石、周恩来、陈毅、林彪、林文龙等都曾到过罗浮山。

罗浮山地处北回归线，冬暖夏凉，气候宜人，一年四季均可旅游，是著名的避暑胜地。罗浮山山区广大，向来被称为“百粤群山之祖”。自 1985 年建立广东罗浮山省级自然保护区以来，它更成为北回归线上的一片璀璨绿洲，同时也是国内著名的旅游胜地(彩图 3-1)。

3.1.2 罗浮山自然地理特征

1. 地理位置

罗浮山地处北纬 23°15′～23°22′，东经 113°57′～114°04′，最高山峰飞云顶海拔 1296 m，为燕山期花岗岩隆起山体，呈南北走向，对该区山地土壤、生物、气候具有明显的影响。

2. 气候特征

(1) 气温：罗浮山属南亚热带季风气候区，终年气温较高，年平均温度 21.5 ℃，7 月平均温度为 26 ℃，1 月平均温度为 11 ℃。

(2) 日照：阳光充足，年日照总数近 2000 h。

(3) 降水：年均降水量 1800～1900 mm，主要集中在 4—9 月，占全年降水量的 86%，干湿季分明。

(4) 霜期：全年无霜期达 350 天左右。

(5) 台风：灾害性气候主要有台风和寒露风。

(6) 湿度：由山脚到山顶，平均气温相差 5.3 ℃，气压相差 112.7 mbar，相对湿度相差 7.1%；海拔每升高 100 m，气温降低 0.44 ℃，气压降低 9.2 mbar，相对湿度增加 0.6%。气候垂直变化明显。

3.2　罗浮山地质地貌

广东罗浮山是罗山与浮山的合体，属于粤东东北—西南走向一系列平行山脉的北列，典型花岗岩地貌，有“岭南第一山”之称。

3.2.1　花岗岩地貌分布概况

花岗岩地貌是指在花岗岩石体基础上，各种外动力形成的形态特殊的地貌类型。花岗岩是地球上分布最广、最常见的岩浆岩，占地表岩浆岩面积的 20%～25%。中国是世界上花岗岩分布最广的国家之一，面积约 $9.0\times10^5\ km^2$，占国土面积的 10%左右。花岗岩主要出露在中国东部，特别集中在广东、福建、广西、江西、湖南等省（自治区），前两省花岗岩面积占全国的 30%～40%，后三省（自治区）占 10%～20%。中国的许多名山，如广东罗浮山，福建太姥山，广西桂平西山，江西三清山，湖南衡山，安徽黄山，山东泰山，陕西华山，东北大、小兴安岭，甘肃祁连山，海南五指山等，几乎全部或大部分由花岗岩组成。

3.2.2　花岗岩地质特点

1. 花岗岩概况

花岗岩是一种深成酸性火成岩，属于岩浆岩，俗称花岗石，二氧化硅含量多在 70%以上。花岗岩多为块状构造，具花岗结构（半自形粒状结构）或似斑状结构（有时钾长石斑晶很大，形成似斑状结构），无层理，常有球状风化。颜色较浅，以灰白色、肉红色者较常见。花岗岩主要由石英（硬度 7）、长石（硬度 6）和黑云母（硬度 2～4）等暗色矿物组成，石英含量为 20%～40%，是各种岩浆岩中最多的；长石含量为 40%～60%，以碱性长石为主，占长石总量的 2/3 以上，碱性长石以各种钾长石和钠长石为主；暗色矿物含量为 5%～10%，以黑云母为主，含少量角闪石、辉石。

花岗岩矿物成分复杂，在物理风化为主时，其中的石英、长石崩解为散碎的砂粒；在湿热条件下，化学风化强烈，其中石英保留为粗的砂粒，长石风化成高岭石后，继续风化成黏土，形成砂中带黏土的风化物。由于花岗岩具有等粒结构、块状构造、难溶解和节理发育的特点，因而在降水适宜的地方，球状风化发育明显。

2. 花岗岩分类

花岗岩的种类非常多，按照不同的划分方法种类也不同。

1）按成因划分

I型花岗岩类：一系列准铝质钙碱性花岗质岩石的总称，主要是各种英云闪长岩到花岗闪长岩和花岗岩。

S型花岗岩类：一种以壳源沉积物质为源岩，经过部分熔融、结晶而产生的花岗岩。

M型花岗岩类：幔源型花岗岩，是基性岩浆岩分异形成的构成蛇绿岩套的浅色岩组。

A型花岗岩类：起源于地幔与地壳物质的结合，指碱性的、无水的非造山环境形成的花岗岩，以碱性花岗岩为代表，包括碱性花岗岩、英碱正长岩、碱性辉长岩、二长岩及碳酸岩等。

2）按矿物质成分划分

角闪石花岗岩：最暗的花岗岩品种。

黑云母花岗岩：存在多种颜色，它是所有花岗岩中最坚硬的。

滑石花岗岩：鲜为人知的花岗岩类型，它抵抗自然力量（风、雨）较弱。

电气石花岗岩：电气石含量大于1%的花岗岩，它结构致密，抗压强度高，吸水率低，表面硬度大，化学稳定性好，耐久性强，但耐火性差。

3）按所含矿物种类划分

可以分为黑色花岗岩、白云母花岗岩、角闪花岗岩、二云母花岗岩等。

4）按结构构造划分

可以分为细粒花岗岩、中粒花岗岩、粗粒花岗岩、斑状花岗岩、似斑状花岗岩、晶洞花岗岩及片麻状花岗岩和黑金沙花岗岩等。

5）按所含副矿物划分

可以分为含锡石花岗岩、含铌铁矿花岗岩、含铍花岗岩、锂云母花岗岩、电气石花岗岩等。

6）按颜色划分

可以分为红、黑、绿、花、白、黄等六大系列。

红系列：四川的中国红和四川红，广西的岑溪红和三堡红，山西灵丘的贵妃红和橘红，山东的乳山红和将军红，福建的鹤塘红、罗源红和虾红等。

黑系列：内蒙古的黑金刚、赤峰黑和鱼鳞黑，山东的济南青，福建的芝麻黑和福鼎黑等。

绿系列：山东的泰安绿，江西上高的豆绿和浅绿，安徽宿县的青底绿花，河南的浙川绿，江西的菊花绿等。

花系列：河南偃师的菊花青、雪花青和云里梅，山东海阳的白底黑花等。

白系列：福建的芝麻白，湖北和山东的白麻等。

黄系列：福建的锈石，新疆的卡拉麦里金，江西的菊花黄，湖北的珍珠黄麻等。

3. 罗浮山花岗岩地质特点

罗浮山的地质主体是花岗岩，是同源岩浆多期脉动上侵形成的复式岩体。由于罗浮山的整体位置处于地质学划分的粤东区西侧与粤中区东侧的交接处，所以罗浮山整体所含的地层包括以下几种。

东北部：以二长花岗岩为主。①少部分是泥盆纪、石炭纪、二叠纪、三叠纪。以石炭纪占的比例稍多。②大部分是早侏罗世。③极少部分是晚侏罗世。

中部：以黑云母花岗岩为主。①主要部分是震旦纪。②次要部分是晚侏罗世。

西南部：以黑云母花岗岩为主，有少量的石英闪长岩。①少部分是震旦纪。②主要部分是早白垩世。③次要部分是晚侏罗世。④极少部分是中侏罗世。

所以罗浮山出露的花岗岩总体较为简单，以白垩纪和侏罗纪的黑云母花岗岩和二长花岗岩为主。

黑云母花岗岩颜色为浅灰红色，块状构造，中粒等粒结构。黑云母花岗岩矿物由黑云母(10%)、钾长石(40%)、斜长石(15%)、石英(30%)及少量角闪石、磁铁矿等组成；黑云母花岗岩化学成分约为：SiO_2 70%、TiO_2 0.3%、Ai_2O_3 15%。黑云母花岗岩为燕山运动早期的产物，相当于Ⅰ型花岗岩，是造山运动的产物，因受较强烈挤压形成片麻状构造(彩图 3-2)。

二长花岗岩又分为黑云母二长花岗岩(彩图 3-3)、二云母二长花岗岩、角闪二长花岗岩等，相当于A型花岗岩类。它是一种具有大致相等数量的碱性长石和斜长石的花岗岩，具有二长结构，即一种半自形粒状结构，其特征是斜长石的自形程度高于正长石。二长花岗岩为浅肉红色，花岗结构，块状构造。主要由斜长石、钾长石、石英和少量角闪石、黑云母、铁钛氧化物组成。斑晶矿物是钾长石，可达 1 cm。

3.2.3　花岗岩地貌形成特点

1. 花岗岩地貌特点

不同时代、成因、岩性的花岗岩在不同的气候带、不同海拔、不同外营力作用区域形成了类型迥异的地貌形态。

花岗岩地貌随不同气候区有明显的地带性分异(彩图 3-4)，特别是纬度地带性，如中国东南的湿热花岗岩石林、峰林地貌区(Ⅳ区)是以化学风化为主，年平均温度在 0～20 ℃，年降水量为 800～2000 mm。现存原始风化壳厚度多在 30～70 m 之间，个别达到 100 m。在后期降水冲刷、侵蚀和中度构造抬升的背景下，原始风化壳被逐渐抬升、剥蚀、暴露，形成一系列地貌类型，如石蛋岛山、风动石、石蛋层以及石林、峰林等最具中国特色的花岗岩地貌。而秦岭—淮河以北，半干旱半湿润区(Ⅰ区)降水少，冬季长而干冷，盛行物理风化，大量花岗岩露头皆直接风化成砂粒，进而被风蚀和水蚀，宏观上多为浑圆、低缓丘陵，中微观上则有大量风蚀地貌。特别是Ⅰ区西部偏北地区，内蒙古东南部各种风蚀地貌琳琅满目。如赤峰巴林左旗、克什克腾旗等地的风蚀柱、龛、穿洞、“蘑菇”以及风蚀锅穴(有争议)等，以上各类风蚀地貌均发育在风力强盛的高处花岗岩体上。类似的情况在西北干旱花岗岩地貌区(Ⅱ区)也可见，只是由于气候过于干旱，达不到寒冻风化所需的高冻融频率要求(时干时湿，时热时冷)，因此，在此区域花岗岩山地多呈岩岗状，比Ⅰ区的花岗岩丘陵显得高大、陡峻。至于Ⅲ区，高山区寒冻花岗岩冰缘岩柱、岩岗最为多见，风蚀类型少见，形态类型比较单调。如果从Ⅳ区到Ⅱ区做一由低海拔到高海拔的花岗岩地貌剖面，则花岗岩地貌的垂直地带性特点足以显现，即以东部石林和峰林为代表的种类繁多的花岗岩地貌区，经过云贵高原上升到 3000 m 以上的青藏高原，变成以岩岗和冰缘岩柱为代表的十分单调的花岗岩地貌区。

2. 罗浮山花岗岩地貌特点

大约在 7000 万年前中生代侏罗纪和白垩纪时期，形成了剧烈的燕山运动，燕山运动最主要的特征是中国东部的褶皱隆起，罗浮山就是在这个时期形成，山区广大，山地基岩裸露，节理发育，峻拔奇峭，主峰飞云顶也属花岗岩山体。罗浮山是燕山运动时期大量花岗岩侵入，挤压地壳使地层褶皱形成穹窿构造山地的结果。

花岗岩是地面上最常见的酸性侵入体，具有质地坚硬、岩性较均一、垂直节理发育的特征，构成山地的核心，成为显著的隆起地形，在流水侵蚀和重力崩塌作用下，常形成挺拔险峻、峭壁耸立的雄奇景观。

表层岩石球状风化显著，可形成各种造型逼真的怪石(彩图 3-5)，著名的有海南的“天涯海角”“鹿回头”“南天一柱”，浙江普陀山的“师石”，辽宁千山的“无根石”，安徽天柱山的“仙鼓峰”和黄山的“仙桃石”等，罗浮山这样景观到处可见，尤其在山的中上部较为典型(彩图 3-6)。

花岗岩由于节理风化、崩塌等作用，常形成峭壁悬崖、孤峰擎天、石柱林立等奇特的峰林地貌景观(彩图 3-7)，如黄山的“梦笔生花”，天柱山的天柱峰和九华山的观音峰也都是非常典型的峰林地貌。罗浮山的峰林地貌虽然没有上面描述的那么典型，但也同样存在(彩图 3-8)，如双髻峰、玉鹅峰等。

花岗岩地貌发育也深受岩性影响：①因块状结构，坚硬致密，抗蚀力强，常形成陡峭高峻的山地；②因风化壳松散偏砂，原岩不透水，易产生地表散流与暴流，水土流失严重；③因节理丰富，产生球状风化，地表水与地下水沿节理活动，逐步形成密集的沟谷与河谷，在节理交错或出现断裂的地方，往往形成若干小型盆地(彩图 3-9)；④因节理密集，重力崩塌显著，出现垂直崖壁。另外，层状风化和剥蚀使垂直崖壁的坡面角保持不变，而球状风化与剥蚀使崖壁坡面浑圆化。当流水沿近于直立剪切的花岗岩裂隙冲刷下切时，便形成近于直立的沟壑，当沟壑越来越深，便形成两壁夹峙的一线天。

花岗岩是不易溶解的岩石，不能形成在石灰岩地区常见的溶洞。当雨水沿花岗岩体内断裂冲刷，断裂上盘岩块的崩塌，能形成不规则的堆洞(彩图 3-10)。另外，石蛋地貌发育的地区，石蛋间的空隙也可以构成岩洞。如黄山的水帘洞、莲花洞和鳌鱼洞，罗浮山的朱明洞(彩图 3-11)、幽居洞、白云洞和黄龙洞均为此类。

3.2.4 罗浮山主要的地貌类型

1. 穹窿构造地貌

飞云顶(峰)为罗浮山最高峰，海拔 1296 m，正尖圆，山顶是一块约 100 m^2 的平地，岩石以黑云母花岗岩为主，有少量的中侏罗世的石英闪长岩，岩性较为单一。地貌由穹窿状花岗岩体构成，岩石裸露，球状石蛋状岩丘，地势浑圆(彩图 3-12)。

2. 重力地貌

飞来石位于桃园洞天，所谓的“飞来石”并不是“飞来”的，而是本地的，并且只是普通的石头。观察可知，它虽然与基岩成分一致，但并非风化而来，应该是滚石所致(彩图 3-13)。

3. 峰林地貌

鹰嘴岩又名伏虎岩，位于岩壁陡峭的玉鹅峰，为一组花岗岩巨石，位于山脊线上形成石峰，是罗浮山峰林地貌类型的主要观察点(彩图 3-14)。

3.3 罗浮山土壤

3.3.1 罗浮山土壤形成的自然条件

罗浮山属南亚热带季风雨林气候区，地带性植被类型为南亚热带季风常绿阔叶林。罗浮山为燕山运动火成岩侵入形成的花岗岩穹窿构造，山地基岩裸露，节理发育，多瀑布急流，地形坡度大，侵蚀强烈，最高峰飞云顶海拔 1296 m。

在上述成土因素的相互影响和综合作用下，罗浮山土壤具有腐质化、脱硅富铝化、黄化等成土过程，从山脚到山顶形成赤红壤、山地红壤、山地生草黄壤和山地草甸土等垂直地带性土壤类型。

3.3.2　土壤形成的特点

1.有机物质累积作用

土壤有机物质主要来源于植物残体的分解，植被类型不同，土壤有机物质累积作用的程度和特点也不相同，水热条件也影响着土壤腐殖化过程的变化。从山麓到山顶，随着海拔的上升，气温降低，湿度增大，植被群落发生规律性的变化，土壤有机物质累积作用也表现出不同的特点。

赤红壤上的植被，目前主要是由马尾松、桃金娘、芒萁、茅草等组成的草地灌丛疏林，凋落物量不多，在高温多雨的气候条件下，微生物的矿化分解十分强烈，土壤有机质含量只有20～30 g/kg，为本地区有机质含量最低的土壤。常绿阔叶林下的山地红壤，有机质含量达到40 g/kg。到地形部位更高的山地黄壤，有机质含量可增至60～80 g/kg，一般森林植被下的黄壤有机质含量高于草灌植被下的生草黄壤。山顶的山地草甸土，禾本科草类生长茂盛，根系深而密，干重较大，低温潮湿的气候条件抑制了微生物的活动，有机质残体矿化作用减缓，有机质的累积显著大于分解，土壤有机质含量高达120 g/kg，并且形成35～45 cm厚的黑灰色的腐殖质层。

2. 脱硅富铝化过程

在高温多雨的气候条件下，硅铝酸盐类矿物遭受强烈分解破坏，其中硅酸和盐基不断被淋失，铁、铝氧化物和黏粒不断形成聚积，所以脱硅富铝化是罗浮山土壤最基本的形成过程。盐基、硅、铁、铝等含量及硅铝率等是这一成土过程的重要定量指标。

土壤吸附性阳离子以铝为主，钙、镁、钾、钠等盐基含量极低，表层盐基含量稍高显然是受生物累积作用的影响。除部分剖面因所处地形坡度大，遭受侵蚀，黏粒含量较低外，大部分土壤黏粒（<0.001 mm）含量在20%以上，最高可接近40%，对于发育于花岗岩硅铝质风化壳上的土壤来说含量是相当高的。

土壤矿物含量分析表明，二价氧化物CaO和MgO含量甚低，大多在10 g/kg以下；Al_2O_3含量高，皆在200 g/kg以上；Fe_2O_3含量不高，在30～80 g/kg之间。土壤矿物含量与母岩化学组成有关，比母岩高2～6倍。黏粒硅铝铁率为0.9～1.8，土壤富铝化过程十分明显，总的趋势是硅、钙、镁、钾均有不同程度的淋失，而铝、铁则明显积聚。

3. 黄化过程

黄化过程也是罗浮山土壤重要的形成过程，此成土过程广泛存在于海拔600 m以上地区的土壤中，这些地区终年云雾缭绕，少日照，相对湿度大，使土体经常保持湿润，导致土壤中氧化铁水化而形成含有结合水的针铁矿、褐铁矿等。在海拔较低的地段，黄化过程主要存在于自然林保存较好、森林湿度和郁闭度大、集水条件好的阴暗潮湿的沟谷中。

经黄化作用的土壤，土体呈灰黄色、棕黄色等，尤以心土层的蜡黄色最为明显，这主要与氧化铁的水化程度有关。黄化作用的土壤各发生层的结合水，较山地红壤高30%～50%。土壤结合水的含量和黄化程度，随着海拔的升高而逐渐增强。

4. 物质的淋溶与淀积

罗浮山土壤腐殖酸组成以富里酸为主，胡敏酸分子结构较简单。土壤呈强酸性反应，pH值为4.4～5.5。酸性环境下，活动性很大的有机酸，在持续性水流的作用下，土壤矿物化学水解与淋溶作用强烈，所释放出来的盐基成分大部分淋失，土壤胶体吸附较多铝离子，导致盐基饱和度急剧下降，一般在30%以下。土壤上层pH值和盐基饱和度多低于下层。黏粒有下移的趋势，表层黏粒含量较低，中下部较高，甚至受母质影响较大的底层也较表层高。

3.3.3　土壤垂直分布规律

罗浮山土壤的垂直分布规律如下。

(1) 赤红壤-山地红壤主要分布在海拔400 m以下的山麓地带，以及低丘、台地等。

(2) 山地红壤主要分布在海拔400～600 m的低山地区。

(3) 山地黄壤主要分布在海拔601～800 m的中低山地区。

(4) 山地生草黄壤主要分布在海拔801～1200 m的中高山地区。

(5) 山地草甸土主要分布在海拔1200 m以上的山间谷地、洼地。

罗浮山土壤的垂直分布规律如图3-1所示。

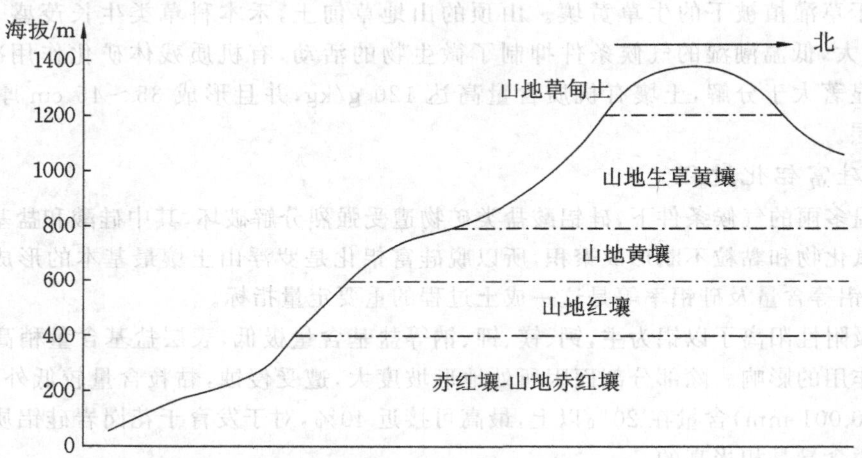

图3-1　罗浮山土壤垂直分布示意图

3.3.4　罗浮山主要土壤类型剖面特征

根据吴利等人员的调查，罗浮山主要土壤类型及其剖面特征如下。

1. 赤红壤

赤红壤的典型剖面位于华首台鱼塘旁，北纬23°15′9″，东经114°0′57″，海拔193 m，地形为台地，主要植被为马尾松、桉树、樟树等，母质为半风化花岗岩，剖面基本特性见表3-1，剖面图见彩图3-15。

表3-1　罗浮山赤红壤剖面特征

层次	A层	B层	BC过渡层	C层
厚度/cm	0～12	13～60	61～80	81～250
湿度	干	干	干	干
干土颜色	7.5YR 6/4	7.5YR 6.5/6	7.5YR 7/6	7.5YR 7/6

续表

层次	A 层	B 层	BC 过渡层	C 层
润土颜色	7.5YR 4/6	5YR 4/8	5YR 5/8	5YR 4.5/8
质地(黏粒含量)	20.49%	32.98%	30.74%	—
结构	团粒状	块状、棱柱状	棱柱状	无结构
松紧度	稍坚实	稍坚实	坚实	坚实
孔隙度	较多孔隙	中量孔隙	—	—
植物根系	少量根系	少量根系	没有根系	没有根系
动物穴	无	蚁穴	蚁穴	无
有机质/(g/kg)	20.30	10.00	2.85	—
pH 值	4.93	5.10	5.18	—

2. 红壤

红壤的典型剖面位于驼峰鞍部半山腰，北纬 23°16′06″，东经 114°01′06″，海拔 466 m，地形为坡地，植被主要为马尾松、椎木、木荷，母质为半风化花岗岩，剖面基本特性见表 3-2，剖面图见彩图 3-16。

表 3-2　罗浮山红壤剖面特征

层次	A 层	B 层	BC 过渡层	C 层
厚度/cm	0～13	14～35	36～70	＞70
湿度	润	较润	较润	干
干土颜色	7.5YR 5/6	7.5YR 7/8	5YR 5/8	5YR 7/6
润土颜色	7.5YR 4/4	5YR 5/8	5YR 5/8	2.5YR 4/8
质地(黏粒含量)	22.23%	25.63%	21.83%	—
结构	团粒状	无结构	无结构	—
松紧度	松	稍紧	稍松	紧
孔隙度	大孔隙	无裂隙	无裂隙	—
植物根系	少量根系	少量根系	无根系	—
侵入体	无	无	石头	无
有机质/(g/kg)	22.47	14.40	8.10	—
pH 值	4.78	4.91	4.99	—

3. 山地黄壤

山地黄壤的典型剖面位于驼峰鞍部，北纬 23°16′05″，东经 114°01′53″，海拔 687 m，地形为鞍部，植被主要为灌草丛，母质为半风化花岗岩，剖面基本特性见表 3-3，剖面图见彩图 3-17。

表 3-3　罗浮山山地黄壤剖面特征

层次	A层	B层	C层
厚度/cm	0～14	15～60	>60
湿度	润	润	润
干土颜色	2.5Y 5/2	2.5Y 7/3	2.5Y 8/3
润土颜色	10YR 5/2	2.5Y 4/4	2.5Y 6/6
结构	粒状、团粒状	无明显结构	—
松紧度	较疏松	稍紧	稍紧
孔隙度	—	少孔隙	—
植物根系	中量根系	少量根系	无根系
侵入体	—	虫卵	—
有机质/(g/kg)	33.79	13.96	—

4. 山地草甸土

山地草甸土的典型剖面位于罗浮山飞云顶，北纬 23°16′06″，东经 114°01′06″，海拔 1280 m，地形为山地，植被主要为山地灌草丛，母质为半风化花岗岩，剖面基本特性见表 3-4，剖面图见彩图 3-18。

表 3-4　罗浮山山地草甸土剖面特征

层次	A层	B层	C层
厚度/cm	0～25	26～60	>60
湿度	润	润	润
干土颜色	7.5YR 2/2	2.5Y 8/4	2.5Y 8/3
润土颜色	5YR 2/1	10YR 7/6	2.5YR 6/6
质地(黏粒含量)	20.88%	17.67%	11.24%
结构	团粒	团粒	疏粒
松紧度	稍松	稍紧	较疏松
孔隙度	中量孔隙	—	—
植物根系	草质根丰富	少量根系	少量根系
侵入体	无	石头	无
有机质/(g/kg)	120.40	40.75	13.10
pH 值	4.45	4.68	4.77

3.3.5　罗浮山土壤肥力特征

为研究罗浮山土壤肥力特征，近几年在不同高度的典型地段采集 0～20 cm 土壤样品，测定土壤的养分含量、pH 值和机械组成等指标，确定土壤肥力特征，具体结果见表 3-5。

表 3-5　罗浮山土壤测定结果及分级

地点	项目	有机质/(g/kg)	全氮/(g/kg)	碱解氮/(mg/kg)	全磷/(g/kg)	有效磷/(mg/kg)	全钾/(g/kg)	速效钾/(mg/kg)	pH 值	质地
山脚	含量	42.36～48.53	1.23～1.51	112.84～154.34	0.38～0.53	4.64～8.12	5.31～7.82	60.67～78.43	5.02～5.37	中壤土
	等级	一	三	二	四	四	五	四	强酸性	
山腰	含量	64.73～82.56	2.78～3.54	266.36～298.47	0.32～0.45	5.31～6.81	3.22～3.75	124.68～158.23	4.75～4.93	轻壤土
	等级	一	一	一	五	四	六	三	强酸性	
山顶	含量	87.36～98.18	5.79～6.24	426.38～465.47	0.47～0.60	8.62～9.84	3.44～3.82	102.65～113.34	5.02～5.14	轻壤土
	等级	一	一	一	四	四	六	三	强酸性	

根据全国第二次土壤普查养分分级标准，罗浮山景区土壤有机质和氮素含量较高，多数处于一级水平，土壤有机质、全氮和碱解氮含量随海拔高度的增加呈升高趋势；土壤磷和钾含量较低，多数处于四、五级水平，土壤磷、钾含量在不同海拔高度相差不大。土壤偏酸，多数在强酸性范围。土壤质地偏轻，多数在轻壤土至中壤土范围内。

3.4　罗浮山植被

3.4.1　植物群落的基本特征

罗浮山位于北回归线附近，在植物区系地理成分上具热带与亚热带成分的过渡特点。罗浮山的植物资源是华南植物区系的主要组成部分，为热带向南亚热带过渡的类型，隶属于古热带植物区的华南亚区。

据初步调查分类统计，罗浮山共有维管植物 216 科 808 属 1540 种，占广东省植物总数(5737 种)的 26.8%，其中蕨类植物 35 科 53 属 122 种，裸子植物 9 科 16 属 22 种，被子植物 l72 科 739 属 1396 种(表 3-6)。

表 3-6　罗浮山维管植物区系种类组成

植物类群			科	属	种	备注
蕨类植物			35	53	122	
种子植物	裸子植物		9	16	22	栽培 9 种
	被子植物	双子叶植物	146	585	1152	栽培 127 种
		单子叶植物	26	154	244	栽培 19 种
合计			216	808	1540	栽培 155 种

(据廖建良等，2007)

罗浮山植被的水平地带性属于南亚热带季风常绿阔叶林，是亚洲热带雨林向亚热带常绿阔叶林过渡的类型，森林植被以常绿阔叶植物为主，也混生一些落叶种类。由于人类的干扰和影响，原生植被较少，保留着一些次生植被，优势科主要为壳斗科、茶科、大戟科、樟科、桃金娘科和茜草科等。

3.4.2　植物种类特点

1. 热带植物丰富

热带植物占有一定的比例，如被子植物热带性的科有番荔枝科、胡椒科、水东哥科、桃金娘科、藤黄科，梧桐科，杜英科、大戟科、苏木科、柿科、茜草科、棕榈科、芭蕉科等共 71 科，占罗浮山植物科总数 172 科的 41.3%。蝶形花科和壳斗科等世界性大科的热带属在这里的种类也相当多，但典型的热带科——肉豆蔻科、猪笼草科、龙脑香科等均未发现。

2. 温带植物种类贫乏

在罗浮山的植物种类成分中也有少量的温带种类（只占 1.5%），通常分布在海拔 600 m 以上的山地，如木通科大血藤属有 1 种，槭树科槭树属有 3 种，藜芦科重楼属有 1 种，杜鹃花科杜鹃属有 3 种等。

3. 孑遗植物种类较多

蕨类植物和裸子植物中有许多是中生代或更古老的种类，现罗浮山保存下来的孑遗植物占 5%，蕨类植物在古生代已出现的有松叶蕨科松叶蕨属 1 种，石松科石松属 5 种，卷柏科卷柏属 5 种，观音座莲科观音座莲属 1 种。在中生代前已生存的有紫萁科紫萁属 2 种，里白科里白属 2 种。在侏罗纪已出现的有海金沙科海金沙属 4 种，蚌壳蕨科金毛狗属 1 种，乌毛蕨科苏铁蕨属 1 种，桫椤科桫椤属 2 种等。在中生代后期已生存的有木贼科木贼属 1 种等。裸子植物在侏罗纪已出现的有苏铁科苏铁属 2 种。在白垩纪已出现的有杉科水松属 1 种，罗汉松科罗汉松属等。被子植物中的一些种属在中生代白垩纪已出现。

4. 常绿植物占优势

罗浮山的乔木、灌木、木质藤本等植物以常绿阔叶种类为主，达 95% 以上，绝大多数是常绿种类（包括栽培的），这反映了我国南亚热带滨海季风气候的生物学特点。由于冬季盛行东北季风，偶尔受寒潮影响，在低温干燥的生态条件下，有少数落叶的乔灌木植物种类常分布在次生植物群落中，但不占重要地位。罗浮山的落叶乔灌木植物有：樟科的木姜子、檫树，金缕梅科的枫香树，漆树科的南酸枣、野漆树，木通科的大血藤，木棉科的木棉，杨柳科的天料木、嘉赐树，大戟科的山乌桕、乌桕、余甘子，千屈菜科的紫薇，豆科的海红豆、楹树，无患子科的无患子，八角枫科的八角枫，杜鹃花科的狭叶南烛、卵叶杜鹃，夹竹桃科的倒吊笔，楝科的苦楝，安息香科的白花龙、栓叶安息香等 30 余种，引种栽培落叶乔木有蓝果树科的喜树，马鞭草科的柚木，茜草科的黄梁木（团花树），海桑科的八宝树等。

3.4.3　主要植物群落类型

1. 热带亚热带森林植被

常见的科有桑科、大戟科、樟科、茶科、壳斗科、桃金娘科、豆科、茜草科、杜英科、无患子科、梧桐科、金缕梅科等。热带区系成分占的比重较大，森林结构层次较复杂。常见乔木是锥栗、木荷、赤藜、红楠、润楠等。

2. 藤本植物

在沟谷附近的林段里，大型木质藤本很多，占6%，它们攀援或缠绕于树上，形成茂密层间层片，成为群落结构的显著特点。常见的大型木质藤本有扁担藤、白花油麻藤。在北坡海拔300 m处，有的茎粗达8～10 cm，长约30 m。刺果藤在南坡海拔250 m处最大的茎可达25 cm，多花山猪菜长势繁盛，常覆盖在乔木林冠上。棕榈科的杖枝省藤在这里也有分布。其他木质藤本还有买麻藤、白叶瓜馥木、紫玉盘、龙须藤等。

3. 附生植物

该类植物较常见，约占1%。有天南星科、茜草科，蕨类。如石蒲藤、麒麟尾、福氏星蕨、蔓九节等。叶附生植物有苔藓、藻类。

4. 板根植物

该类植物较易见，占1.5%。如榕树、重阳木、人面子、木棉，锥栗、木荷、白车、荔枝、龙眼、赤藜、白榄和黑榄等都由树干基部长出3～5块板根，北坡谷地重阳木之板根厚20～30 cm，高达2～3 m，实属奇观。

5. 茎花与绞杀植物

茎花植物有水东哥、水同木、变叶榕、对叶榕、青果榕以及栽培的阳桃、木菠萝。绞杀植物在生长过程中，前后经历过附生植物、攀援藤本、气根植物和直立乔木几个阶段，逐渐将附着植物绞死。榕树是绞杀植物，被绞杀的植物有山牡荆、鱼尾葵等，在白鹤观和白面石可见到。

6. 北坡沟谷生长的桫椤林

热带常雨性的桫椤高1～1.5 m，在白面石与北坡100 m的沟谷里，与野芭蕉组成黑桫椤-野芭蕉群落，露兜树和金毛狗等分别形成林下小层片。

罗浮山主要植物群落类型的分布及基本特征如表3-7所示。

表3-7　罗浮山八个群落类型的分布及基本特征

植被型	群落类型	罗浮山分布情况	群落基本特征
季风常绿阔叶林	鱼尾葵群落	冲虚观、麻姑村、白面石等海拔250 m以下的沟谷两旁	优势种鱼尾葵的重要值为93.9，群落平均高12 m，郁闭度0.80～0.90。灌草较少，人为影响大
	水翁-蒲桃群落	冲虚观、东南坡、北坡等小河流两岸	优势种水翁、蒲桃的重要值分别为62.8和53.8，群落平均高12 m，伴生种有杖枝省藤、灌藤(较多)、买麻藤、龙须藤等。较少受人为影响
	红锥群落	冲虚观、北坡等地，海拔300～400 m	优势种红锥的重要值为141.8，有椎、木荷伴生。群落平均高24 m，郁闭度0.80～0.90，灌木较少，冲虚观有一块保存较好
	锥栗-华润楠群落	冲虚观、北坡等地，海拔250～600 m	优势种锥栗、华润楠的重要值分别为132.9和45.6，群落平均高16 m，最高28m。乔木层可分三亚层，郁闭度0.70～0.80，灌木较多。九节、罗伞树为主，受人为影响
	锥栗-木荷群落	冲虚观、麻姑村、华首台、北坡等地，海拔300～800 m	优势种锥栗、木荷的重要值分别为46.8和45.6，群落平均高14 m，郁闭度0.85，乔木层可分为2～3亚层，幼树、灌木较多，罗伞树为主

续表

植被型	群落类型	罗浮山分布情况	群落基本特征
暖性针叶林	马尾松群落	海拔 600～900 m，分布广	马尾松的重要值为 272.5，少数林有鸭脚木等伴生。灌木层有桃金娘、芒萁、鹧鸪草等。幼、中、成熟林均有
山地常绿阔叶林	罗浮锥-木荷群落	北坡、东南坡等地，海拔 600～1000 m	优势种罗浮锥、木荷的重要值分别为 64.7 和 84.9，因生境影响部分矮化。群落平均高 9 m。郁闭度 0.90，南坡伴生种甜槠、密花树较多。北坡有岭南椆、大果马蹄荷等。灌草较少
	树参群落	北坡为多，东南坡有少量，海拔 1000 m	树参的重要值为 208.2，群落平均高 3.5 m，郁闭度 0.65。下层以高草芒为主，郁闭度 0.50

（据郑芷青、覃朝锋，1991）

3.4.4　植物群落垂直序列

罗浮山植被受人为的干扰较大，经常的采伐、放牧、烧山严重地毁灭了原林，现以马尾松林为主，面积大、分布广，大部分呈环状分布在海拔 600 m 以下的地域。自然的阔叶林分布面积不大，主要分布在庙堂、村旁和海拔 600～1100 m 陡峻的沟谷里。

罗浮山山体高大，气候、土壤的垂直变化明显。从山麓到山顶，日均气温相差 5.3 ℃，植物种类和植物群落的垂直变化也很明显。山顶是灌丛草甸，半山是灌木林和马尾松林，山下是季风常绿阔叶林。以丘陵和山地两种地貌为主，山间河谷深切，山势陡峭，地势险要，地形比降大，与周围低山平原地貌形成极大反差。

罗浮山主要的物种垂直生态序列和植物群落垂直生态序列可分述如下。

1. 物种垂直生态序列

（1）山地赤红壤、红壤地域的物种序列主要分布于海拔 600 m 以下。按其海拔分布，由低到高，从 30～600 m 地域，物种垂直分布顺序是野芭蕉、黑桫椤、水翁、蒲桃、鱼尾葵、锥栗、刺果藤、赤藜、润楠、黄杞。

（2）山地黄壤地域的物种序列主要分布于海拔 650～1296 m 地域。随着海拔增高，水热生态条件变化，与海拔 600 m 以下地域相比，有完全不同的物种。由低到高，物种垂直生态分布顺序是罗浮锥、岭南椆、少叶黄杞、大果马蹄荷、甜槠、五列木-金竹、红楠、卵叶杜鹃-石松、芒草。

2. 植物群落垂直生态序列

物种垂直生态序列是组成群落垂直生态序列的基础，群落垂直生态序列是群落形成发展长期适应自然生态环境条件垂直空间综合影响变化的结果，是植物与植物相互作用、相互影响、相互依存、同住结合的结果。罗浮山相对高度 1250 m，气候、土壤、物种的垂直地带性明显，群落类型随着海拔增加和生态环境条件的改变而发生有规律的变化，其垂直生态序列类型的顺序如下。

1）沟谷常雨乔木群落生态序列

分布于海拔 250 m 以下的冲虚观、麻姑村、白面石等地。生态环境湿热，有利于热带植物的生长发育。在河谷和沟谷两旁，从其水湿条件和土壤养分条件来看，植物群落分布次序为水翁-蒲桃群落，黑桫椤-野芭蕉群落，鱼尾葵群落。

2）亚热带常雨乔木群落生态序列

分布于海拔 250～600 m 地域，主要在北坡和冲虚观等地，具有热带常雨乔木的特征。现状群落，其分布高度顺序是锥栗、木荷、润楠、罗伞树、穗花轴榈群落，赤藜-箬竹群落，赤藜、枫香树、青栲、润楠、水锦树群落，赤藜、枫香树、黄杞、黧蒴锥群落。

3）山地常绿阔叶乔木群落生态序列

分布于海拔 600～900 m 地域，气温较低，多云雾，湿度大，冬季有短期寒冷。在海拔 600～900 m 的北坡，分布着少叶黄杞、岭南栲、大果马蹄荷、深山含笑群落，在南坡分布着罗浮锥、甜槠、木荷、红楠群落。

4）山地矮生常绿阔叶乔木群落生态序列

分布于海拔 900～1100 m 地域，坡陡、土薄、物种矮化、分枝多、风大、云雾更多，湿度更太，分布着甜槠、稠树、厚皮香、密花树、吊钟花群落，再上为红楠、密花树、杜英、卵叶杜鹃群落和金竹群落。

5）山地常绿落叶灌草群落生态序列

分布于海拔 1000(1100)～1240 m 地域，主要是野山茶、柃木、卵叶杜鹃、金茅、鸭嘴草群落。

6）山地次生禾草群落生态序列

分布于海拔 1200～1296 m 山顶地域，主要为芒草群落。

7）亚热带针叶乔木群落生态序列

主要分布于海拔 600 m 以下的广大地域，是自然林完全被破坏后，20 世纪 50 年代飞播成林的。在人为反复破坏严重的地段，水土流失较重，有机质少、干燥，分布着马尾松-鹧鸪草群落；在生态环境条件中等、湿度较大的地段，分布着马尾松-桃金娘-淡竹叶(或芒萁)群落；在坡积或冲积扇地段，分布着马尾松-桃金娘-纤毛鸭嘴草群落。

3.4.5 珍稀濒危植物

在对罗浮山自然保护区进行多次野外调查的基础上，统计出罗浮山有珍稀濒危野生植物、国家重点保护野生植物共 23 种，其中国家Ⅱ级重点保护野生植物 14 种、珍稀濒危野生植物 16 种。根据 IUCN 评价标准，罗浮山的金毛狗属易受害类，黑桫椤和华南锥为濒危绝灭类，其余 20 种为濒临绝灭类(表 3-8)。罗浮山有濒危野生动植物国际贸易公约种 27 种，其中兰科植物 18 属 23 种。

珍稀濒危植物的野外生存状况评价参照 IUCN 的分类系统，根据物种受威胁程度划分濒危等级状况：完全绝灭(EX)、野外绝灭(EW)、濒临绝灭(CR，能繁殖的个体数≤250)；濒危绝灭(EN，能繁殖的成熟个体数为 251～2500)；易受害(NT，能繁殖的成熟个体数为 2501～10000)。

金毛狗在粤北和粤东北各自然保护区的分布较广，数量相对较多，在罗浮山的分布也较广，但较零散，未见大面积聚群，属于易受害类(NT)。由于该植物的根状茎具有很高的观赏价值，应特别注意保护。

黑桫椤在罗浮山属濒危绝灭类(EN)，种群数量约 1000 株，主要集中分布在茶仙观后山小溪两侧和酥醪三杯水附近，有 10 余株，应该对其进行严格的就地保护。

与粤北和粤东北的其他保护区相比，华南锥在罗浮山的种群数量相对较多，也属于濒危绝灭类(EN),但分布零星,未见大的群落。

罗浮山有20种属于濒临绝灭类(CR)的植物,由于数量极少,因而就地保护显得相当重要。

表3-8 罗浮山珍稀濒危植物多样性

序号	种类	科名	保护级别	珍稀濒危级别	种群规模	IUCN标准评价
1	金毛狗 *Cibotium barometz*	蚌壳蕨科	Ⅱ		d	NT
2	桫椤 *Alsophila spinulosa*	桫椤科	Ⅱ	渐危	b	CR
3	黑桫椤 *Alsophila podophylla*	桫椤科	Ⅱ		c	EN
4	粗齿桫椤 *Alsophila denticulata*	桫椤科	Ⅱ		a	CR
5	苏铁蕨 *Brainea insignis*	乌毛蕨科	Ⅱ		a	CR
6	水蕨 *Ceratopteris thalictroides*	水蕨科	Ⅱ		a	CR
7	樟树 *Cinnamomum camphora*	樟科	Ⅱ		b	CR
8	凹叶厚朴 *Houpoea officinalis*	木兰科	Ⅱ	渐危	a	CR
9	红椿 *Toona ciliata*	楝科	Ⅱ	稀有	a	CR
10	半枫荷 *Semiliquidambar cathayensis*	金缕梅科	Ⅱ	渐危	a	CR
11	格木 *Erythrophleum fordii*	豆科	Ⅱ	稀有	b	CR
12	华南锥 *Castanopsis concinna*	壳斗科	Ⅱ	濒危	c	EN
13	土沉香 *Aquilaria sinensis*	瑞香科	Ⅱ	稀有	b	CR
14	紫荆木 *Madhuca pasquieri*	山榄科	Ⅱ		a	CR
15	观光木 *Michelia odora*	木兰科		稀有	a	CR
16	吊皮锥 *Castanopsis kawakamii*	壳斗科		渐危	b	CR
17	短萼黄连 *Coptis chinensis* var. *brevisepala*	毛茛科		稀有	b	CR
18	白桂木 *Artocarpus hypargyreus*	桑科		稀有	b	CR
19	巴戟天 *Morinda officinalis*	茜草科		稀有	b	CR
20	八角莲 *Dysosma versipellis*	小檗科		稀有	b	CR
21	穗花杉 *Amentotaxus argotaenia*	红豆杉科		稀有	b	CR
22	沉水樟 *Cinnamomum micranthum*	樟科		稀有	b	CR
23	黏木 *Ixonanthes reticulata*	黏木科		稀有	b	CR
24	苏铁 *Cycas revoluta*	苏铁科	Ⅰ		栽培	
25	台湾苏铁 *Cycas taitungensis*	苏铁科	Ⅰ		栽培	
26	水松 *Glyptostrobus pensilis*	杉科	Ⅰ	渐危	栽培	
27	喜树 *Camptotheca acuminata*	蓝果树科	Ⅱ		栽培	
28	香水月季 *Rosa odorata*	蔷薇科		渐危	栽培	

续表

序号	种类	科名	保护级别	珍稀濒危级别	种群规模	IUCN 标准评价
29	降香黄檀 *Dalbergia odorifera*	豆科	Ⅱ	濒危	栽培	
30	杜仲 *Eucommia ulmoides*	杜仲科		渐危	栽培	
31	长叶竹柏 *Nageia fleuryi*	罗汉松科		稀有	栽培	
32	龙眼 *Dimocarpus longan*	无患子科		稀有	栽培	

注：种群规模 a 为 1～10 株；b 为 11～250 株；c 为 251～2500 株；d 为 2501～10000 株。

（据邓华格等，2010）

3.4.6　罗浮山常见植物

1. 罗浮锥（*Castanopsis faberi*）

罗浮锥（罗浮栲）为壳斗科锥属植物（彩图 3-19）。常绿乔木，枝有顶芽，芽鳞交互对生，当年生枝常有纵脊棱。叶二列，互生或螺旋状排列，叶背被毛或鳞腺；托叶早落；花雌雄异序或同序，花序直立，穗状或圆锥花序；花被裂片 5～8 片；雄花单朵散生或 3～7 朵簇生，雄蕊 8～12 枚；雌花单朵或 3～7 朵聚生于一壳斗内，子房 3 室，花柱 3，柱头小圆点状或浅窝穴状。壳斗全包或包着坚果的一部分，辐射或两侧对称，外壁有疏或密的刺，稀具鳞片或疣体，有坚果 1～3 个。

产于长江以南大多数省区。生于海拔约 2000 m 以下疏或密林中，有时成小片纯林。模式标本采自广东博罗（罗浮山）。

2. 红锥（*Castanopsis hystrix*）

红锥为壳斗科锥属植物（彩图 3-20）。乔木，当年生枝紫褐色，纤细，与叶柄及花序轴相同，均被或疏或密的微柔毛及黄棕色细片状蜡鳞，二年生枝暗褐黑色，无或几无毛及蜡鳞，密生几与小枝同色的皮孔。叶纸质或薄革质，披针形，有时兼有倒卵状椭圆形，基部甚短尖至近于圆，一侧略短且稍偏斜，全缘或有少数浅裂齿，中脉在叶面凹陷，侧脉每边 9～15 条，甚纤细，支脉通常不显。雄花序为圆锥花序或穗状花序；雌穗状花序单穗位于雄花序之上部叶腋间，花柱 3 或 2 枚，斜展，长 1～1.5 mm，通常被甚稀少的微柔毛，柱头位于花柱的顶端，增宽而平展，干后中央微凹陷。果序长达 15 cm；壳斗有坚果 1 个，整齐 4 瓣开裂，刺长 6～10 mm，数条在基部合生成刺束，间有单生，将壳壁完全遮蔽，被稀疏微柔毛；坚果宽圆锥形，果脐位于坚果底部。花期 4—6 月，果翌年 8—11 月成熟。

生于海拔 30～1600 m 缓坡及山地常绿阔叶林中，稍干燥及湿润地方。有时成小片纯林，常为林木的上层树种，老年大树的树干有明显的板状根。

成年树的树皮浅纵裂，块状剥落，外皮灰白色，内皮红褐色。韧皮纤维发达，心、边材区别明显，心材红棕色至褐红色，边材色较淡。材质坚重，有弹性，结构略粗，纹理直，为建筑及家具的优质材，为重要用材树种之一。

3. 水翁（*Syzygium nervosum*）

水翁（水榕）为桃金娘科水翁属植物（彩图 3-21）。乔木，树皮灰褐色，颇厚，树干多分枝；

嫩枝压扁，有沟。叶片薄革质，长圆形至椭圆形，先端急尖或渐尖，基部阔楔形或略圆，两面多透明腺点，侧脉9～13对，脉间相隔8～9 mm，以45°～65°开角斜向上，网脉明显。圆锥花序生于无叶的老枝上；花蕾卵形；萼管半球形，先端有短喙。浆果阔卵圆形，成熟时紫黑色。花期5—6月。

花及叶供药用，含酚类及黄酮苷，治感冒；根可治黄疸型肝炎。产于广东、广西及云南等省区。喜生水边。

4. 蒲桃(*Syzygium jambos*)

蒲桃为桃金娘科蒲桃属植物(彩图3-22)。乔木，主干极短，广分枝；小枝圆形。叶片革质，披针形或长圆形，先端长渐尖，基部阔楔形，叶面多透明细小腺点，侧脉12～16对，以45°开角斜向上，靠近边缘2 mm处相结合成边脉，侧脉间相隔7～10 mm，在下面明显突起，网脉明显。聚伞花序顶生，有花数朵；萼管倒圆锥形；花瓣分离，阔卵形；花柱与雄蕊等长。果实球形，果皮肉质，成熟时黄色，有油腺点；种子1～2颗，多胚。花期3—4月，果实5—6月成熟。喜生河边及河谷湿地。华南常见野生，也有栽培供食用。

5. 华润楠(*Machilus chinensis*)

华润楠为樟科润楠属植物(彩图3-23)。乔木，芽细小。叶倒卵状长椭圆形至长椭圆状倒披针形，先端钝或短渐尖，基部狭，革质，干时下面稍粉绿色或褐黄色，中脉在上面凹下，下面凸起，侧脉不明显，每边约8条，网状小脉在两面上形成蜂巢状浅窝穴。圆锥花序顶生，2～4个聚集，常较叶为短，在上部分枝，有花6～10朵，总梗约占全长的3/4；花白色；花被裂片长椭圆状披针形，外面有小柔毛，内面或内面基部有毛，外轮的较短；雄蕊长3～3.5 mm，第三轮雄蕊腺体几无柄，退化雄蕊有毛；子房球形。果球形；花被裂片通常脱落。花期11月，果期次年2月。

产于广东、广西。生于山坡阔叶混交疏林或矮林中。木材坚硬，可作家具。

6. 鱼尾葵(*Caryota maxima*)

鱼尾葵为棕榈科鱼尾葵属植物(彩图3-24)。乔木状，茎绿色，被白色的毡状茸毛，具环状叶痕。叶长3～4 m，羽片长15～60 cm，宽3～10 cm，互生，最上部的1羽片大，楔形，先端2～3裂，侧边的羽片小，菱形，外缘笔直，内缘上半部或1/4以上弧曲成不规则的齿缺，且延伸成短尖或尾尖。花序长3～5m，具多数穗状的分枝花序；雄蕊多枚，花药线形，黄色；子房近卵状三棱形，柱头2裂。果实球形，成熟时红色。花期5—7月，果期8—11月。

生于海拔450～700 m的山坡或沟谷林中。亚热带地区有分布。本种树形美丽，可作庭园绿化植物；茎髓含淀粉，可作桄榔粉的代用品。

7. 罗浮冬青(*Ilex tutcheri*)

罗浮冬青为冬青科冬青属植物(彩图3-25)。常绿小乔木或灌木；小枝圆柱形，黄褐色或栗褐色，当年生幼枝具纵棱沟。叶片厚革质，倒卵形或稀倒卵状椭圆形，先端圆形并微凹，稀钝，基部楔形或急尖，边缘外卷，全缘，叶面绿色，具光泽，背面淡绿色，无光泽，具斑点，主脉在叶面深凹入，被极疏的微柔毛，背面隆起，侧脉及网状脉两面不明显；叶柄上面具深槽，背面圆形，具皱纹，顶端具由叶片下延的狭翅；托叶三角形，渐尖，宿存。花序簇生于2～3年生枝的叶腋内，基部苞片具3尖，被微柔毛；花白色。雄花序：簇的个体分枝为具3花的聚伞花序，总花梗长2～3 mm，与花梗均被微柔毛，具基生小苞片2枚或无，小苞片三角形，被微柔毛；花萼盘状，被微柔毛，5～7浅裂，裂片圆形，具疏缘毛或无；花冠辐状，花瓣4或5枚，长圆形，基部稍合生；雄蕊与花瓣几等长，花药长圆状卵球形；退化子房球形，顶端乳头状，中央4或5裂。雌花序及雌花未见。果序簇生于2或3年生枝的叶腋内，单个分枝具1果，果梗被微柔毛，基部具1或2枚小苞片；果球形，成熟时红色，宿存花萼平展，近圆形，宿存柱头头状。花期4—5月，果期7—12月。

产于广东及广西，生于海拔400～1600 m的山坡林中。

8. 罗浮柿(*Diospyros morrisiana*)

罗浮柿为柿科柿属植物(彩图3-26)。乔木或小乔木，树皮呈片状剥落，表面黑色。枝灰褐色，散生长圆形或线状长圆形的纵裂皮孔。叶薄革质，长椭圆形或下部的为卵形，先端短渐尖或钝，基部楔形，叶缘微背卷，上面有光泽，深绿色，下面绿色，干时上面常呈灰褐色，下面常变为棕褐色，中脉上面平坦，下面凸起，侧脉纤细，每边4～6条，上面略明显，下面稍凸起；叶柄嫩时疏被短柔毛，先端有很窄的翅。雄花序短小，腋生，下弯，聚伞花序式，有锈色茸毛；雄花带白色，花萼钟状，有茸毛，4裂，裂片三角形，花冠在芽时为卵状圆锥形，开放时近壶形，4裂，裂片卵形，反曲；雄蕊16～20枚，着生在花冠管的基部，每2枚合生成对，腹面1枚较短；花药有毛；花梗短，密生伏柔毛；雌花腋生，单生；花萼浅杯状，外面有伏柔毛，内面密生棕色绢毛，4裂，裂片三角形；花冠近壶形，外面无毛，内面有浅棕色茸毛；裂片4，卵形，先端急尖；退化雄蕊6枚；子房球形；花柱4，通常合生至中部，有白毛。果球形，黄色，有光泽，4室，每室有1种子；种子近长圆形，栗色，侧扁；宿存萼近平展，近方形，外面近秃净，内面被棕色绢毛，4浅裂。花期5—6月，果期11月。

生于山坡、山谷疏林或密林中，或灌丛中，或近溪畔、水边。未成熟果实可提取柿漆，木材可制家具。茎皮、叶、果入药，有解毒消炎之效。

9. 柠檬桉(*Eucalyptus citriodora*)

柠檬桉为桃金娘科桉属植物(彩图3-27)。大乔木，树干挺直；树皮光滑，灰白色，大片状脱落。幼态叶片披针形，有腺毛，基部圆形，叶柄盾状着生；成熟叶片狭披针形，稍弯曲，两面有黑腺点，揉之有浓厚的柠檬气味；过渡性叶阔披针形。圆锥花序腋生；花梗长3～4 mm，有2棱；花蕾长倒卵形；帽状体长1.5 mm，比萼管稍宽，先端圆，有1小尖突；雄蕊排成2列，花药椭圆形，背部着生，药室平行。蒴果壶形，果瓣藏于萼管内。花期4—9月。

原产地在澳大利亚东部及东北部无霜冻的海岸地带。目前广东最常见，多作行道树，喜湿热和肥沃土壤。木材纹理较直，易加工，质稍脆，伐后经水浸渍，能提高抗虫害蛀食；用于造船，耐海水浸渍，能防止船蛆附蚀，是造船的好木材；叶可蒸提桉油，供香料用，枝叶含油量为0.8%，大部分为柠檬醛。

10. 白千层(*Melaleuca cajuputi*)

白千层为桃金娘科白千层属植物(彩图3-28)。乔木，树皮灰白色，厚而松软，呈薄层状剥落；嫩枝灰白色。叶互生，叶片革质，披针形或狭长圆形，两端尖，基出脉3～5(7)条，多油腺点，香气浓郁；叶柄极短。花白色，密集于枝顶成穗状花序，长达15 cm，花序轴常有短毛；萼管卵形，长3 mm，有毛或无毛，萼齿5，圆形，长约1 mm；花瓣5，卵形；雄蕊常5～8枚成束；花柱线形，比雄蕊略长。蒴果近球形，直径5～7 mm。花期每年多次。

原产于澳大利亚。我国广东、台湾、福建、广西等地均有栽种，常植道旁作行道树，树皮易引起火灾，不宜于造林；树皮及叶供药用，有镇静神经之效；枝叶含芳香油，供药用及做防腐剂。

11. 麻楝(*Chukrasia tabularis*)

麻楝为楝科麻楝属植物(彩图 3-29)。乔木，高达 25 m；老茎树皮纵裂，幼枝赤褐色，无毛，具苍白色的皮孔。叶通常为偶数羽状复叶，长 30～50 cm，无毛，小叶 10～16 枚；叶柄圆柱形；小叶互生，纸质，卵形至长圆状披针形，先端渐尖，基部圆形，偏形，偏斜，下侧常短于上侧，两面均无毛或近无毛，侧脉每边 10～15 条，至边缘处分叉，背面侧脉稍明显突起；小叶柄长 4～8 mm。圆锥花序顶生，长约为叶的一半，疏散，具短的总花梗，分枝无毛或近无毛；苞片线形，早落；花长 1.2～1.5 cm，有香味；花梗短，具节；萼浅杯状，高约 2 mm，裂齿短而钝，外面被极短的微柔毛；花瓣黄色或略带紫色，长圆形，长 1.2～1.5 cm，外面中部以上被稀疏的短柔毛；雄蕊管圆筒形，无毛，顶端近截平，花药 10，椭圆形，着生于管的近顶部；子房具柄，略被紧贴的短硬毛，花柱圆柱形，被毛，柱头头状，约与花药等高。蒴果灰黄色或褐色，近球形或椭圆形，顶端有小凸尖，无毛，表面粗糙而有淡褐色的小疣点；种子扁平，椭圆形，直径 5 mm，有膜质的翅，连翅长 1.2～2 cm。花期 4—5 月，果期 7 月至翌年 1 月。

产于广东、广西、云南和西藏，生于海拔 380～1530m 的山地杂木林或疏林中。分布于尼泊尔、印度、斯里兰卡、中南半岛和马来半岛等。木材黄褐色或赤褐色，芳香，坚硬，有光泽，易加工，耐腐，为建筑、造船、家具等良好用材。

12. 玉蕊(*Barringtonia racemosa*)

玉蕊为玉蕊科玉蕊属植物(彩图 3-30)。常绿小乔木或中等大乔木，稀灌木状；小枝稍粗壮，干燥时灰褐色。叶常丛生枝顶，有短柄，纸质，倒卵形至倒卵状椭圆形或倒卵状矩圆形，顶端短尖至渐尖，基部钝形，常微心形，边缘有圆齿状小锯齿；侧脉 10～15 对，稍粗大，两面凸起，网脉清晰。总状花序顶生，稀在老枝上侧生，下垂；花疏生；苞片小而早落；萼撕裂为 2～4 片，裂片等大或不等大，椭圆形至近圆形；花瓣 4，椭圆形至卵状披针形，长 1.5～2.5 cm；雄蕊通常 6 轮，最内轮为不育雄蕊，发育雄蕊花丝长 3～4.5 cm。果实卵圆形，长 5～7 cm，直径 2～4.5 cm，微具 4 钝棱，果皮稍肉质，内含网状交织纤维束；种子卵形。花期几乎全年。

产于我国台湾(台北、台中和台东等地)和广东，生于滨海地区林中。广布于非洲、亚洲和大洋洲的热带、亚热带地区。据文献记载，树皮纤维可做绳索，木材供建筑；根可退热，果实可止咳。

13. 榼藤(*Entada phaseoloides*)

榼藤为豆科榼藤属植物(彩图 3-31)。常绿、木质大藤本，茎扭旋，枝无毛。二回羽状复叶；羽片通常 2 对，顶生 1 对羽片变为卷须；小叶 2～4 对，对生，革质，长椭圆形或长倒卵形，先端钝，微凹，基部略偏斜，主脉稍弯曲，主脉两侧的叶面不等大，网脉两面明显；叶柄短。穗状花序单生或排成圆锥花序式，被疏柔毛；花细小，白色，密集，略有香味；苞片被毛；花萼阔钟状，具 5 齿；花瓣 5，长圆形，顶端尖，无毛，基部稍连合；雄蕊稍长于花冠；子房无毛，花柱丝状。荚果长达 1 m，宽 8～12 cm，弯曲，扁平，木质，成熟时逐节脱落，每节内有 1 粒种子；种子近圆形，扁平，暗褐色，成熟后种皮木质，有光泽，具网纹。花期 3—6 月，果期 8—11 月。

产于我国台湾、福建、广东、广西、云南、西藏等省区。生于山涧或山坡混交林中，攀援于大乔木上。东半球热带地区广布。

茎皮及种子均含皂素，可作肥皂的代用品；茎皮的浸液有催吐、下泻作用，有强烈的刺激性，误入眼中可引起结膜炎。种子含淀粉及油，种仁含油约17%，经处理后方可食。全株有毒。

14. 台湾相思(*Acacia confusa*)

台湾相思为豆科相思树属植物(彩图3-32)。常绿乔木，无毛。枝灰色或褐色，无刺，小枝纤细。苗期第一片真叶为羽状复叶，长大后小叶退化，叶柄变为叶状柄，叶状柄革质，披针形，直或微呈弯镰状，两端渐狭，先端略钝，两面无毛，有明显的纵脉3～5(8)条。头状花序球形，单生或2～3个簇生于叶腋；总花梗纤弱；花金黄色，有微香；花萼长约为花冠之半；花瓣淡绿色，长约2 mm；雄蕊多数，明显超出花冠；子房被黄褐色柔毛，花柱长约4 mm。荚果扁平，长4～9(12) cm，宽7～10 mm，干时深褐色，有光泽，于种子间微缢缩，顶端钝而有凸头，基部楔形；种子2～8颗，椭圆形，压扁。花期3—10月，果期8—12月。

产于我国台湾、福建、广东、广西、云南，野生或栽培。菲律宾、印度尼西亚、斐济共和国亦有分布。本种生长迅速，耐干旱，为华南地区荒山造林、水土保持和沿海防护林的重要树种。材质坚硬，可用于制作车轮、桨橹及农具等；树皮含单宁；花含芳香油，可作调香原料。

15. 伏石蕨(*Lemmaphyllum microphyllum*)

伏石蕨为水龙骨科伏石蕨属植物(彩图3-33)。小型附生蕨类。根状茎细长横走，淡绿色，疏生鳞片；鳞片粗筛孔，顶端钻状，下部略近圆形，两侧不规则分叉。叶远生，二型；不育叶近无柄，或仅有2～4 mm的短柄，近球圆形或卵圆形，基部圆形或阔楔形，长1.6～2.5 cm，宽1.2～1.5 cm，全缘；能育叶柄长3～8 mm，狭缩成舌状或狭披针形，长3.5～6 cm，宽约4 mm，干后边缘反卷。叶脉网状，内藏小脉单一。孢子囊群线形，位于主脉与叶边之间，幼时被隔丝覆盖。

产于我国台湾、浙江、福建、江西、安徽、江苏、湖北、广东、广西和云南。附生于海拔95～1500 m林中树干上或岩石上。越南、朝鲜南部和日本也产。

3.5 葛洪博物馆和百草园

罗浮山不仅自然生态十分丰富，而且历史文化悠久，百草文化、中医养生文化等在这里兼容并蓄。罗浮山是举世公认的天然中草药宝库，共有植物3000多种，其中具有药用价值的植物就达1200多种，占全广东省植物总数的29%。罗浮山自秦代以来就以丰富的药典宝藏吸引着四方居士，安期生、吕洞宾、铁拐李、何仙姑等仙客在罗浮山也留下不少用药秘方，他们济世救人的事迹，万古流芳，传为佳话。宋代苏轼被贬惠州，被罗浮山这块风水宝地所吸引，他首先想到的是锄药圃，写下《小圃五咏》，这首诗记述了他种植人参、地黄、枸杞、甘菊、薏苡的情景。他教百姓识药、用药，留下了爱民忧民的动人故事和药情诗韵。葛洪，东晋著名医药学家，他携妻带女移居罗浮山，采药炼丹，把所有的心血都投进了罗浮山这块瑞花遍地、灵药千丛的百草园中。而罗浮山百草油的历史渊源与罗浮山百草文化是紧密相关的，自明清以来，“罗浮山百草油，居家出游好东西”“百草精华百草油，百姓良药百姓求”等民谣，早已在岭南大地上广为传诵。2010年，罗浮山百草油入选国家级非物质文化遗产名录。“罗浮山百草油，陪伴岭南人民走过1600年”，这是罗浮山百草文化在民间巨大影响力的生动写照。

葛洪博物馆(彩图3-34)位于罗浮山朱明洞景区，总建筑面积超过3000 m^2，牌匾由诺贝尔生理学或医学奖获得者、中国中医研究院终身研究员兼首席研究员屠呦呦亲笔题字。以葛洪文化、罗浮山中医药文化为基础，该馆运用动画、VR、4D电影等声光电技术手段及馆藏的300余件历史文物，展示了葛洪夫妇的生平事迹、著作、医学贡献。以实物或体验的方式将葛洪养生文化呈现在我们面前，让我们能切身体会到祖国中医文化知识的博大精深。

3.5.1　时间安排

葛洪博物馆的参观时间为 1 h，其中一楼和二楼葛洪生平事迹展厅参观 30 min，三楼葛洪之妻鲍姑和诺贝尔生理学或医学奖获得者屠呦呦生平事迹展厅参观 30 min。

百草园（彩图 3-35）的参观时间为 1 h，教师讲解时间为 20 min，学生观察、拍照、记录植物特性时间为 40 min。

3.5.2　实习内容

1. 葛洪博物馆

葛洪博物馆主要有三层。进入一楼展厅，迎面是一幅展开的卷轴，介绍葛洪生平事迹及其对后世的影响，点明葛洪与罗浮山的深厚渊源。卷轴两边是两幅比较有装饰感的壁画，分别以葛洪灯下著书、鲍姑山中采药为题材创作，表现夫妻二人志同道合，共究医道的场景。接下来，声光电等多媒体科技将似真似幻的仙山医药文化场景展示给学生。眼前是葛洪鲍姑园，园区营造了自然生态意境，脚下水波荡漾，鱼戏其间。抬头看，一幅长 39 m、高 5 m 的动态《抱朴子云游罗浮图》以水墨长卷的形式徐徐展开。奇峰怪石、飞瀑流泉、洞天奇景、飞鸟走兽……让学生能看见青山绿水写意的罗浮胜景和葛洪徙居罗浮山的生活场景。而这个罗浮图需要 18 台电影级的投影仪同时工作才能展现。摊开双手，各类虚拟花草将飘落下来，让学生置身幻境之中，切身感受现代科技发展的魅力。

同时在一楼区域还有很多多媒体互动设备。通过触摸平台，学生可以看到艾灸文化介绍，亲自“体验”一下艾灸。之后，可以拿起手边的 VR 虚拟现实望远镜，360 度观察罗浮山有代表性的药用植物青蒿、艾、石菖蒲、金线兰、铁皮石斛、救必应、七叶一枝花、沉香、广藿香、两面针的生长环境和相关知识。再向前走，4D 影院正在放映电影《葛洪传奇》，影片介绍了葛洪一生的传奇经历，并根据影片情景精心设计出震动、坠落、吹风、喷水、挠痒、扫腿等效果，形成独特的 4D 体验，让学生从各方面、各角度沉浸式地体验葛洪的传奇人生以及罗浮山相关文化。

二楼大部分展示的也是葛洪生平事迹，讲述葛洪一生的经历和对后世的影响等，配套展陈的有一部分文物，现已征集到的文物有 175 套，大多是反映医药和道教文化的文物。据工作人员介绍，目前收集的最古老的文物是一把新石器时代的石斧。这些文物目前已全部造册登记，保存在仓库，等内部装饰完工后，将陆续与游客见面。同时，第二批展品征集活动也已经启动，主要征集岭南地区有关文物。

第三层主要介绍了两位女性生平事迹及其文化成果。一位是我国第一位女针灸家、葛洪之妻鲍姑，另一位是我国第一位诺贝尔生理学或医学奖获得者屠呦呦。

鲍姑的父亲擅长行医及炼丹之术，鲍姑自幼耳濡目染，后来也参与炼丹和行医。公元 319 年（东晋大兴二年），其父在越秀山南麓建越岗院（即今三元宫），供鲍姑居住、修炼。她与葛洪结为夫妻后，共同研究医学和炼丹术，一起炼丹制药，并到广州一带采集丹砂等 20 余种药物作为原料。现南海西樵山附近的仙岗还存有他们早年炼丹的遗址。鲍姑一生行医、采药，足迹遍及广州所辖南海郡的番禺、博罗等地。她医德高尚，擅长灸法，曾用越秀山下漫山遍野的红脚艾施灸治人的事迹广为流传；她精通艾灸法，善于医治赘瘤与赘疣等病症，为百姓解除病痛，被尊称为“女仙”“鲍仙姑”。鲍姑的灸法经验主要记载在葛洪的《肘后备急方》内。

三楼有一个非常大的投影，反复播放我国第一位诺贝尔生理学或医学奖获得者屠呦呦的生平事迹以及其在获得诺贝尔奖后发表的获奖感言，让学生了解作为一位科研人员和医者的不易，学习其坚持不懈的奋斗精神。

屠呦呦发现的青蒿素（研发过程见图 3-2），为人类带来一种全新结构的抗疟疾新药，为人类抗击疟疾提供了有效的“武器”，挽救了全球特别是发展中国家数百万人的生命，产生了巨大的社会效益，是中医药学对世界医药学的重要贡献。青蒿素的创制是我国面对国家和国际的重大卫生要求，集合了全国几十家科研机构和几百位科学家的力量，以目标为导向，在传承中创新，锲而不舍，协同攻坚的成功范例。

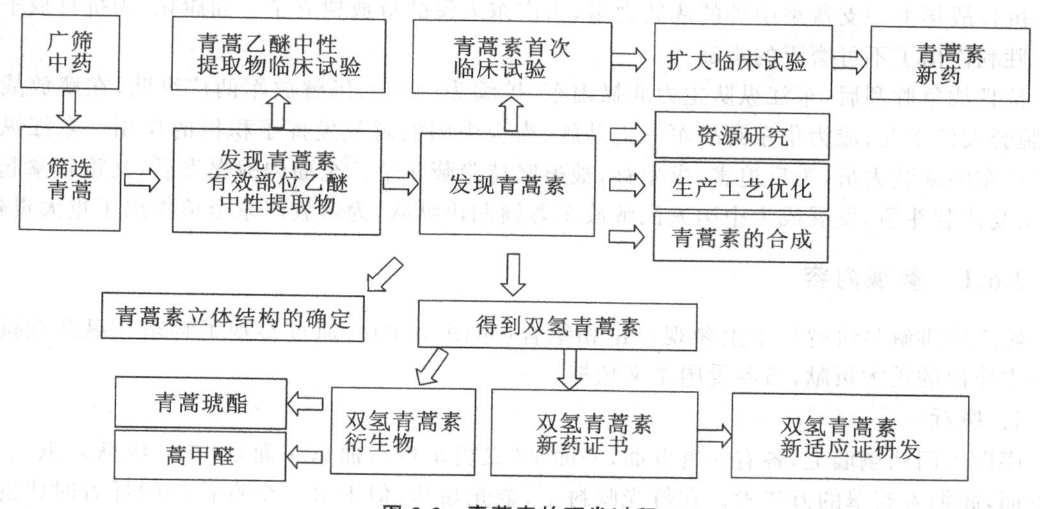

图 3-2　青蒿素的研发过程

屠呦呦获得诺贝尔生理学或医学奖对我们国家的科技体制、中医药发展方向、人才评价机制、知识产权保护等方面产生了积极的影响。回顾青蒿素研究成功的历程，其对管理层面、人才评价、成果转化、研究思路和技术层面都提供了很好的经验和启示。历经漫长科研路，风雨过后映彩虹，站在更高层次上审视，透过纷繁嘈杂的迷茫，折射升华出一种精神——“青蒿素精神”。我们学生一定要学习这种“青蒿素精神”，其内涵概括为：国家使命，责任担当；科学求实，勇于创新；团队协作，精益求精；艰苦奋斗，无私奉献。

2. 百草园

罗浮山风景名胜区在观光园不远处规划了一个 40 多亩的百草园，里面种植的中药材有 130 余种，如艾草、七叶一枝花、金耳环、铁皮石斛、金线兰、沉香、海南黄花梨、过江龙、白鲜、扶芳藤、金丝楠等罗浮山上常见中草药，还为每种中草药树立了牌子，牌子上有它们的名字及特征、效用介绍等。通过教师的讲解及园中标牌上的介绍，学生们不仅能认识各种药用植物，还能了解其药用价值。罗浮山百草油，由 68 种中药和 11 种精油提炼而成，对伤风感冒、外伤消毒、止痛松筋、祛风化湿、毒虫叮咬、晕车晕船有奇效，深受人们喜爱。另外，生长在罗浮山的珍稀植物金线兰能养肝护肝、清热解毒、降“三高”，被誉为“药王”“金草”。通过罗浮山百草园中药用植物的参观考察，学生们可亲身体会和深切感受罗浮山的药用植物的丰富资源和我国悠久的中医药文化。

3.6 东江纵队纪念馆

东江纵队是一支由中国共产党领导的广东人民抗日游击队，是东江人民的子弟兵。在艰难曲折的抗日战争中，东江纵队从小到大，由弱到强，逐步发展成为拥有11000余人的抗日武装力量。在远离八路军、新四军，孤悬敌后，日、伪、顽夹击的环境中，这支部队依靠中国共产党的正确领导，紧密依靠人民群众，坚持独立自主地开展敌后抗日游击战争，转战东江南北，深入港九敌后，挺进粤北山区，英勇打击敌人，积极配合了全国抗日战场和盟军对日作战，成为华南敌后抗日战场上一支蜚声中外的武装力量，为广东人民的解放树立了一面旗帜，为抗日战争的最后胜利作出了不可磨灭的贡献。

抗日战争胜利后，东江纵队主力北撤山东，扩编为中国人民解放军两广纵队，在解放战争中，驰骋大江南北，成为华东野战军一支劲旅，为全中国的解放发挥了积极的作用。东江纵队留在广东的武装人员，为反迫害，求生存，被迫坚持隐蔽斗争。全面内战爆发后，又重新拿起武器，恢复武装斗争，发展成为中国人民解放军粤赣湘边纵队，为解放广东全境作出了重大贡献。

3.6.1 参观内容

纪念馆讲解员讲解与学生参观讨论相结合(彩图3-36)。通过参观了解东江纵队在抗日战争中作出的重大贡献，培养爱国主义精神。

1. 序厅

序厅入门两侧墙上，各有一首歌曲，一面是《义勇军进行曲》，一面是《东江纵队之歌》。歌曲下面，簇拥着苍翠的万年青。在灯光映衬下，金光熠熠，似乎每一个音符都闪烁着时代的光芒，使人想起当年奋战在东江两岸的抗日健儿，想起在雄伟的歌声中，中华儿女前仆后继，奔赴抗日最前线的悲壮场景。

序厅里面两侧的墙上，用铜字工艺制作，展示了6位领导人的题词：①叶剑英题"东江纵队史"；②徐向前题"向具有光荣革命传统的东江人民致敬"；③聂荣臻为东江纵队成立四十周年祝词；④王震题"南域先锋、海外蜚声、艰苦风范、永继永存"；⑤杨尚昆题"东江纵队是华南人民抗战的一面光荣旗帜"；⑥廖承志为《东江纵队史》撰写的序言。这些题词，是对东江纵队充分的肯定和高度的评价。

2. 东江纵队史迹陈列厅

东江纵队史迹陈列厅是纪念馆的主要展厅。厅内以大量的文献资料、真实的历史照片，以及可贵的革命文物，全面反映东江纵队、两广纵队、粤赣湘边纵队的革命事迹。陈列内容分为五个部分：第一部分"抗日战争爆发，组建东江人民抗日武装"；第二部分"坚持敌后抗战，建立惠东宝抗日根据地"；第三部分"东江纵队成立，夺取抗日游击战争胜利"；第四部分"奉命北撤山东，转战大江南北"；第五部分"坚持南方游击战争，并肩解放广东全境"。

陈列的文物约有60件，主要是东江纵队战士生活用具，以及缴获的敌人的武器。重要文物有东江纵队《前进报》印刷机，以及东江纵队、粤赣湘边纵队当年出示的布告等。

3.6.2 东江纵队主要领导人与英烈介绍

1. 东江纵队领导人简介

曾生(1910—1995)：1934年冬，加入中国青年同盟。1935年被推选为广州学生抗日联合会主席。1936年领导香港海员工人运动。1938年12月，在惠阳周田村成立惠宝人民抗日游击总队，任总队长。1939年5月，惠宝人民抗日游击总队改称第四战区第三游击纵队新编大队，曾生任大队长。1941年12月，参与组织港（香港）九（九龙）人民抗日游击队。随后，参与组织营救在香港、九龙的何香凝、茅盾、邹韬奋等一大批文化界人士和爱国民主人士及国际友人。

1943年12月2日，广东人民抗日游击队东江纵队（简称东江纵队）成立，曾生任司令员。1946年6月，率领东江纵队主力北撤山东。历任华东军政大学副校长，渤海军区党委副书记兼副司令员，中国人民解放军两广纵队司令员、党委书记。1949年9月，和雷经天、尹林平一起，指挥由两广纵队、粤赣湘边纵队和粤中纵队组成的南路军，解放和平、连平、河源、龙川、惠阳、博罗、东莞、中山等县，迂回至广州南。10月，任中共中央华南分局委员、两广纵队司令员和珠江三角洲作战指挥部司令员兼前委书记。

广州解放后，历任广东军区副司令员兼珠江军分区司令员、政委，中共珠江地委书记，华南军区第一副参谋长。历任南海舰队第一副司令员，中共广东省委常委，中共广州市委第三书记，广东省副省长兼广州市市长，广州军区第一政委，广州警备区第一政委，国家交通部副部长、部长，国务院顾问等。

尹林平(1908—1984)：1927年春，加入农民协会。1929年1月，毛泽东、朱德在赣南建立革命根据地，尹林平曾当赤卫队队长。1930年秋，正式加入中国工农红军，加入中国共产党，历任班长、排长、副连长、副大队长、副团长、团长，中共漳州中心县委委员兼军委书记等职。1936年11月，到福建闽南特委工作。1937年7月，调到中共南方临时工作委员会工作，担任临工委委员。同年10月，中共南方临时工作委员会改组为中共南方工作委员会，张文彬任书记，尹林平任武装部部长兼外县工委书记。1938年4月，成立中共广东省委，张文彬任书记，尹林平任省委常委兼军事委员会书记。1938年11月，成立中共东江特别委员会，尹林平任书记。1940年7月，成立东江前方特别委员会，尹林平兼任书记。1941年底，配合廖承志把800多位著名的民主人士、文化界人士和国际友人，从香港秘密转移到内地安全区。

1942年2月，成立广东军政委员会，尹林平任书记。同时，广东人民抗日游击队改称为“广东人民抗日游击总队”，梁鸿钧任总队长，尹林平任政治委员。1943年1月，成立中共广东省临时工作委员会，尹林平任书记。1943年底，东江纵队成立，曾生任司令员，尹林平任政治委员。1948年底，成立中共粤赣湘边临时区党委，尹林平为书记，并任中国人民解放军粤赣湘边纵队的司令员兼政治委员。1949年9月，华南分局组成以叶剑英为首的新领导班子，尹林平为分局委员。

广州解放后，尹林平历任广东省支前司令部司令员，中南军政委员会委员，广东军区副政委，广州市军管会委员，华南军区、中南军区党委委员兼干部部副部长，中南军区公安部队兼广东军区第二政委等职，同时还担任中共华南分局委员，广东省人民政府委员、交通厅厅长等职务。

王作尧(1913—1990)：1934年毕业于黄埔军校燕塘州分校。1936年加入中国共产党。1938年5月任中共东莞中心县委宣传部部长兼武装部部长。1938年10月，任中共东莞中心县委成立的一支抗日武装队伍——东莞县抗日模范壮丁队（后称第二大队）大队长，在东莞、保安开展抗日游击战争。1940年9月，任广东人民抗日游击队第五大队队长，创建保安阳台山抗日根据地。1942年2月，任广东人民抗日游击队总队副总队长兼参谋长。1943年12月，任广东人民抗日游击队东江纵队副司令员兼参谋长，1944年7月兼任东江抗日军政干部学校校长。1945 年 7 月在中共广东省临委干部扩大会议(罗浮山会议)上当选为中共广东区委委员。1945 年 8 月,王作尧和林锵云(珠江纵队司令员)、杨康华,率领东江纵队和珠江纵队部分主力挺进粤北,迎接三五九旅南下支队,建立五岭根据地。随后创建粤边游击根据地,完成纵队向北发展的重大任务。

1948 年 5 月,王作尧任华北军政大学教育部副教育长。1949 年 6 月,任两广纵队副司令员兼第二师政治委员。1949 年 7 月与曾生等率领部队南下参加广东战役。

杨康华(1915—1991):1936 年加入中国共产党。1937 年秋参加广东文化界救亡工作协进会,当选为常委。1938 年,任中共广州市委常委兼宣传部部长。同年 10 月广州沦陷后,撤退到香港,任中共东南特委宣传部部长。1940 年兼管澳门地下党组织工作。1941 年 12 月香港沦陷后,到东江抗日游击区,投身抗日武装斗争。参加抢救被困在香港的文化人和民主人士的“秘密大营救”行动。1942 年任广东人民抗日游击总队副政治委员兼政治部主任、东江军政委员会委员。

1943 年秋,参与组织指挥粉碎日军对大岭山抗日根据地的万人“扫荡”。同年 12 月任广东人民抗日游击队东江纵队政治部主任。1945 年 7 月,在中共广东省临委干部扩大会议(罗浮山会议)上被选为中共广东区委委员。同年 8 月与王作尧、林锵云(珠江纵队司令员)组成粤北指挥部,任中共广东区委粤北党政军委员会书记。1946 年,任华东军政大学第五大队政治委员、校务委员会委员。1948 年任中国人民解放军两广纵队政治部主任,转战冀鲁豫地区。1949 年参加广东战役。

2. 东江纵队英烈简介

抗日游击战斗英雄黄友,东莞县(现东莞市)人。1940 年参加革命,1942 年加入中国共产党,1944 年 1 月任东江抗日游击队何通中队“小鬼班”班长。1944 年 7 月,黄友带领“小鬼班”为掩护主力部队撤退,在东莞凤岗老虎山下与日军主力 400 余人遭遇,展开激战。4 名战友相继牺牲,黄友只身坚守阵地,阻击敌人,最后壮烈牺牲,年仅 17 岁。同年 11 月,东纵司令部、政治部发出通报,追授黄友“抗日英雄”光荣称号,他领导的“小鬼班”被命名为“黄友模范班”。

战斗英雄林文虎,泰国华侨。1940 年 5 月回到惠阳参加东江抗日游击队,1941 年加入中国共产党。1943 年任广东人民抗日游击总队珠江副中队长。1948 年 3 月任广东人民解放军江南支队第三团副团长。因作战英勇,屡建奇功,被称为“老虎仔”。1950 年 2 月,被任命为海军火力船队副大队长。同年 5 月 25 日,在万山群岛海战中壮烈牺牲,时年 29 岁。战后,中央军委海军司令部授予他“海军战斗英雄”称号。

传奇式短枪队长刘黑仔,原名刘锦进,宝安县(现深圳市)人。1939 年加入中国共产党,同年参加东江抗日游击队。1941 年任惠阳短枪队队员,后任港九大队短枪队队长。他枪法准,弹无虚发,被誉为“神枪手”。他机智骁勇,经常深入虎穴,神出鬼没地袭击日军,惩治汉奸,炸毁敌仓库、机场,收集军事情报。还与战友们一起营救了不少文化名人和国际友人,成为名扬港九的传奇式抗日英雄。1945 年随部队挺进粤北,率短枪队在南雄一带活动。1946 年 5 月,在南雄界址战斗中身负重伤后壮烈牺牲,时年 27 岁。

东江革命母亲李淑桓,香港小学教师,积极参加抗日救亡运动。1938 年她送长子北上延安参加抗战后,又先后将 6 个子女送回东江参加人民抗日游击队。1941 年初,李淑桓来到东莞大岭山根据地,以教书作掩护做秘密情报工作。1941 年,国民党顽军进攻东莞大岭山,李淑桓不幸被捕,壮烈牺牲。时年 47 岁。

钟若潮、王丽夫妇,泰国华侨。1938 年,钟若潮回国参加东江抗日游击队,同年加入中国共产党,1942年任广东人民抗日游击总队第三大队指导员。1944年5月8日,在东莞梅塘马山与日军激战中英勇牺牲,时年33岁。王丽,1939年加入中国共产党。1940年到广东人民抗日游击队第五大队当卫生员。1942年5月,于宝安县铁岗村掩护伤病员,突围时被捕,与敌人搏斗壮烈牺牲,年仅26岁。

张涛(女),深圳市坪山圩人。1939年在坪山小学读书时加入中国共产党,随即参加东江华侨回乡服务团开展抗日宣传活动,后以教师身份作掩护做地下交通工作。1944年转到东江纵队当民运组副组长。1945年12月下旬,国民党军队进攻平海,张涛在牛麻园村不幸落入敌手。敌人费尽心机折磨了张涛三天三夜,一无所获,于是露出了刽子手的狰狞面目,向张涛下了毒手。牺牲时她年仅23岁。

冯芝(女),香港人。香港沦陷前,她热心支持女儿进行抗日救亡活动。沦陷后,她当了市区中队的义务交通员,风雨无阻,出色完成任务。1944年3月17日,她身上携带许多抗日宣传材料和部分关于日本海军的情报,不幸被日本宪兵截获。在狱中,她不断被拷打、施以电刑、狼狗咬,但她始终没有说出市区中队的秘密。一天狱卒问她:"你是什么人?"冯芝理直气壮地回答:"我是中国人!"表现出可贵的民族气节。同年6月26日,残暴的日寇把冯芝杀害了。她时年61岁。

陈庭禹,泰国华侨。15岁回国参加抗战,1941年加入中国共产党。1943年到广东人民抗日游击总队直属中队任小队长。1944年任东江纵队独立第三大队中队长。1944年8月,部队攻打博罗石湾鸾岗敌伪据点,陈庭禹中队担任主攻,与敌激战一天一夜,攻占敌炮楼5个,毙伤伪军六十多人。当战斗即将胜利的时候,陈庭禹不幸头部中弹,壮烈牺牲,年仅21岁。

熊芬,归国华侨。1939年加入中国共产党。1944年6月,任博罗龙溪结窝交通站站长。1945年10月9日不幸被捕。在敌人的严刑逼供面前,只字不吐。被敌人拉去游街示众,最后在东莞桥头东江河畔的木棉树下英勇就义,牺牲时年仅22岁。

第4章 生态修复实习

4.1 广东省大宝山矿业有限公司李屋拦泥库

大宝山矿是韶关市的一座特大型多金属矿山，位于粤北山区，横跨曲江区和翁源县交界处。矿区周边主要有凡洞河、沙溪河和西南部的小溪，三者最后汇入北江。广东省大宝山矿业有限公司(原名广东省大宝山矿)是大宝山矿区开采企业，位于韶关市曲江区沙溪镇，1958年建矿，1966年正式投产。1995年，经过现代企业制度改造后更名为广东省大宝山矿业有限公司(简称大宝山矿)。大宝山矿是国家首批40家、广东省唯一的“矿产资源综合利用示范基地”，也是广东省绿色矿山企业。公司主要从事矿产资源勘探、采选和综合利用，可年产销铜精矿(金属量)超1万吨、硫精矿(含磁硫精矿)超130万吨、钨精矿1200吨、硫酸13万吨、磷铜加工1万吨。自建矿投入生产后，尾矿堆存于凡洞槽对坑尾矿库，在2016年后建成新的铜硫矿选厂，并建成了凡洞村尾矿库。

4.1.1 实习路线

自广州驱车前往位于韶关市大宝山矿业有限公司的李屋拦泥库，参观实习2 h。

4.1.2 实习内容

本实习点参观地——李屋拦泥库，位于铁龙镇106国道旁(彩图4-1)。在该实习点，通过知识点讲解、现场采样监测和小组讨论调研，学生将理解大宝山矿区的成矿特点，掌握酸性矿山废水形成机理，了解矿区周边生态环境破坏历史及现状，以及新山片区历史遗留矿山生态恢复治理工程项目的相关内容。

1. 大宝山矿区基本情况

1) 地理位置、气候

大宝山矿区位于韶关市曲江区沙溪镇、翁源县铁龙镇境内，横跨曲江和翁源两县境。地势总体为北高南低，北部是海拔800～1200 m的山区，南部为低矮山地和冲积平原；矿区属亚热带湿润型气候，年均降雨量大。

2) 土壤及地质地貌

矿区最早期开采和利用可以追溯至唐宋时期。矿区内矿床较多，各种矿洞分布于大宝山腹地，冶炼废石遍及山野。矿区内的现代矿床地质调查正式开始于1928年，但矿床的发现则是在1957年根据群众报矿发现并初步评价确定的。大宝山矿床地处滃江一级支流——横石水的上游，位于南岭低山区，山系走向呈南北向，北端折向东北。矿区以侵蚀地形为主，并有少量喀斯特地形。矿区表层岩石风化强烈，土壤类型为红壤，随海拔增加而逐渐演替为山地黄壤。受采矿活动影响地段，由于所含金属硫化物发生氧化而发育为酸性硫酸盐土。矿区围岩蚀变强烈，种类繁多，主要有矽卡岩化、钾长岩化、绢云母化、硅化、绿泥石化、云英岩化、白云石化、大理岩化、高岭土化等。

3）矿产资源

矿区在平面上分南、北两个矿段，北矿段以铁铜矿为主，南矿段以铅锌矿为主。在剖面上，矿区主体上部为褐铁矿体（成分 $Fe_2O_3 \cdot nH_2O$），呈铁帽状产于桂头群地层中，主要矿石矿物为褐铁矿和针铁矿，含少量的赤铁矿、软锰矿、黄钾铁矾、铜蓝、孔雀石、赤铜矿、白铅矿和菱锌矿等，矿石伴生有金（Au）、银（Ag）等元素，储量为 2000 万吨；中部为大型铜硫矿体（硫化物矿床），储量为 2800 余万吨，并伴有钨（W）、铋（Bi）、钼（Mo）、金（Au）、银（Ag）等多种稀有金属和贵金属；下部为中型铅锌矿体，呈似层状、透镜状富集于向斜槽部，矿石矿物组合复杂，产于英安斑岩岩墙上盘的棋子桥组底部，主要矿物有黄铁矿、方铅矿、闪锌矿、磁黄铁矿、黄铜矿、磁铁矿、辉铋矿、白钨矿、毒砂、石英、方解石等，并伴有钨、铋、钼、金、银等多种稀有金属和贵金属。

4）水系

大宝山是多条水系的发源地，矿区周边水系主要有三条：东侧的凡洞河，西侧的沙溪河，西南部的小溪。三者最后汇入北江。

5）植被

大宝山尾矿库区内植物种类较少，其中以禾本科植物最多，其次为菊科和豆科植物，3 个科较其他科植物更容易适应尾矿库环境，特别是禾本科的五节芒、类芦和狗牙根表现出较强的适应能力。沿着尾矿库中心往外辐射物种多样性指数依次增加，表现出由较少先锋物种种类组成的简单群落向稳定复杂群落方向演替的趋势，反映了植物群落结构随演替时间的延长越来越趋向复杂化。尽管如此，高浓度镉（Cd）、铜（Cu）和锌（Zn）仍旧限制着该区域植物群落物种多样性的进一步恢复。

6）尾矿库

目前大宝山有槽对坑和凡洞村尾矿库。其中，槽对坑尾矿库位于大宝山矿北部约 1.5 km 的凡洞村，库区汇水面积约 3.3 km^2，库内主要进行选矿废水的处理及尾矿的贮存，并对采选区的地表水进行汇聚，澄清后回用。该库区南端有一大片由洗矿水、山溪水流经形成的沼泽地带，常年有积水；其北端大多由矿土堆积而成，比较潮湿，植被较稀疏。

凡洞村尾矿库选址原沙溪镇凡洞村，于 2014 年 7 月 27 日开始施工，2016 年 7 月 28 日竣工。尾矿库的主沟沟口狭窄，沟谷非常宽阔。主沟即为槽对坑尾矿库所在沟，沟的走向为西北-东南方向。该沟东面是梅子坑支沟，两条沟之间是金狮岭—笠麻岭的山脊。库区北面为笠麻岭；西北面为槽对坑尾矿库坝体，东面为梅子坑支沟沟口；西面有一垭口，为大宝山矿东矿带和凡洞矿山生产办公区，垭口最低标高在 625 m 以上。主沟沟口位于库区东南角。凡洞村尾矿库主沟的汇水面积为 11.75 km^2，主沟平均纵坡 10%，主沟长度 3.62 km。

由于凡洞村尾矿库坝的选址初期在凡洞主沟和梅子坑支沟的两个沟口处，因此布置两座初期坝（编号分别为 1#和 2#）。初期坝设计坝顶标高均为 540 m，总坝高 55 m，总库容达到 $4.64\times10^7\ m^3$，远景规划中初期坝向下游外推式加高至 600 m 标高时，总库容将达 $1.86\times10^8\ m^3$。

尾矿库的等级是根据总库容或总坝高及重要性等因素确定的，按《选矿厂尾矿设施设计规范》（ZBJ1-90），当初期坝坝顶标高为 540 m 时，按库容应为三等库，按坝高应为四等库，综合坝高及库容确定最初设计的凡洞村尾矿库为三等库。

2. 酸性矿山废水（AMD）的形成及危害

酸性矿山废水（acid mine drainage，AMD）是指矿石、废石堆和尾矿坑中硫化物矿物经过氧化作用产生的低 pH 值、高硫酸根离子和高重金属离子的废水。AMD 问题是硫化物金属矿山和煤矿等开采过程中不可避免的问题，也是全球性的问题。据有关文献记载，矿山废水的排放量已经占到中国工业废水总排放量的 10%左右，且这种趋势仍在进一步发展。AMD 具有污染涉及面广、污染持续时间长、污染因子多、危害程度严重等特点。

AMD 的形成原因，概括起来主要是矿山采冶过程中，黄铁矿（FeS_2）和其他硫化物矿物（如磁黄铁矿（$Fe_{1-x}S$，$x=0\sim0.233$）、黄铜矿（$CuFeS_2$）、方铅矿（PbS）、闪锌矿（ZnS）、毒砂（FeAsS）等）暴露后，受到氧气和水的双重作用快速氧化而产生的，其中氧气和三价铁是重要的氧化剂。AMD 中若存在黄铁矿氧化菌如氧化亚铁硫杆菌，在微生物作用下硫化物矿物的氧化速度将大大加快，特别是在 pH 值小于 4 的情况下，以生物化学氧化过程为主。硫化物矿物是大宝山矿床下部矿体的主要成分（尾砂矿物中其含量可高达 26%），而且在大宝山铁龙拦泥库附近已废弃的民选铅锌矿的尾矿中，也含有大量的黄铁矿等硫化物。这些暴露在空气中的硫化物矿物氧化，以及选矿过程中产生的含有大量的硫酸根、有毒重金属离子（Fe、Cu、Cd、Cr 和 Pb 等）和类重金属离子（主要为 As 等）的酸性水，是 AMD 形成的主要根源。以黄铁矿（FeS_2）为例，酸性矿山废水的形成过程主要分为 4 个步骤：

(1) 黄铁矿的氧化：硫化物与氧反应生成硫酸亚铁，如式(4-1)；

(2) 二价铁的氧化：硫酸亚铁在硫酸和氧的作用下进一步生成硫酸铁，在此过程中细菌是催化剂，它大大加速该反应过程，如式(4-2)；

(3) 三价铁的水解作用：生成的硫酸铁溶液与水的氢氧根离子结合生成氢氧化铁沉淀，如式(4-3)；

(4) 硫酸铁与硫化铁反应，进一步促进氧化，并加速酸的形成。在潮湿的环境中，更加快反应的进程，如式(4-4)。

$$FeS_2+7/2O_2+H_2O \longrightarrow Fe^{2+}+2SO_4^{2-}+2H^+ \tag{4-1}$$

$$Fe^{2+}+1/4O_2+H^+ \longrightarrow Fe^{3+}+1/2H_2O \tag{4-2}$$

$$Fe^{3+}+3H_2O \longrightarrow Fe(OH)_3(\downarrow)+3H^+ \tag{4-3}$$

$$FeS_2+14Fe^{3+}+8H_2O \longrightarrow 15Fe^{2+}+2SO_4^{2-}+16H^+ \tag{4-4}$$

AMD 能引起周围的水体严重酸化，直接影响农田和村民食用水的质量，引起下游水体和土壤中富集可溶性 Cu、Pb、Zn、As、Cd 等重金属，使生态环境退化。可发生的具体过程有：初期粗放式开采和未经集中处理的民采尾砂在水和氧气作用下，风化淋滤释放出酸性矿山废水，重金属随之排放到土壤和下游的河流中；河流底泥与流水之间在某种条件下达到平衡；人类通过污灌将 AMD 和重金属的污染转移到土壤，重金属通过植物、动物和人体的吸收利用而累积起来。在此过程中，带负电荷土壤黏粒的交换-吸附作用、有机胶体的配位作用以及化学溶解-沉淀作用对土壤重金属生物有效性有重要影响。土壤理化性质能影响重金属的环境行为，比如：土壤 pH 值越低，重金属活化迁移性越强，重金属的生物有效性越强；土壤颗粒越细，对重金属的吸附能力越强；黏土含量的多少则能影响重金属的可交换态含量。

3. 大宝山周边生态环境文献报道

大宝山古称“岑水铜场”，由国家和地方以及个体等多家矿业单位进行开发，长期开采产生的大量酸性矿山废水富含多种重金属，20 世纪 80 年代集体小企业和私营企业粗放式开采、非法民采及历史遗留尾矿和废矿渣中有毒有害重金属经风化和淋滤作用进入水环境，给周围和下游带来巨大的危害和风险。很多学者曾进行了深入研究，相关报道较多，以下是简要介绍。

自20世纪80年代出现私人和小集体采矿业开始，民采活动就日益严重起来，加剧了大宝山周边环境的污染。特别是大宝山南矿段，盛行时高达100多条采坑，非法采矿民工超过了3000人。采矿时，多是采富(矿)弃贫(矿)且矿种分离不全，不仅造成资源的严重浪费，而且开采出来的贫矿和废石任意堆放。采矿废石堆放过程中的风化和淋滤以及选矿、洗矿产生的含有Cd、Mn、Cu、Zn、Pb等数种严重超标重金属的污水在没有经过任何处理的情况下就直接顺着大宝山西南部的山间小溪排放到横石河水中，往下游冲积平原(新江)排放，沿翁源河南流，绵延30多千米至英德桥头镇境内，造成该区域生态环境的严重恶化。排放出的废水使河水变成具一股刺鼻气味的浑浊硫酸水，河滩变成铁锈色，河水中鱼虾绝迹。以翁源县新江镇上坝村污染最为严重，该村位于河流下游，地势低平，此地河段上部颜色赤红，底部漆黑，河内鱼虾绝迹。含有超量金属元素的污水长期灌溉农田，造成土质被破坏，农作物产量逐年下降。严重超标的毒水污染给村民健康也带来严重损害，皮肤病、肝病、癌症(尤其是食道癌)等是该村的高发病症，部分村民中出现"痛痛病"疑似症状。2001年4月8日省人大通过详细调研，对上述矿区污水污染环境问题，给出了结论：对矿水污染环境问题，大宝山矿负一定责任；翁源、曲江两县民采民选对下游地区造成严重污染，是污染的主要来源。

1）周边土壤生态污染文献报道

全国第二次农田土地普查数据表明，矿区周边境内有83个自然村和近600 km^{2}农田受到影响，农田土壤中重金属含量严重超标，对照当时国家的《土壤环境质量标准》(GB 15618—1995)，其中Pb超标44倍，Cd超标12倍。河流两侧农田表层土壤中重金属的严重超标是长期用矿山污染的河水灌溉的结果。很多学者曾经对大宝山矿区周围、矿山下游地区稻田土壤、矿区周边河流河滩土和沉积物等进行了采样、检测和统计分析。

矿区周围土壤重金属Cu、Zn、As和Cd的含量严重超标，以尾矿(矿砂)含量最高，超过土壤环境质量二级标准达数十倍。污水灌溉稻田土中重金属Cu、Zn、As和Cd的最大浓度分别达1054.26 mg/kg、2274.14 mg/kg、580.73 mg/kg和3.368 mg/kg，远远超出了当时土壤环境质量二级标准(根据GB 15618—1995)，且Cu、Zn和Cd污染最为严重，中度污染和严重污染两者所占比例之和均达91.67%。

矿山下游地区稻田土壤中的重金属污染主要来自酸性灌溉废水，且是以Cd和Cu为主的多金属复合污染，稻田土壤中Cd、Zn、Pb和Cu的平均浓度分别为2.19 mg/kg、244.94 mg/kg、179.93 mg/kg和287.91 mg/kg，最大超标倍数分别为20.33、2.59、2.84和11.32。

矿区周边河流(横石河)的河滩土中重金属的总量随着深度的增加而降低，Pb、Zn、Cu和Cd的浓度分别为1841.02 mg/kg、2326.28 mg/kg、1522.61 mg/kg和10.33 mg/kg。经此河水灌溉的稻田中重金属(Cu、Cd、Pb和Zn)的浓度远超出当时土壤环境二级标准值(GB 15618—1995)，其中Cu、Cd超标倍数分别为14.01和4.17。

2）水体污染情况文献报道

矿床中自然存在的重金属元素以及矿床露天开采造成周围水环境严重的重金属污染。其中污染最严重的是Cd元素，其次是Zn、Cu、Pb、Cr、Ni、Hg。此外，由于拦泥库中携带了大量的Hg元素，在常年的风化淋滤过程中迁移到下游的河流中，造成拦泥库以南的河流曾遭到Hg元素污染。

顺着河流干道往下流，河流水中溶解态的重金属浓度逐渐降低。因为沿途不断有清水注入，稀释水体中重金属，此外水体中的重金属不断与悬浮物和底泥进行吸附交换，也使得水体中重金属浓度发生变化。

魏焕鹏等人(2011)采用美国环境保护局(USEPA)推荐的健康风险评价模型,对大宝山矿区李屋拦泥库坝至凉桥河段在丰水期和枯水期的水体中溶解态的重金属进行调查,发现水体中非致癌物通过饮水途径所导致平均个人年风险排列顺序是Cu>Pb>Zn;致癌物Cd的平均个人年风险在丰水期和枯水期的平均值均大于国际放射防护委员会(ICRP)推荐的最大可接受值,同时也大于非致癌物3～4个数量级。

酸性排水对水生生物也产生了严重的影响,对横石河水体大型无脊椎动物多样性的调查结果显示,从拦泥库到受酸性废水影响的横石河下游25 km范围内,未发现任何底栖动物,而在横石河上游未受矿水影响的对照点中至少有36种底栖动物存在。

4. 李屋拦泥库

李屋拦泥库位于大宝山矿区西南面的铁龙镇内,库区面积约2 km^2,库容量大约有1.0×10^7 m^3,建于20世纪70年代。自80年代出现私营企业、集体小企业粗放式开采或非法民采以来,周边民采过程产生的铁矿废石场废水、泥土随山洪从山顶排土场下移汇入,再加上一些地表溪流进入库内,使泥沙不断淤积。库区内中心地带曾经几乎没有植物生存,周边地带植物种类稀少。据悉,广东省大宝山矿业有限公司开展了多项周边地区环境综合整治项目,其中包括:李屋排土场下方坝体加高(2014年,彩图4-2)、腾有效库容工程(至2020年底完成5.0×10^6 m^3腾库容,确保50年一遇暴雨天气不溢流,彩图4-2)、溢流口整治(彩图4-3)、清污分流工程(2015年,彩图4-4)、拦泥库外排水处理扩建工程(2016年,彩图4-5)等。目前拦泥库外排水处理平均污水处理量达到6.0×10^4 m^3/d,从根本上改善了横石河水质,确保了下游流域在非极端天气下长期稳定在地表水Ⅲ类水标准。

1) 拦泥坝水质情况报道

据林初夏等(2003)从拦泥坝上游山坑到拦泥坝下游约25 km长河段的水质监测数据,拦泥坝上游山坑含矿废水的pH值在3.1左右,拦泥坝内水的pH值为3.36,拦泥坝下游约3.5 km处(凉桥)河水的pH值为3.78(在此处汇入的非矿水支流的pH值为5.27);两股水汇合处下方河水的pH值为4.39;拦泥坝下游约16 km处河水的pH值为4.66;拦泥坝下游约25 km处河水的pH值为6.29。拦泥坝内排放到下游的含矿废水中Pb、Mn、Fe、Cu、Zn和Cd的含量分别为2.67 mg/L、20.50 mg/L、51.63 mg/L、1.64 mg/L、2.83 mg/L和0.10 mg/L,且上游拦泥坝内溶解于水中的大量重金属元素在强酸性环境条件下,没有发生聚合反应形成次生矿物,因而随着水体向下游排放,沿途形成重金属污染带。

2) 拦泥坝沉积物污染情况报道

根据郑凯等人2015年的研究报道,在拦泥坝酸性矿山废水底泥采集的泥样pH值为2.9～4.6,且各种重金属仅Ni含量没有超过当时国家土壤环境质量Ⅱ类标准(GB 15618—1995),Cd、Pb、Zn和Cu含量分别高于Ⅱ类标准10.2倍、2.0倍、1.4倍和1.8倍,其中Zn和Cu属于中强度污染,Cd和Pb属于极强污染。各种金属元素赋存以残渣态形式为主,符合表生地球化学过程中金属元素的基本特点。Mn的生物有效态含量达58%,生物有效性最高,潜在环境风险较高。虽然Cd可交换态比例很低,潜在生物危害性较小,但Cd碳酸盐结合态所占比例相对较高,在中性和酸性条件下会释放出来,对环境具有潜在的危害。底泥中Pb主要分布在残渣态中,铁锰氧化物结合态和有机物结合态中分布较为平均,可交换态所占比例较低,只有1.74%。

3) 地质条件对拦泥库污染防治的影响

在我国中、南部地区,像大宝山多金属矿床这样具有高元素含量、开采规模大、废水对周边地区有污染的矿山有多家，但仅有大宝山矿床对下游地区造成如此强烈和显著的污染结果。究其原因，与地质因素有关。地质调查结果表明大宝山矿床西南侧的拦泥库区无碳酸盐岩地层（在拦泥坝周边遗留和民采的废石、废水、废渣排放区及下游的土壤中碳酸盐结合态重金属的质量分数也很低），而是以硅酸盐矿物为主的碎屑岩，对酸性废水的中和作用微弱。拦泥坝虽然拦住了大量的废石、废渣，在开始时金属硫化物的氧化很慢，随着反应的进行而产生酸和Fe^{3+}，pH值降低，增大了金属离子的溶解度；金属硫化物在强烈的酸性环境下发生强烈分解，Fe^{3+}活性增加，氧化速度加快。该坝中的碳酸盐矿物含量及其溶解率不足以中和硫化物的氧化作用，暴露在氧化条件下的硫化物，特别是黄铁矿促进了矿山酸性水的发育和重金属迁移，这样拦泥坝周边废石、废渣经过强氧化形成的富含重金属的废水就越过拦泥坝排放到下游，对下游河水和土壤造成影响。而在其他矿山，如湖北大冶的铜矿和湘南地区的铅锌矿，矽卡岩矿床中通常含有碳酸盐岩，其废石中可含有少量包括硅酸盐在内的活性脉石矿物，尾矿具有较大的酸缓冲能力。

5. 矿区污染修复技术简介

重金属污染土壤的修复技术主要有物理修复、化学修复和生物修复三类（表4-1）。其成本、操作难易、修复时间以及是否具有二次污染是技术选用的参考因素。此外，土壤重金属污染程度也是修复技术选择的重要参考因素。对于严重污染土壤，可以重点考虑物理和化学修复技术手段；对于轻污染土壤，则可以选用生物修复技术。在实际的修复技术应用中，也可采用两种或多种联合修复技术。

表4-1 重金属污染土壤修复技术优缺点对比

类型	修复技术	优点	缺点
生物修复	植物修复	成本低、不改变土壤性质、没有二次污染	耗时长、污染程度不能超过修复植物的正常生长范围
化学修复	原位化学淋洗	长效性、易操作、费用合理	治理深度受限，可能造成二次污染
	异位化学淋洗	长效性、易操作、深度不受限	费用较高、存在淋洗液处理问题，二次污染
	土壤性能改良	成本低、效果好	使用范围窄、稳定性差
物理修复	固化修复技术	效果较好、时间短	成本高，处理后不能再农用
	物理分离修复	设备简单、费用低、可持续处理	筛子可能被堵、扬尘污染，颗粒组成被破坏
	玻璃化修复	效果较好	成本高，处理后不能再农用
	热力学修复	效果较好	成本高，处理后不能再农用
	热解吸修复	效果较好	成本高
	电动力学修复	效果较好	成本高，适用低渗透性土壤
	换土法	效果较好	成本高，污染土还需处理

以下是与大宝山矿区修复相关的技术及案例。

1）酸性矿山废水(AMD)的处理技术

AMD问题是硫化物金属矿山和煤矿等开采过程中不可避免的问题，也是全球性的问题。O_2、Fe^{3+}和微生物作用是酸性矿山废水产生的根源，而其中的微生物氧化亚铁硫杆菌起决定作用。只要设法降低Fe^{3+}的活度和微生物活性及阻止空气与黄铁矿的接触，就能有效抑制FeS_2的氧化，减少酸性矿山废水的形成。基于这一原理，近年来国内外采取的治理方法包括以下四种。

(1) 碱中和处理技术。该技术是将石灰等碱性物质(如石灰、熟石灰、石灰石等)与废矿堆混合，提高废矿堆的pH值，pH值升高还可以引起微生物活性降低，从而使黄铁矿的生物氧化受到抑制。石灰性物质除提高体系pH值外，还可以导致$Fe(OH)_3$等难溶物质沉积在黄铁矿表面，对AMD的产生具有抑制作用。但同时由于石灰性物质本身溶解度小，$Fe(OH)_3$等难溶物质也可以在其表面形成保护膜，导致石灰性物质钝化，中和能力下降，这样处理过程中需要大量的碱性物质。此外，石灰性物质与矿物质若混合不匀，石灰性物质过多的地方呈碱性，没有的地方黄铁矿氧化则会继续进行。碱中和过程中会产生大量的反应污泥，对环境造成威胁。反应污泥也需要更大的尾矿库来容纳，因此将增加成本。在比较集中的李屋拦泥库和槽对坑尾矿库内，即采用了碱中和处理技术进行治理，在水体中加入碱性物质以提高AMD的pH值，使金属元素以氢氧化物或碳酸盐形式沉淀而除去。

(2) 杀菌剂法等微生物处理技术。该法是使用杀菌剂抑制黄铁矿氧化菌的生长，从而抑制生物氧化。氧化亚铁硫杆菌不仅能直接侵蚀硫化物矿物，而且还能显著加速Fe^{2+}到Fe^{3+}的转化，从而提高硫化物矿物的氧化和AMD产生的速率，而这一过程在野外环境中是不可避免的。使用杀菌剂，就是为了阻止微生物对黄铁矿等硫化物矿物的生物氧化作用，达到降低Fe^{3+}对FeS_2的氧化作用，减少AMD产生的目的。十二烷基硫酸钠、直链烷基苯磺酸钠和有机酸等一些有机化合物是比较常见的杀菌剂。杀菌剂多为有机化合物，它们除了抑制微生物活性外，由于在溶液中可能与Fe^{2+}和Fe^{3+}产生配位反应，降低Fe^{2+}和Fe^{3+}活度，从而抑制Fe^{3+}对黄铁矿的氧化作用，使Fe^{2+}难以转化为Fe^{3+}，因此阻截微生物代谢过程中所需的能量，微生物繁殖变得困难。尽管杀菌剂对硫化物矿物的氧化有一定的抑制作用，但杀菌剂使用也有缺点，如其有效性不能长久，易被雨水淋湿等，一定时期以后，微生物仍会快速繁殖。这就要求连续不断地施加杀菌剂，由此导致了昂贵的处理费用。此外，有些杀菌剂也会对环境造成负面影响。由于上述原因，杀菌剂也未能在野外大规模运用。

另一类微生物处理技术是针对AMD的形成机理，利用能产碱和稳定金属的微生物来治理AMD，其成本低，技术含量高，针对性强。国外已开发和应用的先进微生物处理技术，包括堆肥生物反应器技术、可渗透反应屏障处理技术、铁氧化生物反应器技术、产硫化物生物反应器技术，以及各种复合技术等。

(3) 隔离法。隔离法包括水罩法和覆盖法。水罩法是将尾矿库建立在水底，由水来隔绝O_2与矿物，使氧化反应不能进行。该方法要求矿山附近有足够容量的湖泊。而覆盖法是使用沙砾、土壤、无硫尾矿、塑料膜、煤灰、城市下水道污泥堆肥等作为尾矿覆盖物，但其抑制效果不如水罩法，且该方法往往使尾矿处于次氧化环境，重金属元素可能更容易流失，其长期效果有待进一步观察。

(4) 表面钝化处理法。该法是利用化学反应在矿物颗粒的表面形成一层惰性的、不溶于水的和致密的膜，从而使O_2和其他氧化剂无法侵袭尾矿。与其他处理方法不同的是，钝化法处理是从微观(单个颗粒)角度来保护尾矿。该法具有成本低、操作简单的优点,是当下最具有发展前景的方法之一。目前研究最多的表面钝化法有磷酸铁钝化法、有机盐钝化法和硅酸盐钝化法等。使用磷酸盐控制黄铁矿氧化,已经取得了一定的效果。研究表明,要得到同样的控制 AMD 产生的效果,所需磷灰石的量只是石灰的 20%。研究还表明,不论之前 AMD 产生的程度如何,只要添加 3%的磷灰石就能有效抑制 AMD 的产生。尽管在实验研究阶段磷灰石控制 AMD 较其他方法有效,但它同样存在缺点。首先,磷灰石要敲击成粉状,再与矿山废弃物混匀,野外操作可行性小,若磷灰石取料远,运输困难,成本相对较大;其次,磷灰石本身溶解度小,产生的 $FePO_4$ 或者 $Fe_3(PO_4)_2$ 同样会在它们的表面形成膜,起钝化作用。且磷酸盐的大量使用也将带来磷的二次污染问题,这些缺点导致磷灰石仍不可能大规模应用于矿区 AMD 的控制。硅酸盐钝化效果从滤出液 pH 值、硫酸根浓度等指标来看都比较好,但一定要用氧化剂预处理,否则效果甚至不如空白样品。有机钝化剂与尾矿表面的 Fe^{3+} 可以生成难溶盐,此难溶盐能在矿石表面形成一层膜,阻隔硫化物矿物与外界氧化剂,如 O_2、Fe^{3+} 和微生物的接触,从而能减缓黄铁矿的氧化速率。但这种方法最大的缺点是需要对尾矿表面进行预氧化处理。国内某研究团队研发了几种新型钝化剂(三乙烯四胺二硫代氨基甲酸钠和二乙基二硫代氨基甲酸钠等),对抑制黄铁矿中的重金属释放有很好的效果。

2) 土壤改良剂技术

采用改良剂对污染土壤的重金属进行固定,是降低重金属污染的修复措施之一,其促进植株生长的主要原因可能是提高了土壤 pH 值并释放出植物营养元素(K、Ca 和 Mg 等),从而改善了土壤理化性质,同时降低了复合污染土壤重金属的生物有效性。常用的改良剂有氢氧化钙、碳酸钙、赤泥、有机肥、沸石、污泥、煤灰等。有不少文献报道了单一施用或者复合施用改良剂对大宝山典型污染土壤的植物复垦效果。

3) 植被恢复

若采矿过程为露天开采,则会留下大量的露天矿坑,所以对开采后的矿坑、尾矿库和受污染严重的土壤,可以采取种植能富集重金属的植物进行植被修复,减少水土流失和重金属污染。

研究表明,使用无土有机质混合物改土和采用乔、灌、藤、草的林草复合模式进行生态恢复,可以有效地改良土壤、保持水土、蓄养水源、快速恢复植被。

以抗性较强的地带性先锋乔木、灌木、草种建成人工植物多层复合生态系统,模拟自然生态系统形成演替规律,从而进行生态环境修复,最终达到人工植被在视觉上与周围地形、生态环境融为一体。

植物选择原则:①耐强酸性、耐干旱瘠薄、耐寒、耐热,易成活,适应环境能力强,优先选择乡土树种;②生长迅速,根系发达,冠幅或盖度较大;③种源丰富,育苗容易并能大量繁殖;④尽量选用禾本科等浅根性植物。根据以上原则,研究报道可以选用女贞、樟树、桉树、湿地松、夹竹桃、芒草、类芦、铺地黍、狗牙根、高羊茅等作为复垦绿化的先锋物种,并将类芦作为主要的水土保持草种。

相关研究表明,在调查的优势植物中,铺地黍地上部分的 Pb 含量达到 1214 mg/kg,泡桐叶中 Cu 含量达到 1024.8 mg/kg,超过了 Pb 和 Cu 超富集植物含量的临界值(1000 mg/kg);其运转系数分别为 1.77、13.74,都大于 1.0,符合超富集植物的标准,表明铺地黍可能是 Pb 的超富集植物,泡桐可能是 Cu 的超富集植物。除铺地黍、泡桐外,其他优势植物的重金属吸收能力没有达到超富集植物的标准,但它们能在此区域定居,表现出对重金属有较强的耐性,其中象草、纤毛鸭嘴草、芒萁、五节芒、马尾松对重金属复合污染胁迫的耐性较强，可作为大宝山矿植被重建的先锋物种。

对于土壤较丰富的废矿场可采取种植速生乡土树种及灌、草结合的措施进行绿化，对于含石较多的废矿场则可辅助一定的工程措施如挖大穴、培客土、植大苗的方式进行绿化，可选择的植物如黧蒴锥、华南吴萸、泡桐、檫木、木荷、毛竹、山苍子、山乌桕、山黄麻、臭茉莉、海桐花、赤杨叶、西南桦等，草本有香根草、象草、五节芒、类芦、山类芦、皇竹草等。

6. 新山片区历史遗留矿山生态恢复工程

新山片区历史遗留矿山位于大宝山矿露天采矿场东南侧，是遭受民采破坏最严重的区域，也是下游横石河水受重金属污染的主要原因，总面积约 1.3 km^2。广东省大宝山矿业有限公司联合中山大学和某生态环境有限公司采用"原位基质改良＋直接植被"生态恢复技术，对土壤进行原位基质改良后，直接在矿业废弃地上种植植物和撒播种子，采用柔性改良土壤结构、土壤理化性质的方式，结合调控微生物群落与控制产酸的微生物类群，重建人工或半人工的生态系统。通过基于生物多样性的植物配置技术来稳定土壤中的重金属，降低其迁移性。最终在不改变矿业废弃地的地形与土壤结构基础上，无须覆土，达到了治理矿业废弃地污染的目的。截至 2018 年底，已投入 2570 万元，完成了 0.25 km^2 历史遗留废弃地的生态恢复治理(彩图 4-6)。

生态恢复项目实施后，项目区呈多种植物匹配互长的生长态势，生物多样性高，涵盖乔木、灌木、草本、蕨类等 32 种植物品种。土壤 pH 值显著升高，由原始的 2.60 上升至 7.00 以上，土壤潜在产酸能力明显下降，并且显著地降低了土壤铅、锌、铜、镉等重金属元素的溶出(表 4-2)。相比新山片区未恢复原始区域，项目实施区域的外排水 pH 值从 2.69 上升至 6.12，重金属含量显著降低，其中铅降低 92.6%，锌、铜、镉、砷的降低比例达到 99%以上。验收一年后土壤中溶出的铅、锌含量总体削减 10%，场地地表水 pH 值达到 5 以上。下游水质也发生了明显变化，鱼虾明显增多。

表 4-2　新山片区生态修复前后土壤性质对比

检测项目	修复前	修复后
pH 值	2～3	7～9
有效态锌/(mg/kg)	200～300	5～10
有效态铜/(mg/kg)	200～400	2～5
有效态镉/(mg/kg)	0.5～2	0.01～0.03

7. 现场采样分析

现场采集拦泥坝废水、拦泥坝周边土壤等样品，完成现场指标(水体 pH 值、氧化还原电位、溶解氧等)的测定后，取部分水样带回实验室测定重金属指标，土壤样品带回实验室分析重金属含量及土壤理化性质指标。具体采样、测定方法参见本书第 1 章相关内容。

4.2　凡口铅锌矿尾矿库生态修复工程

凡口铅锌矿位于仁化县西南部的董塘镇境内，距韶关市 48 km，矿区公路与省道 246 线相接，矿内铁路与京广线相连，矿区面积约 6.07 km^2。凡口铅锌矿是目前亚洲单一铅锌产能最大的矿山，隶属于深圳市中金岭南有色金属股份有限公司，其是集采、选于一体的综合性企业。矿山资源丰富，品位高，储量大。矿区于 1958 年建矿，1968 年正式投产，矿山原设计规模为日处理铅锌矿石 3000 吨，年产铅锌金属量 12 万吨。2002 年形成日处理铅锌矿石 4500 吨、年产 15 万吨铅锌金属量的生产能力。2009 年 18 万吨扩产技改后，形成日处理铅锌矿石 5500 吨、年产 18 万吨铅锌金属量的生产能力。

本实习点参观地为 2 号尾矿库(黄子塘库区)生态修复工程和 3 号尾矿库(暖坑尾矿库)的库坝。在该实习点，通过知识点讲解、现场调查和小组讨论调研，学生将重点理解和掌握生态恢复理论、凡口铅锌矿尾矿库基本情况、凡口尾矿生态修复工程和工矿废弃地整治情况的相关内容。

4.2.1　实习路线

参观完大宝山李屋拦泥库实习点后，驱车前往该实习点，参观时间约 2 h。

4.2.2　实习内容

1. 凡口铅锌矿区基本情况

1）地理位置、气候

凡口铅锌矿位于仁化县董塘镇境内。董塘盆地位于锦江中游的董塘河流域，面积约 50 km²，是仁化县西南的一部分。

据仁化县气象站观测资料，当地年平均气温为 19.6 ℃，7 月气温最高，极端最高气温为 40 ℃，1 月气温最低，极端最低气温为 −5.4 ℃；年平均降雨量为 1665 mm，雨量集中在 3—9 月，5—6 月最大，约占全年的 36%，秋冬雨量较少，常出现秋旱。矿区所在地年度内无明显主导风向，冬季多为西北风，风速相对较小；夏季多为东南风，风速相对较大。

2）土壤及地质地貌

董塘镇整个地形为四面山地，中间小盆地。墟镇位于盆地中央，北面靠山，南面平缓，地势北高南低。凡口铅锌矿所在地仁化县地处南岭山脉南麓，属大庾岭的两条分支，地形复杂。该地区地势大体北高南低，地形复杂，以山地丘陵为主，丘陵总体走向为东南向，周围山地一般海拔为 200～500 m，相对高差 130 m。其中海拔 100 m 以下的丘陵占全县总面积的 79.74%，小平原占 10%，最高海拔为 645 m(南部 11 km 的巴寨)。

矿区区域内土地肥沃，以种植水稻为主，兼有花生、黄豆、薯类等。土壤为红土壤略带紫色，偏酸性，有机质含量为 3%～4%。

3）矿产资源

矿区内地层发育构造复杂，造就了该区丰富的矿产资源，矿石品位高，是目前中国已探明的地质储量最大的铅锌矿山之一，也是东南亚最大的铅锌矿产基地，矿山为铅锌银镓锗矿，为典型的硫化矿，是中国重要的重工业和信息工业的原料基地。

4）水系

周边水系发达，但都属小溪流，平时水流量较小，受降雨影响较大。该区水系整体属北江一级支流的锦江水系。董塘河上游支流较多，汇水面积较大。

锦江是仁化县最大的河流，源于县境内的北部山区，自北往南流经县城，汇水面积 1467 km²，全长 108 km，水量丰富，受季节影响较大，枯水期和丰水期的流量变化为 19.0～68.2 m³/s，多年平均流量为 45.1 m³/s，年平均水深为 0.901 m。

董塘镇内有两大水库，即澌溪水库和赤石迳水库，其中赤石迳水库库容量为 1.2×10^{8} m³，土坝高达 30 m。浙溪水库库容量为 1.2×10^{7} m^3。镇内有董塘河横贯东西，主要起防洪与灌溉作用。当地农业用水已建有完整的引水灌溉系统，引用赤石迳水库水灌溉。凡口矿、中金岭南丹霞冶炼厂废水处理后由专用的排水渠排入凡口河、董塘河，沿途无取水点，不影响农业用水。

5）植被

周边区域内植被覆盖率高，植物资源丰富，由常绿人工松树林、竹木混杂林、灌木草丛及农田作物群落构成人工植被，北部山区为人工松树林、竹木混杂林等，人迹罕至。山区南部为灌木草丛及农田作物，道路两侧多为桉树、榕树、樟树。有常绿阔叶、针叶乔木、灌木等，有 81 科 188 属 478 种。

2. 凡口铅锌矿区尾矿库情况

1）尾矿库整体情况

尾矿库区位于选厂东南方向约 10 km 处暖坑人字形山谷中。库区由老鸭山、黄子塘、暖坑三个自然山谷组成，库区地势北高南低、西高东低。2012 年扩容并库后，尾矿库的总库容为 1.8×10^{7} m^3，有效库容为 1.5×10^{7} m^3。总汇水面积 3.98 km^2，属三等库，中、后期按 500 年一遇洪水设防，分 1 号、2 号和 3 号三个尾矿库，其中 1 号、2 号尾矿库已停止使用，3 号尾矿库目前仍在使用。尾矿库整体情况见彩图 4-7。

1 号尾矿库（1＃库）为老鸦山背尾矿库，库址位于选厂东南方向约 10 km 处的老鸦山背，是凡口矿的第一个尾矿库。1 号尾矿库于 1968 年投入使用，1976 年停用。最终占地面积为 0.072 km^2，设计总库容为 5.6×10^{5} m^3，已堆存库容为 5.6×10^{5} m^3。库矿含铅锌 1.6%，含硫 25%。1 号尾矿库现全部有植被覆盖，在尾矿上种植宽叶香蒲。此外，该库区采用明渠、涵管的方式，将该区洪水排往下游。

2 号尾矿库（2＃库）为黄子塘尾矿库，库址位于 1 号尾矿库以北约 1 km 处山谷，与 1 号尾矿库背山而建，是凡口矿的第二个尾矿库。2 号尾矿库于 1976 年投入使用，1990 年考虑到新库尚未建成，根据选厂生产需要，设计加高主坝扩容尾矿库，加高后总库容约为 2.6×10^{6} m^3，总坝高 31 m，属四等库，并于 1996 年停止使用。2 号尾矿库现全部有植被覆盖，在尾矿上种植宽叶香蒲（彩图 4-8）。该区排洪系统采用断面为梯形的溢洪道，分布在 2 号副坝（2＃副坝）右岸山林，总体长度约为 234.7 m，将该区洪水排往下游 3 号库区。

3 号尾矿库（3＃库）位于 2 号尾矿库正南面直线距离约 1 km 处山沟，全名为暖坑尾矿库，1992 年 3 月开始设计，建坝两座，即上游坝（1＃）和下游坝（2＃），两座尾矿坝相距约 1.28 km，1997 年 1 月投入使用，尾矿库总库容约为 7.9×10^{6} m^3，有效库容约 6.3×10^{6} m^3，属四等库，汇水面积为 3.98 km^2，主要构筑物由基本坝和排洪系统组成。

2）尾矿库库坝及排洪系统

尾矿库由 1＃坝，2＃坝、3 座副坝和 1＃老鸭山内坝、2＃黄子塘内坝组成。其中，1＃坝在 3 号尾矿库的上游，坝型为碾压一次性土坝。

库区库外排洪系统由 1＃隧洞和库区截洪沟组成，1＃隧洞纵贯库区西岸低山区，断面形式为半圆拱直墙型，全长约为 1430 m。库区截洪沟总长度约为 7932 m。

库区库内排洪系统由排水斜槽、连接井、2＃排水隧洞和两条泄洪隧洞组成。排水斜槽长度约 35 m。连接井位于 2＃坝左岸沟谷，连接井连接排水斜槽和 2＃隧洞。2＃隧洞由北向南贯穿 2＃坝左肩，长度约 180 m。

尾矿库安全监测系统设计采用在线自动观测系统，全面观测坝体位移、浸润线、水位、干滩、库区运行情况等,为尾矿库及时预警提供可靠保障。

3) 尾矿库扩容并库工程

2012 年,为了加强尾矿库的安全管理和延长尾矿库服务年限,凡口铅锌矿对尾矿库实施了扩容及并库Ⅰ期工程,主要是将 3#库的 1#坝和 2#坝进行加高,加高至标高 127 m,新增库容 5.7×10^{6} m^{3},新增尾矿库面积 3.0×10^{5} m^{2}。Ⅰ期工程完成后,3#库等级由四等提升为三等,尾矿库防洪标准按 500 年一遇洪水设防。扩容后,排污水总量不变,增加了污水停留时间。扩容后,库区周边也种植了高大的乔木,以提高扩容项目与周边环境景观的协调性。

规划的Ⅱ期工程是对 3#库的 1#、2#坝加高至 136 m,总坝高 42 m,总库容 2.4×10^{7} m^{3},有效库容约 2.0×10^{7} m^{3},新增库容 7.5×10^{6} m^{3},尾矿库等级为三等。

由于 3 号尾矿库库区本质上包括 1 号尾矿库和 2 号尾矿库库区,3 个尾矿库满足并库条件,Ⅰ、Ⅱ期工程完工后,随着库面水位升高,将实现并库。

4) 尾矿水污染物排放情况

丹霞山地质公园在尾矿坝以南,尾矿坝最近点距丹霞山地质公园边界约 1.1 km,距外围环境保护带边界约 0.5 km。凡口矿最终纳污水体——锦江由丹霞山地质公园中部由北向南穿过。

尾矿坝废水主要污染因子有 pH 值、SS(悬浮物)、COD_{Cr}(化学需氧量)、石油类、As、Pb、Zn;尾矿库外排废水主要特征污染物为有机物、硫化物、重金属离子,扩容后进库选矿废水停留时间延长,对有机物、硫化物有较大影响。因此尾矿坝废水主要污染物为 Pb、Zn、As、COD_{Cr}。产生重金属污染的原因有两种:①微小颗粒的矿物(悬浮物),一些甚至呈胶体状态,是以矿物形式存在,在各废水库中占主要成分,一般通过沉淀可以去除;②矿石中溶出的重金属,凡口铅锌矿石属于典型的硫化矿,在发生表面氧化的情况下,会有微量重金属离子溶于水。此外,铅锌矿浮选中加入浮选药剂(有机浮选药剂是 COD_{Cr} 的主要来源),也会有部分金属随尾矿水排入尾矿坝。酸碱污染源自铅锌矿浮选加入的矿浆调整剂——石灰(选矿过程加入石灰抑制硫化铁矿物的析出)。

选矿废水排入尾矿坑后,以沉淀的方式处理,部分有机物和硫化物在库内经一定时间停留后降解或被氧化。经过相关部门监测,确保废水最终达标排放。

3. 矿山废弃地生态恢复的原理

生态恢复是运用生态学原理和系统科学的方法,把现代化技术与传统的方法通过合理的投入和时空的巧妙结合,使生态系统保持良性的物质、能量循环,从而实现人与自然的协调发展。

具体恢复过程运用了以下原理和理论:生态位原理、限制因子原理、热力学定律、植物入侵原理、生物多样性理论、生态适应性理论、种群密度制约及分布格局原理、生物与环境的协同进化原理、生态原理等。

金属矿山废弃地包括尾矿库、排土场、废石堆、露采场、污染土地和塌陷地等。矿山废弃地生态恢复是指运用恢复生态学理论将受损生态系统恢复到接近于采矿前的自然状态,或重建成对人类有某种有益用途的状态,或修复成与周围环境(景观)相协调的其他状态。它强调的是一个动态过程,而不单是过程的结果。几乎在所有的情况下,开采活动的干扰都超过了开采前生态系统的恢复力承受限度,若任由采矿废弃地依靠自然演替(natural succession)恢复,可能需要 100～1000 年。尤其是金属矿开采后的废弃地(如尾矿库),其表面形成极端的生态环境，自然条件下植物几乎无法定居。因此人工协助恢复在绝大多数情况下是十分必要的。就生态恢复实践而言，金属矿山废弃地生态恢复实践有以下几种。

1）矿山废弃地复垦

复垦，是指对被破坏或退化的土地的再生利用及其生态系统恢复的综合性技术过程。早在 20 世纪 20 年代，国外煤矿开采就开始致力于矿区土地复垦和生态恢复方面的研究，但是矿山废弃地土地复垦和生态恢复成为环境科学研究的热点领域也不过 40 年左右，其中历史较久、规模较大、成效较好的有德国、澳大利亚、美国、英国。我国古代采石场恢复实践历史悠久，浙江绍兴东湖历经 2000 年开采，在清代经过长期改造后形成国内外享有盛誉的风景旅游胜地，在世界矿山废弃地恢复史上占有显著地位。我国金属矿山废弃地大规模有组织的复垦工作起步较晚，学者何书金和苏光全筛选出了影响矿山废弃地复垦潜力的自然和社会经济条件方面的 4 类 14 个亚类因子，并划分为 6 个等级，为全国矿山废弃地复垦潜力的评价及矿山废弃地的有效合理利用提供了参考。2000 年以来，我国土地复垦工作进展迅速，某些地区复垦率迅速上升，比如，安徽淮北矿山废弃地复垦率上升到 50%。

2）土壤重构

矿山废弃地生态恢复的关键问题就是土壤基质的重构，只有土壤的团粒结构、酸碱度和持水保肥能力得到相应的修复，生物修复才能进行。土壤重构以工矿区破坏土地的土壤修复和重建为目的，综合利用工程措施及物理、化学、生物、生态措施，重新构造适宜的土壤剖面和理化性质。

(1) 物理改良。矿山废弃地物理改良措施包括排土、换土、去表土、客土与深耕翻土等方法，可根据矿区具体条件、经费和修复目标选取不同的方法。地表扰动前将土壤分层取走保存，这样土壤的物理结构、营养元素以及土壤中的植物种子库及土壤微生物、土壤动物等受到的影响最小，待工程结束后再将土壤分层运回原处加以利用。这一方法已是当前矿山环境保护的标准程序。土壤结构是指土壤颗粒的排列与组合形式及不同深度的土层中土壤颗粒的大小。松散的土壤结构对植物的根系生长非常重要，植物在熔块状土壤基质中可以使其根系在纵向与横向充分渗透，从而获得足够的水分和养分。土壤结构的松散和紧密程度可以通过替换表层土壤得以实现。矿山废弃地的土壤比较紧实，生物修复前应当通过深耕翻土改变土壤密度与团粒结构，之后才可以采用剥离、粉碎、固定、灌溉的方法进行土壤化学性质和肥力的改良。如果废弃地污染严重、土层过薄，甚至部分废弃地完全没有土壤层，在废弃地上覆盖客土成为必需步骤。客土法的关键在于寻找土源和确定覆盖的厚度与方式。

(2) 化学改良。化学改良包括对土壤酸碱性、营养物质等进行的改良。多数矿山废弃地存在酸、碱化倾向。因此，对于碱性废弃地，宜采用 $FeSO_4$ 及硫酸氢盐等物质来改善。$CaSO_4$ 可以将土壤中的钠离子替换成钙离子减轻土壤盐碱化程度，从而增强土壤中水的渗透能力，改善土壤基质。对于酸性废弃地，可向土壤中投放生石灰或碳酸盐中和。重金属氢氧化物溶解度仅次于硫化物，土壤中加入石灰可使重金属形成氢氧化物，同时 pH 值的升高，引发钙离子与重金属离子共沉淀现象，有效地降低土壤中重金属的移动性以及它们在植物体内的富集。此外，有机物例如木屑、堆肥、绿色垃圾、粪肥和有机污泥都能提高土壤的 pH 值，并且可以改善土壤结构，提高土壤持水能力和阳离子交换能力。在废弃地上铺盖厚 20 cm 的垃圾及 20 kg/m^2 的石灰，可以有效防止尾矿酸化，Ca^{2+} 的存在可以缓和重金属阳离子毒性。

大部分矿山废弃地缺乏 N、P、K 和有机质等营养物质，它们是植物生长的主要限制因子之一。用于农业或其他集约使用的土地复垦区域一般都需要对土地肥力进行维护。木屑可以提高树木、非禾本草本植物和灌木的存活率。通过应用含氮的木屑可以增加土壤肥料如 N、P、K 或石灰的作用。大部分植物或土壤生物群落所需要的氮素来自生物固氮以及随后的有机氮的矿化。城市污泥是城市污水处理厂在污水处理过程中产生的固体废物，由于城市污泥除了含有丰富的 N、P、K 和有机质外，还具有较强的黏性、持水性和保水性等物理性质，因此是矿区土壤复垦中良好的填充物。

有机碳为土壤微生物提供了新陈代谢的能量来源。微生物通过与寄主植物建立的共生关系或通过动植物在土壤中分解、腐烂而获得有机碳。通过对土壤补充树皮或者黑麦草可以为土壤细菌提供充足的有机碳从而促进它的新陈代谢，能增加土壤的水分和有机碳以及 N、P、K 含量。

(3) 生物恢复。生物修复指利用植物、土壤动物和土壤微生物的生命活动及其代谢产物改变土壤物理结构、化学性质，并增强土壤肥力的过程。生物修复兼具降解、吸收或富集受污染土壤和水体中污染物质的能力。土壤的物理改良和化学改良投资巨大，不能改变原有景观的丑陋面貌。生物修复投资小，能够同时改变大气、水体和土壤的环境质量，减轻污染对人体健康的危害，并且可能同时展开农林开发，具有一定的经济优势。依据参与修复的类型，可划分为植物修复、土壤动物修复、微生物修复和菌根生物修复。

豆科植物能够与根瘤菌共生，可将大气中的氮气转化为氮素固定到土壤中。相关研究表明，豆科植物能生长于污染土壤并进行有效的固氮作用，使土壤中的氮积累大幅度提高，特别是一些有根瘤和茎瘤的一年生豆科植物，能耐受有毒金属和低营养水平，是理想的先锋植物。另外一些非豆科树种也具有固氮能力，包括沙棘、杨梅和马桑。

土壤动物在改良土壤结构、增加土壤肥力和分解枯枝落叶、促进营养物质的生物小循环方面起着不可替代的作用。作为生态系统食物链中不可缺少的组分，土壤动物扮演着初级消费者和分解者的重要角色，是食物链的基础。植被恢复取得阶段性进展后，可在土壤中培养某些低等动物。土壤动物的活动可以改善土壤的物理结构，增加孔隙度。蚯蚓还可以富集重金属，采用电击、灌水的方法驱出蚯蚓集中处理，可降低土壤中重金属的含量，从而达到矿山废弃地土地复垦和生态恢复的双重目的。

微生物改良技术是利用微生物的接种优势，向新建植的植物根部接种微生物，使失去土壤微生物活性的矿山废弃地土壤重新建立和恢复土壤微生物体系，增加土壤活性，加速土壤改良，促进生土向熟土转化，从而缩短复垦周期。目前微生物肥料已在复垦土壤培肥中得到工业化应用。

菌根生物修复方面，植物与固氮菌、菌根真菌或专性、非专性降解菌群的协同作用，将增加对污染物的吸收和降解。比如，银合欢(*Leucaena leucocephala*)根部接种根瘤菌可以促进固氮根瘤菌的形成，进而刺激植物根系的发育，促进根对污染物的吸收和降解。

此外，近年来利用植物来稳定或提取矿区土壤中的重金属，为矿区土壤生态修复提供了新的途径。超富集植物不但对重金属环境具有很强的适应能力，而且体内所富集的重金属浓度是其他植物的几十乃至上百倍，我国常见的超富集植物有东南景天(*Sedum alfredii*)、蜈蚣凤尾蕨(*Pteris vittata*)、商陆(*Phytolacca acinosa*)等。

生态系统是一个各因子相互关联的系统，因此，生态恢复过程中多手段融合效果比单一技术更好。比如，植物修复耦合微生物肥料的施肥措施能够改良或培肥土壤基质，提高植物修复效果。

4.2 号尾矿库(黄子塘库区)修复工程

由上述生态恢复的理论介绍可知,基质改良和植被重建两大部分是尾矿库废弃地生态恢复的核心内容。

尾矿库废弃地常表现为表面高温、高重金属毒性以及营养元素严重匮乏,特别是尾矿库废弃地往往还具有极端的酸性,这些不利植物生长的条件都限制生态恢复在尾矿库废弃地中的应用。凡口尾矿修复实验前,对照和尾砂区土壤 pH 值均为 2.4 左右,属于强酸性土壤。在酸性条件下,大量的重金属离子和毒性盐进入土壤,会影响土壤微生物和土壤酶活性,进而影响植物根系对营养和水分的吸收;且土壤的高 EC(电导率)值显示出土壤中存在高浓度的游离离子,干旱时易导致土壤板结,而降雨时酸性物质和盐极易溶解,可强烈抑制植物定居和生长,极其不适宜普通植物生存。因此选择合适的土壤改良基质和植被是矿区生态恢复的核心问题。

植被重建是矿业废弃地生态恢复的核心,在矿业废弃地的表面覆盖植物层能够起到控制重金属污染,减少对人类健康威胁的作用。然而,植被重建并不仅仅是在矿业废弃地里种上植物这么简单,而是需要建立起一个自维持的稳定的植被系统。因此,筛选能够在这种土壤条件下生长繁殖的植物种类是关系到整个植被重建过程成功与否的关键步骤。黑麦草、高羊茅、斑茅、苎麻、紫苜蓿、白车轴草在尾矿库废弃地试验区占主要优势。禾本科和豆科植物由于它们对于寡营养环境的适应和较快的生长速度,成为先锋植物的良好选择。并且,多年生的豆科植物能够与根瘤菌互生,通过固定大气中的 N_2 促进氮素累积,逐渐改善尾矿原有的营养匮乏状态。苎麻,又名中国草,是荨麻科多年生半灌木,它具有抗逆性强、生长迅速、根系发达等特点,是一种 Cd 重金属耐性植物,对 Cd、As、Pb、Sb 等重金属复合污染土壤也有一定的耐性。矿业废弃地的重金属离子含量通常较高,而重金属耐性植物不仅能够耐重金属毒性,同时还能适应矿业废弃地的极端恶劣的环境,因而在矿业废弃地的生态恢复中也得到了广泛应用。另外,从统计的植物种类数目来看,修复后生长出的植物种类明显高于用于修复时种植的袋苗及种子种类数目,并且有一些未曾播种的植物种类。这些多出来的植物种类大多是土壤种子库所带来的。土壤种子库含有大量的植物种子,并且多为植物系统演替中的先锋物种和乡土种,对于极端恶劣的生长环境具有较强的适应能力。在植被重建过程中施加一些土壤种子库,对于提升植被系统建立的成功率和增加植物种类组成具有较好的效果。张志权等在广东省乐昌铅锌矿尾矿库进行土壤种子库研究,发现尾矿地表层 20 cm 翻耕后施用复合颗粒肥,再铺放 8 cm 厚度的表土,一年后能够形成较好的植被。

中山大学在 1984—1986 年的研究中发现凡口铅锌矿充填坝废水净化塘生长着一小片宽叶香蒲(*Typha latifolia*),它能在高浓度的铅锌废水中生长良好,并有吸收铅、锌等重金属的能力。因此可以将香蒲作为湿地试验的主体净化植物。

凡口尾矿库生态恢复Ⅰ期工程开始于 2016 年 9 月 13 日,竣工于 2017 年 8 月 31 日。工程采用生物修复为主、化学物理修复为辅的综合治理技术——“原位基质改良+直接植被”和在尾矿上直接种植高耐酸性植物技术,对 2 号尾矿库(黄子塘库区)库区 0.13 km^2(A 地块 0.067 km^2 旱地,B 地块 0.067 km^2 湿地)土地进行了植被恢复。该工程主要包括设置库区排水沟,翻耕表土层、开垄状条沟进行整地,施加土壤改良剂(撒施调理剂和石灰)、土壤改良复合基质材料(覆盖营养土)、微生物菌剂进行土壤改良(施用微生物有机肥),种植先锋植物(香蒲、高羊茅、黑麦草等),撒播种子及土壤种子库,覆盖材料,养护管理(彩图 4-9 至彩图 4-12)。

工程竣工后,该库区建立了免维护、不退化、植被覆盖率 85%以上的生态系统,治理区内土壤中形成微生物群落,实现了生物多样化。工程实施后,对美化尾矿库库区环境,防止扬尘污染和水土流失，保持尾矿库的安全稳定具有重要作用。

5. 凡口铅锌矿的“三位一体”综合生态修复模式

凡口铅锌矿在早期的开采中引起了一些生态环境问题，主要是浅部疏干排水导致地下水位下降，尾矿搁置损毁水土资源，废石尾砂堆存影响地形地貌景观等。2009 年以来，凡口铅锌矿历时 10 余年，采取了地上地下同时进行的系列措施对矿山生态环境进行系统修复和综合治理。具体来说，是采用了地上建矿山公园、地下建帷幕坝截流治水、尾矿库建生态湿地公园的“三位一体”综合生态修复模式。

一是建成了“广东凡口国家矿山公园”。该公园将部分工矿废弃地及地表变形区建设成集休憩、游览、科普于一体的矿山公园主碑广场和博物馆(彩图 4-13、彩图 4-14)，因地制宜将采矿挖损和废石堆积的旧矿坑整治成生态游览区(彩图 4-15)。该公园不仅为社区居民提供了休憩、游览和科普的良好场所，提升了周边环境品质，提高了社区居民的幸福感，社会效益明显，而且开发了优质矿业遗迹资源，为韶关旅游资源注入独特的工业旅游元素。目前正在建设国家 AAA 级旅游景区，与丹霞山世界地质公园、石塘双峰寨等景区串联形成特色旅游线路。

二是成功实施了帷幕注浆截流工程。历时 9 年建成地下截水坝体 1698 m，基本消除因井下开采排水对地表生态的影响。工程实施后，含水层地下水位恢复，有效消减地质灾害，有效保护耕地资源和地表建构筑物安全，保障矿体安全开采。井下水每年减排 700 多万吨，大幅降低排水成本的同时保护水土环境，节能减排效益和生态效益十分显著；保障了浅部 530 多万吨、价值 150 多亿元的优质矿石的安全开采，经济效益十分显著。

三是实施尾矿库清污分流和生态恢复工程。通过低成本改良富含重金属和强酸性水的尾砂，种植植物，形成稳定的自行繁衍的植物群落。工程已实施二期(即上述提到的 2 号尾矿库修复工程)，第三期生态恢复工程将通过“生态浮床”等技术将库区淤泥滩面和水面建成生态湿地公园，使其成为丹霞山景区的重要组成部分。

6. 现场采样

现场采集尾矿库内水样、底泥样品或周边土壤样品，对比分析尾矿库上游和下游的水质及底泥指标；采集修复对照区和修复区的土壤样品，对比修复前后土壤指标。现场测定水体 pH 值、氧化还原电位、溶解氧等，底泥或土壤样品带回实验室分析重金属含量及土壤理化性质指标。具体采样方法参见第 1 章。

4.3　惠州西湖水体原位生态修复工程

4.3.1　惠州西湖概况

惠州西湖风景名胜区(图 4-1)位于惠州市市区，其西面和南面群山环抱，北依东江，是惠州山水城市的重要组成部分。惠州西湖由西湖景区和红花湖景区组成，是国家级风景名胜区，以素雅天成和幽深曲折的山水为特征，以悠久历史和深厚文化为底蕴，集观光览胜、休闲健身、科普教育等功能于一体。惠州西湖自形成至今已有 1600 多年的历史，有“大中国西湖三十六，唯惠州足并杭州”的记载，有“苎萝西子”之美誉，现以“六湖九桥十八景”著称。

惠州西湖风景名胜区地处广东省东南部惠州市惠城中心区，总面积为 20.91 km^2，其中水域面积为 3.13km^2，湖水深浅不一，平均 1.5 m 左右，最深达 3～4 m。西湖景区由六湖构成，其中平湖、丰湖、南湖、菱湖、鳄湖面积分别为 0.57 km^2、0.34 km^2、0.21 km^2、0.21 km^2、

0.19 km^2，而红花湖由红花湖水库、大石壁水库、东西入口公园组成，库区水面面积为 1.62 km^2，库容 1.9×10^7 km^3，集雨面积为 6.85 km^2。西湖原是横嵯、天螺、水帘、榜山等山川水入江冲刷出来的洼地，西枝江改道后的河床遂成为湖。经过几次调整和大的改造后惠州西湖风景名胜区自然布局甚佳，其特色是山川透邃、曲径通幽、浮州四起、青山似黛。2002 年 5 月，被评为国家级重点风景名胜区。2018 年 10 月，惠州西湖风景名胜区被正式授予国家 AAAAA 级景区牌匾。

图 4-1　惠州西湖

4.3.2　实习内容

现场参观未修复湖区和生态修复湖区（彩图 4-16），了解惠州西湖生态修复工程，让学生实地感受生态修复的魅力。对生态修复原理及工艺流程等进行讲解，同时现场进行水样、底泥的采样测定。要求学生掌握湖泊生态修复工程、湖泊生态系统重建的方法、手段等，并对湖泊生态修复工程的类型、施工工艺、设计要求、技术管理等有一个初步的认识与了解。

1. 采样地点

现场对惠州西湖未修复和修复湖泊水质进行采样调查，水质调查以氮、磷等营养性污染物为中心，开展多指标分析测定。

采样点分别布设在丰湖、平湖、南湖、菱湖、鳄湖、红花湖等子湖内，六个子湖的平面分布图如图 4-2 所示。

1）丰湖

丰湖是位于平湖以南、南湖以北的一片水面及其周边区域，总面积 1.12 km^2，其中水域面积 0.335 km^2。

2）平湖

平湖位于景区北部，总面积 0.80 km^2，其中水域面积 0.57 km^2。湖区群山环碧，湖光山色与楼台亭榭交相辉映。东连市区府城，西至菱湖、鳄湖，南至苏堤与丰湖连接，北与东江相通。

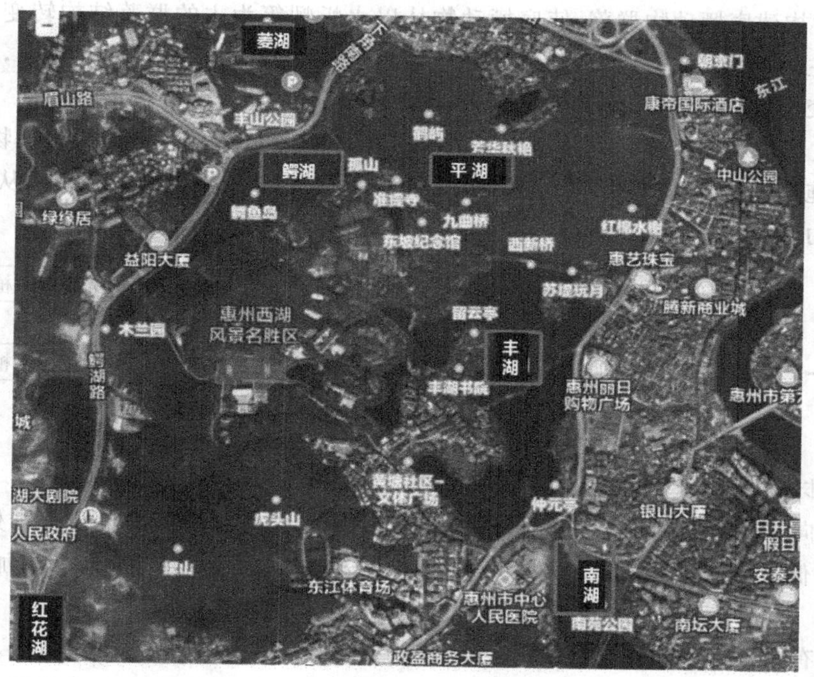

图 4-2　惠州西湖六个子湖平面分布图

3）南湖

南湖位于丰湖东南部，总面积 0.34 km^2，其中水域面积 0.21 km^2。湖区东枕长寿路，西衔飞鹅岭，南连市一中，北接丰湖圆通桥。

4）菱湖

菱湖位于平湖西北部、犹龙山东麓，因古时盛产菱角而得名。总面积 0.70 km^2，其中水域面积 0.21 km^2。

5）鳄湖

鳄湖位于平湖西南部，因古代多鳄鱼而得名。西南接红花湖景区，总面积 1.28 km^2，其中水域面积 0.19 km^2。

6）红花湖

红花湖位于西湖景区西南部，原为惠州西湖三大水源之一"水帘水"的发源地，1991 年筑坝成湖，以湖区最高峰红花嶂命名红花湖。总面积 16.69 km^2，其中水域面积 1.62 km^2。

2. 惠州西湖水质生态恢复与重建技术

惠州西湖采用自然生态恢复的方式，以修复、重建生态系统结构为核心，通过基础条件改善和功能群配置，利用生态学原理按一定结构重建水生植物群落、鱼类群落与底栖动物群落等，形成完整、健康的食物网，从而形成具有良好生态循环的生态系统，恢复湖泊系统的健康状态，具体措施如下。

(1) 通过重建水生植物群落，提高系统对浮游植物和沉积物再悬浮的抑制能力。使水体从以浮游植物为优势生产者的系统转变为以沉水植物、底栖藻类为优势生产者的系统。既可提高水体透明度，又可抑制沉积物中污染物释放，并吸收转化其中的污染物，降低水中污染物浓度。

(2) 通过构建底栖动物群落，使底栖动物从以水蚯蚓等为主的群落结构转变到以滤食和刮食动物为主的群落结构，控制浮游植物和附着植物，降低其对沉水植物的影响，控制沉积物与水的物质交换过程，促进沉水植被的发展，增强系统的稳定性。

(3) 通过收割水生植物和收获鱼类等水生动物，直接移除水体中的各种污染物。

这些措施可优化新建立的湖泊生态系统，使得其生态系统结构合理和稳定，从而具备较强的抗冲击能力(图 4-3)。

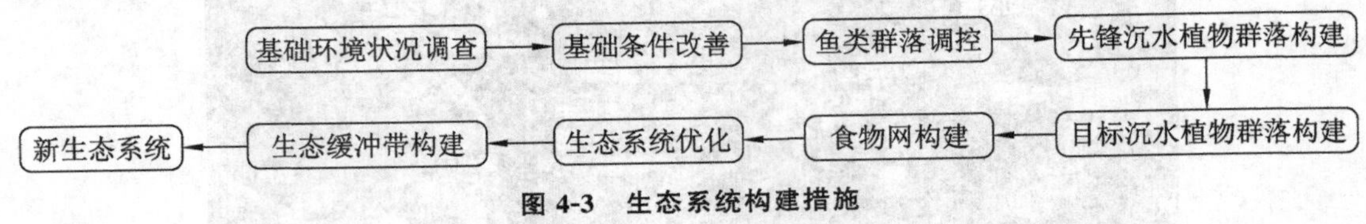

图 4-3　生态系统构建措施

具体的步骤为：

① 前期向惠州西湖内投加高效水质净化剂，对水体中原有的污染负荷进行处置，增加水体透明度，降低水体泥水界面营养元素的交换速率，使营养负荷得以钝化、固化，加速悬浮物的改性。

② 施放有益微生物和光合细菌、轮虫，放养一定数量的滤食性鱼类和观赏鱼。

③ 加快营造水体植被体系，以降低水体营养水平和维持或增加水体透明度，同时根据湖水生物生产力水平，放养少量的草食性鱼类(当水生植被体系完全建立时)，以达到控制水体中藻类浓度和消耗部分水草，减少水草病虫害的目的。

生态修复工程的关键：一定要控制好悬浮物、藻类、轮虫、鱼类、植物等之间的生态关系。

生态修复流程如图 4-4 所示。

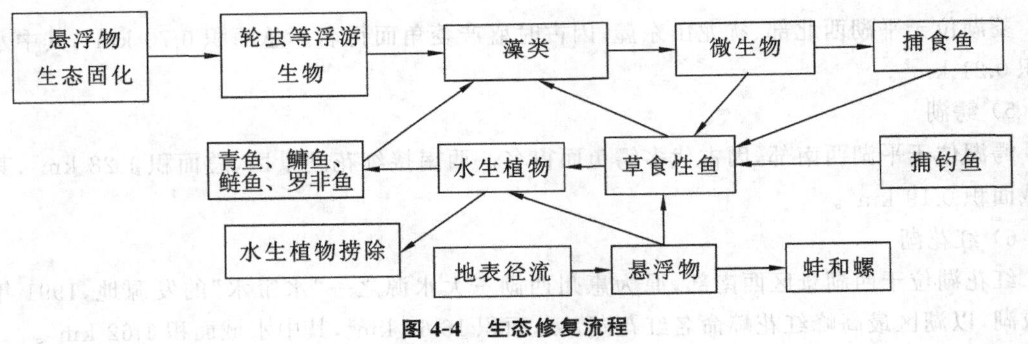

图 4-4　生态修复流程

3. 湖水净化工程

惠州西湖地表水一般都是Ⅴ类水质，对湖水的生态系统造成严重破坏。主要原因是空气中的污染物(如悬浮物和酸雨)和绿化树叶上吸附的污染物被雨水冲刷以后流入湖中，会污染湖水。西湖景区会根据天气预报，在下雨前，疏通雨水收集管道，尽量采用雨水排水系统，雨水经截留井截留后排入处理池进行处理。西湖景区主要采用挺水植物修复工程、沉水植物修复工程以及浮水植物修复工程，对流入惠州西湖的面源污染物和内源污染物进行处理。

1) 挺水植物修复工程

挺水植物是水生植物的主要组成部分，能给许多其他生物提供生境，增加生态系统的多样性和稳定性;挺水植物根系发达,通过根系向沉积物输送氧气,可改善沉积物氧化还原条件,减少磷等营养盐的释放,同时,挺水植物可固定湖泊沉积物,减少沉积物再悬浮,吸收营养盐,增加水体的净化能力;沿惠州西湖岸边的浅水区种植挺水植物,分片种植,每片一个品种或多个品种间作,根据湖岸的形状设计成不同形状的挺水植物带,形成多片不同植被的湿地景观。惠州西湖种植的主要挺水植物有芦苇、荷花、香蒲、黄菖蒲(彩图 4-17)等。

2) 沉水植物修复工程

沉水植物在湖泊中分步较广、生物量较大,可称为浅水湖泊生态系统的主要初级生产者,也是湖泊从浮游植物为优势的浑水态转换为以大型植物为优势的清水态的关键。沉水植物对湖泊中氮、磷等污染物有较高的净化率,可固定沉积物、减少再悬浮,降低湖泊的内源负荷,为附着生物提供载体,为浮游动物提供避难所,从而增强生态系统的稳定性和自净能力。惠州西湖是相对封闭的水体,在此湖中构建沉水植被,可达到利用沉水植物修复受污染水体的目的。种植的 5 种沉水植物为金鱼藻、苦草、黑藻、马来眼子菜,狐尾藻,分片种植,每片一个品种,高低错落有致,重建五片绿色"水下森林"(彩图 4-18、彩图 4-19、彩图 4-20)。

3) 浮水植物修复工程

浮水植物也是水生植物的主要组成部分,尤其是风浪较小的湖泊,覆盖度较大。浮水植物可以增加水生态系统的自净能力、控制浮游植物的发展。许多种类还是价值较高的观赏性植物,如睡莲。由于浮游植物叶子浮在水面进行光合作用,因此对水体透明度的要求较低,可作为富营养化水体水生植被构建的先锋,用以控制浮游植物、改善水体透明度,为其他水生植物恢复创造条件。惠州西湖很多水面种植了睡莲,一来其具有较高的观赏价值,二来它可以对水体富营养化起到一定的控制作用。

4) 阿科曼生态基的利用

惠州西湖将生态性水处理的高科技材料阿科曼生态基(微生物载体)应用于水体修复,取得了良好的效果。阿科曼生态基的特点如下。

(1) 高生物附着表面积。每平方米阿科曼生态基,最高可以为水中微生物和藻类等的生长、繁殖提供约 250 m^2 的生物附着表面积,从而满足阿科曼生物膜高效微生物群落生长的基础条件。

(2) 适宜的孔结构。阿科曼材料内部的孔结构通过尖端技术进行精心的设计和修饰,针对微生物的各种形态,设计了大小不同的微孔。阿科曼材料用生物友好的材料为微生物群体的繁衍提供了巨大的洞穴般的空间,为异养型细菌设计了微孔(1～5 μm),为藻类设计了大孔(80～350 μm),从而为实现微生物的多样性,并为建立高效水生态系统提供了最理想的条件。

(3) 阿科曼生态基采用超级编织技术,其结构形式有 SDF(表面安置型)和 BDF(底部放置型)两种。表面安置型生态基上部结构较为疏松,下部较为密实,上部的超级编织层——疏松的纤维编织结构可以最大限度地实现颗粒物的沉降,利于藻类生长繁殖、促进物种多样化。下部的超级编织层——密实的纤维编织结构可以由外及里形成理想的"好氧—兼性—厌氧"环境,实现高效的脱氮除磷、降解有机物,生物膜能自然脱落。底部放置型生态基一面编织较密实,另一面编织较疏松。疏松的设计有利于藻类的生长,密实的设计有利于细菌(如硝化和反硝化细菌)的生长。封闭式泡沫的核心在保持阿科曼生态基浮力的同时,给了它们水草一样的外观。完整的固定底座使阿科曼生态基能够被放置在水体中适当的位置。

4.4 松树岗村农村生活污水处理工程

4.4.1 新农村建设示范村——松树岗村

松树岗村位于博罗县长宁镇的西部，下辖 10 个村民小组，区域总面积约 6 km^2，现有耕地面积 2.19 km^2，户籍人口 2269 人。几年前，村子里还是污水横流，垃圾遍地。从 2014 年开始，村里开展了美丽乡村“清洁先行”“清水治污”“绿满家园”三大行动之后，村容村貌焕然一新，这样的变化让村民们认识到要像对待生命一样对待生态环境。经过几年的建设，松树岗村已成为广东省的第一个社会主义新农村建设示范村。走进松树岗村，随处可见社会主义核心价值观的字样，村委会办公大楼、草坪旁、行人走廊上，比比皆是。“打造生态文明乡村，构筑和谐幸福生活”的宣传栏十分醒目。这不仅为乡村风貌增添了一道靓丽的风景，还能推动村民接受核心价值观的熏陶。与此同时，干净整洁的村道、绿色葱郁的草坪、清澈见底的池水也让村民感受到生态环境改善后带来的好处。

博罗县长宁镇投入 2300 万元建成了人工湿地污水处理设施，污水处理能力达到 1 万吨/天。长宁镇 75%以上的生活污水通过管网收集，集中到该镇的生活污水处理厂处理。目前，该镇的生活污水处理厂配套污水处理管网约 3.5 km，污水收集处理量约 7500 吨/天。而长宁镇松树岗村人工湿地处理工程日处理能力为 200 m^3，将村里的雨水、污水都收集到人工湿地进行处理，经过厌氧、沉淀、湿地净化等多个程序，最终达标排放。村里污水横流的现象消失了，避免了污水直接排到鱼塘污染塘水，水环境得到了明显改善。

博罗县在新农村建设过程中，一直践行“绿水青山就是金山银山”的生态文明理念，特别注重在保住绿水青山的同时，解决农民增收问题。长宁镇打好生态牌，既美化乡村，又鼓了村民的“钱袋子”。松树岗村作为广东省的第一个社会主义新农村建设示范村，建有空中田园、花园式的生态污水处理管、花果基地等，重点发展了农家乐、民宿、企业＋农户生态立体种植等多种业态，让农民分享到新农村发展的成果。

4.4.2 实习内容

现场参观稳定塘、人工湿地等生态处理工程，使学生对污水生态处理工程的类型、工作原理、设计要求、技术管理等有一个初步认识，并了解其施工特点、施工方法、工艺流程，以及在污水处理方面的应用情况。其主要讲解内容如图 4-5 所示。

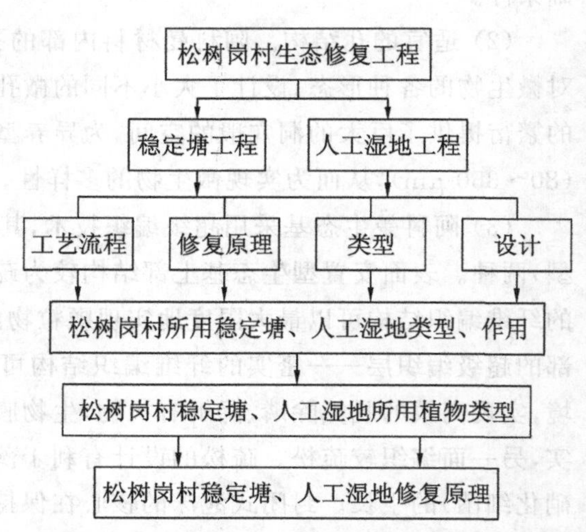

图 4-5 松树岗村生态修复工程讲解内容

1. 稳定塘生态修复工程

稳定塘又名氧化塘或生物塘，其对污水的净化过程与自然水体的自净过程相似，是一种利用天然净化能力处理污水的生物处理设施。它可应用于农村及城镇污水的处理，并可与其他工艺结合使用。

1）稳定塘的原理和类型

(1) 原理。稳定塘中有各种细菌、真菌、微型动物、水生植物和其他类型的微生物，它们主要通过6个方面对污水产生净化作用：塘水的稀释作用、沉淀和絮凝作用、好氧生物的代谢作用、厌氧生物的代谢作用、浮游生物的作用、水生维管束植物的作用。

(2) 类型。按照占优势的微生物种属和相应的生化反应，可分为好氧塘、兼性塘、曝气塘和厌氧塘4种类型。

2) 稳定塘的设计

稳定塘设计包括个数、面积、塘深、水力停留时间、污染负荷等方面的计算。

(1) 好氧塘工艺设计的主要内容是计算好氧塘的尺寸和个数。好氧塘多采用矩形，表面的长宽比为(3～4)∶1，一般以塘深的1/2处的面积作为计算塘面。好氧塘的数量一般不少于3座，规模很小时不少于2座。

(2) 兼性塘深为1.2～2.5 m，北方地区应考虑冰盖厚度及保护厚度，还有污泥层的厚度。污泥层厚度一般为0.3 m，保护厚度为0.5～1.0 m，冰盖厚度由地区气温而定，一般为0.2～0.6 m。BOD_5(五日生化需氧量)去除率可达70%～90%。

兼性塘以矩形为宜，长宽比以2∶1或3∶1为宜。数量一般不少于2座，宜采用多级串联，第一塘面积大，占总面积的30%～60%，单塘面积应小于0.04 km^2，以避免布水不均匀或波浪较大等问题。采用较高的负荷率，以不使全塘都处于厌氧状态为宜。

兼性塘设计的主要内容也是计算塘的有效面积，计算公式同好氧塘。

(3) 曝气塘也采用BOD_5表面负荷法进行计算。BOD_5表面负荷为1～30 kg(BOD_5)/(10^4 m^2 · d)。好氧曝气塘的水力停留时间(HRT)为3～10天；兼性曝气塘的HRT有可能超过10天。有效水深一般为2～6 m。数量一般不少于3座，通常按串联方式运行。

(4) 厌氧塘有机负荷的表示方法有3种：BOD_5表面负荷(kg(BOD_5)/(10^4 m^2 · d))、BOD_5容积负荷(kg(BOD_5)/(m^3 · d))、VSS(可挥发性固体悬浮物)容积负荷(kg(VSS)/(m^3 · d))。处理城市污水，建议负荷值为200～600 kg/(10^4 m^2 · d)。厌氧塘一般为矩形，长宽比为(2～2.5)∶1。单塘面积不大于0.04 km^2。塘的有效水深一般为2.0～4.5 m，储泥深度大于0.5 m，超高为0.6～1.0 m。进水口离塘底0.6～1.0 m，出水口离水面的深度应大于0.6 m。进、出口的个数均应大于2。厌氧塘前应设置格栅、普通沉砂池，有时也设置初次沉淀池用于前处理单元。

厌氧塘宜用于处理高浓度有机废水，如制浆造纸、酿酒、农牧产品加工、农药等工业废水和家禽家畜粪尿废水等，也可用于处理城镇污水。

3) 稳定塘的主要性能比较

4种类型稳定塘主要性能的比较见表4-3。

表4-3 稳定塘的主要性能比较

项目	曝气塘	好氧塘	兼性塘	厌氧塘
进水BOD_5	较低	中等	中等	较高
DO	饱和	饱和	饱和	极低
微生物	好氧	好氧	好氧、兼性、厌氧	厌氧、兼性
氧的来源	曝气、兼性	藻类、大气	藻类、大气、无	无
净化速度	快	快	—	慢
停留时间	短	短	—	长

4)松树岗村稳定塘修复工程

松树岗村广场前景观池塘水域面积约 1800 m^2，平均水深 1.3～1.8 m。其水体生物相单一、生态系统不健全、富营养化严重，属劣Ⅴ类水体，与生态环境文明建设格格不入。采用河湖生态修复系统对景观池塘进行治理，构建以大型水生植物为优势的植物稳定塘，塘中基本呈好氧状态。为了强化其净化效果和美观效果，塘四周按不同区域种植了美人蕉、芦竹、梭鱼草、泽泻、再力花等挺水植物(彩图 4-21 至彩图 4-25)，塘中种植了挺水植物——荷花，也分片区种植了睡莲等浮水植物，同时在塘底还种植了黑藻、苦草等沉水植物，可以强化稳定塘的净化效果。工程自 2017 年 12 月建设运行至今，水质一直保持Ⅲ类水质标准。其工艺流程如图 4-6 所示。

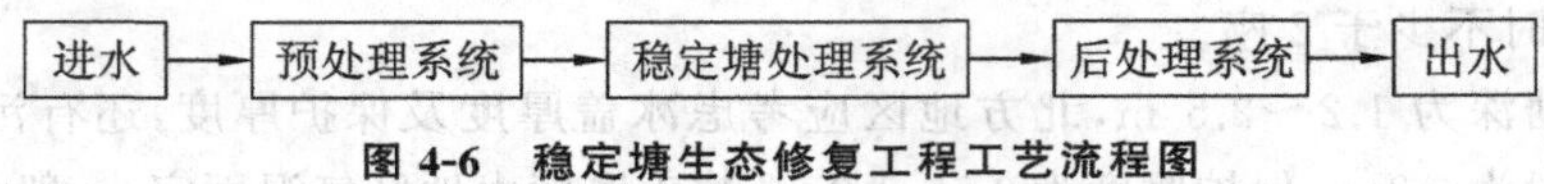

图 4-6　稳定塘生态修复工程工艺流程图

2. 人工湿地污水处理工程

湿地是地球上一种重要的生态系统。它处于陆地生态系统(如森林和草地)与水生生态系统(如深水湖和海洋)之间。它是模拟自然湿地的人工生态系统，类似自然沼泽地，但由人工建造和监督控制，是一种人为地将石、砂、土壤、煤渣等一种或几种介质按一定比例构成基质，并有选择性地植入植物的污水处理生态系统。它是一种集物理、化学、生化反应于一体的废水处理技术，是一个独特的土壤、植物、微生物综合生态系统。

1) 人工湿地分类及组成

(1) 分类。根据植物的存在状态，人工湿地主要分为 3 种类型：浮水植物系统、沉水植物系统、挺水植物系统。不同类型人工湿地结合使用以及和传统污水处理方法联合使用可以获得更好的出水水质。

根据水的流动状态，可分为自由水面系统，又称表面流湿地(图 4-7)；潜流系统，又称潜流湿地。潜流湿地又分为水平潜流湿地和垂直潜流湿地，如图 4-8 和图 4-9 所示。

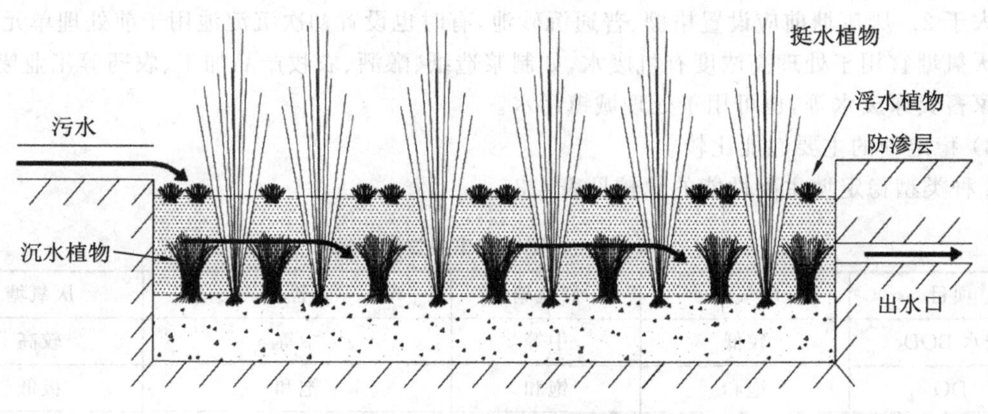

图 4-7　表面流湿地示意图

(2) 组成。绝大多数人工湿地由 5 部分构成：①基质，具有透水性，如土壤、砂、砾石等；②水体(在基质表面上或下流动的水)；③植物，适于在饱和水和厌氧基质中生长，如芦苇、美人蕉、水葱(彩图 4-26)等；④无脊椎或脊椎动物；⑤好氧或厌氧微生物种群。

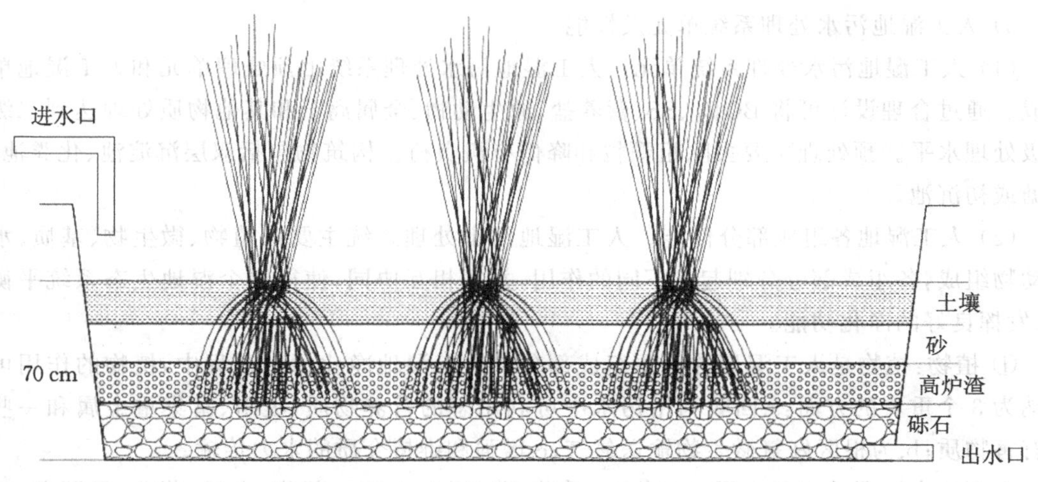

图 4-8　水平潜流湿地示意图

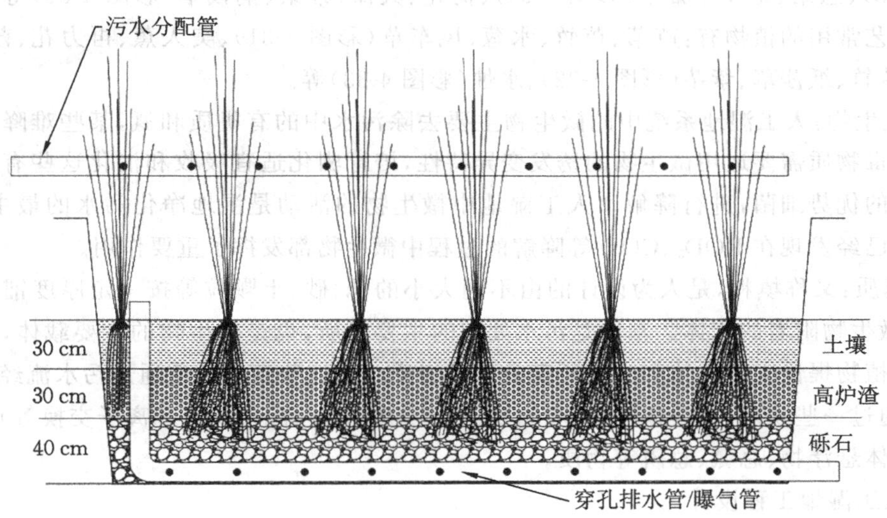

图 4-9　垂直潜流湿地示意图

2）人工湿地净化污水的原理

人工湿地是由基质、水体、植物、动物和微生物组成的生态系统。生活在土壤中的微生物（细菌和真菌）在有机物的去除中起主要作用，湿地植物的根系将氧气带入周围的土壤，但远离根部的环境处于厌氧状态，形成处理环境的变化带，这就加强了人工湿地去除复杂污染物和难处理污染物的能力。大部分有机物的去除是靠土壤中的微生物，但某些污染物如重金属、硫、磷等依赖于土壤和植物的作用。

通俗地说，人工湿地对废水的处理综合了物理、化学、生物的三种作用。湿地系统成熟后，填料表面和植物根系将因大量微生物的生长而形成生物膜。废水流经生物膜时，大量SS被填料和植物根系阻挡截留，有机污染物则通过生物膜的吸收、同化及异化作用而被去除。湿地系统中植物根系对氧的传递释放，使其周围的环境中依次出现好氧、缺氧、厌氧状态，通过硝化、反硝化作用将 TN 除去，最后通过更换湿地系统填料或收割栽种植物将污染物除去。

3）人工湿地污水处理系统单元及性能

(1) 人工湿地污水处理系统单元。人工湿地污水处理系统由预处理单元和人工湿地单元组成。通过合理设计可将 BOD_5、SS、营养盐、原生动物、金属离子和其他物质处理达到二级和高级处理水平。预处理主要去除粗颗粒和降低有机负荷。构筑物包括双层沉淀池、化粪池、稳定塘或初沉池。

(2) 人工湿地各组成部分性能。人工湿地污水处理系统主要由植物、微生物、基质、水体及动物组成，各组成部分分别起着不同的作用，并且相互协同，使得整个湿地生态系统平衡运转，发挥良好的净化功能。

① 植物：植物是人工湿地的重要组成部分。人工湿地净化污水过程中，植物的作用可以归纳为 3 个重要的方面：a.回收利用污水中可利用态的营养物质，吸附、富集重金属和一些有毒有害物质；b.为根区好氧微生物输送氧气；c.增强和维持介质的水力传输。

表面流人工湿地工艺常用的植物有：香蒲、菰（彩图 4-27）、薏苡、水稻、荇菜、马蹄莲、睡莲（彩图 4-28）、慈姑、宽叶泽薹草（彩图 4-29）、荷花、大薸、蕹菜、铜钱草（彩图 4-30）等。潜流人工湿地工艺常用的植物有：芦苇、芦竹、水葱、风车草（彩图 4-31）、美人蕉、再力花、茳芏、皇竹草、变叶芦竹、纸莎草、紫芋（彩图 4-32）、水烛（彩图 4-33）等。

② 微生物：人工湿地系统中的微生物主要去除污水中的有机质和氮，某些难降解的有机物质和有毒物质需要运用微生物的诱发变异特性，培育驯化适宜吸收和消化这些有机物质和有毒物质的优势细菌，进行降解。人工湿地中微生物的活动是湿地净化污水的最主要因素。现有研究已经发现在 BOD_5、COD 等降解的过程中微生物都发挥了重要作用。

③ 基质：又称填料，是人为设计的由不同大小的砾、砂、土颗粒等按一定厚度铺成的供植物生长、微生物附着的床体。基质是污水处理的主要场所，也是微生物的主要载体，同时又可以为水生植物提供支持载体和生长所需的营养物质。当这些营养物质通过污水流经人工湿地时，基质通过一些物理、化学途径（如吸附、吸收、过滤、沉淀、配位反应和离子交换等）来去除污水中的固体悬浮物、总氮、总磷等物质。

4）人工湿地工程设计

人工湿地系统的设计受很多因素的影响，主要是水力负荷、有机负荷、湿地床的构造形式、工艺流程及其布置方式、进水系统和出水系统的类型和湿地所种栽植物的种类等。由于不同国家及不同地区的气候条件、植被类型以及地理情况各有差异。其工艺流程如图 4-10 所示。

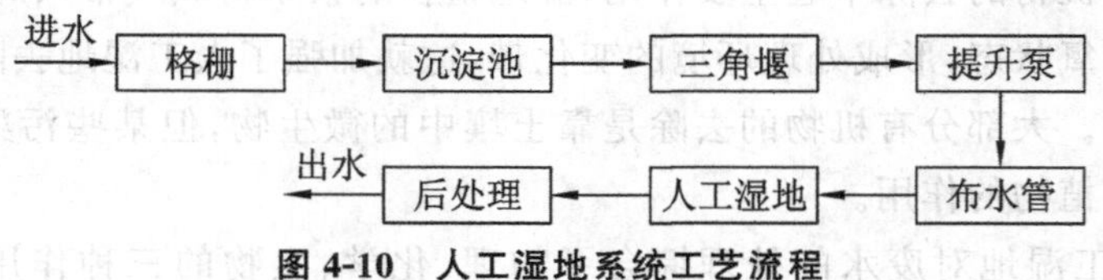

图 4-10　人工湿地系统工艺流程

(1) 人工湿地工程设计步骤：①选址；②确定系统组合形式；③确定水力负荷；④选择植物；⑤计算表面积；⑥确定长宽比；⑦结构设计。

(2) 设计参数。人工湿地的主要设计参数，宜根据试验资料确定；无试验资料时，可采用经验数据或按表 4-4 和表 4-5 的数据取值。

表 4-4　人工湿地尺寸设计参数

人工湿地类型	面积/m^2	长宽比例	水深/m	坡度
水平潜流人工湿地	<800	<3:1	0.4～0.8	0.5%～2%
垂直潜流人工湿地	<1500	<3:1	0.8～1.6	0.5%～2%
表面流人工湿地	根据 WWAR* 确定	(3～5):1	0.3～0.5	<0.5%

* 注：WWAR(wetland to watershed area ration)指汇水区面积百分比法。

表 4-5　人工湿地的运行设计参数

人工湿地类型	BOD_5 负荷 /[kg/(10^4 m^2 · d)]	水力负荷 /[m^3/(m^2 · d)]	水力停留时间 /d
表面流人工湿地	15～50	<0.1	4～8
水平潜流人工湿地	80～120	<0.5	1～3
垂直潜流人工湿地	80～120	<1.0(建议值：北方，0.2～0.5；南方，0.4～0.8)	1～3

5) 松树岗村人工湿地工程

松树岗村人工湿地工程(彩图 4-34)属下沉式的垂直潜流人工湿地工程，面积为 37.5 m^2，处理污水量为 12 吨/天，采用湿地与预处理池联体共建的形式，具体的工艺流程见图 4-11。这里每家每户化粪池处理后的污水采用自流的方式进入收集池，再经过预处理后进入人工湿地处理系统，通过吸附、滞留、过滤、沉淀、微生物分解转化、氧化还原等作用，去除污水中的氮、磷、悬浮物、有机物、病原体等有害物质，让污水变成清水后排出。此污水处理工程的特点是：无动力、节能环保、全生态、景观美等。通过参观考察，让学生了解松树岗村生活污水处理方法，掌握如何因地制宜建设污水处理设施，如松树岗村人工湿地建在村里地势相对较低的地方，下方就是水稻田，污水可以自流进入系统，处理后直接排入水稻田，无须动力系统，可大大节约运行费用。

农户 → 化粪池 → 收集池 → 格栅 → 沉淀池 → 复合人工湿地系统 → 出水

图 4-11　松树岗村人工湿地工艺流程示意图

松树岗村人工湿地植物的种植及填料的充填情况如下。

(1) 植物。长宁镇松树岗村人工湿地上主要种植的植物有黄花美人蕉、红花美人蕉、变叶芦竹、梭鱼草、水葱、风车草等(彩图 4-35)。植物一方面可通过吸收生活污水中的氮、磷作为其生长的营养物质，最后通过植物的收割将污染物(10%左右)带出系统；另一方面松树岗村人工湿地种植的植物均是具有一定观赏价值的植物，可以为村民们带来一定的美感，成为人们茶余饭后休憩的场所。

(2) 填料。垂直潜流人工湿地填料一般按 3 层进行充填，表层为土层，中下层为砾石。表面土钙含量在 2～2.5 kg/100 kg；中层铺设高炉渣或煤灰渣，厚度为 0.7 m 左右，砾石层粒径在 10～50 mm，铺设厚度约 0.1 m。填料既可作为植物生长、微生物附着的载体，又是污水处理的主要场所。当污水流经人工湿地时，填料可通过一些物理、化学途径(如吸附、吸收、过滤、沉淀、配位反应和离子交换等)来去除污水中的 SS(固体悬浮物)、TN(总氮)、TP(总磷)等物质。

第5章 广州市内综合实习

5.1 广东省土壤科学博物馆

广东省土壤科学博物馆位于广州市天河区天源路808号广东省生态环境技术研究所(原名广东省生态环境与土壤研究所)院内,是在广东省生态环境与土壤研究所土壤标本馆的基础上建设的,是华南地区规模最大、在国内具有重要地位的、国际上有广泛影响的专业性博物馆。博物馆由主体大楼与人工模拟降雨大厅组成,馆内现有标本样库和标本展示厅各1个,现有馆藏广东各类土壤标本3000余件,其中大型土壤剖面标本100余件,成土矿物、岩石、母质、土壤生物等标本一批。展示的主题和内容均体现土壤学学科特点和热带、亚热带区域特色。

5.1.1 广东土壤科学发展史展厅

广东土壤科学发展史展厅主要介绍广东土壤科学的发展历程和土壤学及相关学科专题研究成果(彩图5-1)。

广东省的土壤研究工作主要开始于20世纪30年代,1930年广东土壤调查所成立,有计划地进行全省土壤调查。邓植仪教授于1935年创建中山大学研究院土壤学部,继续进行土壤调查研究,并招收研究生进行科学研究。当时采用的是美国土壤分类系统,以土系为基层分类的基本单元,调查了广东省70多个县。1936年邓植仪教授将部分县的土壤调查报告汇总,编成《广东土壤提要》,共70多个土系,这是广东第一本土壤汇总资料。

中华人民共和国成立以来,土壤科学事业有了较大发展。中国科学院(简称中科院)成立了广州土壤研究所,后改名为广东省生态环境技术研究所(1978年更名为广东省土壤研究所,1996年更名为广东省生态环境与土壤研究所)。广东农业科学院成立了土壤肥料所,华南农业大学等高等农业院校设立土壤和农业化学等有关专业,并于1958年、1978年参加了两次全国土壤普查,对全省土壤资源调查评价、土壤农业分区、土壤物理、土壤化学、土壤微生物和低产土壤改良等进行一系列试验研究。调查表明,广东土壤共划分为6个土纲、9个亚纲、16个土类、36个亚类、131个土属、522个土种。其中对本省农、林业生产有举足轻重的主要土壤类型包括砖红壤、赤红壤、红壤、黄壤、石灰土、紫色土、水稻土和潮土等土类。进入21世纪以来,广东土壤科学发展更加活跃,在注重沃土工程的同时,对土壤环境质量也十分重视。耕地地力调查与评价、土壤环境质量与农产品安全、土壤信息化和数字化、土壤适应性作物图谱、土壤污染修复等土壤科学领域取得了较大发展。

5.1.2 广东土壤标本展厅

广东土壤标本展厅展示了反映热带、亚热带区域特色的红壤类、水稻土类、堆叠土等土壤形态和成土母岩标本、大型土壤整段标本以及供研究用的瓶装备用标本和分类鉴比标本,还有华南农业大学资源环境学院殷细宽教授捐赠的矿物标本。

原状土壤整段标本是该展厅的主角。这种标本是从土壤剖面上用木箱套取或合成树脂粘贴制作而成的。

整段标本的选择，讲究代表性、完整性和科学性。从国家层面来看，一套较为完整的土壤剖面标本，对于摸清国家土壤资源家底，保存稀缺性土壤（有些土壤类型比大熊猫还罕见），制定“藏粮于地”的国家战略有重要意义。

当前，国内制作完整且工艺优良的土壤整段标本（彩图 5-2）十分稀缺。囿于当时的技术水平，许多早期制作的标本存在开裂破损的情况，真实情况不容乐观。较为专业的土壤标本，仅存在于少数几个土壤研究机构或农业高校。

采集整段土壤标本，首先要找到采样点，进行土坑的挖掘，剖面形成后，在观察面上处理出与特制木盒容积大致相当的形状，然后轻轻地将土体“塞”进木盒内，取下后密封固定保存，带回室内风干、制作整段标本（彩图 5-3）。同时，还要详细地记录好各自的“身份信息”，包括精确的样点位置、地形部位、成土母质、气候、植被、利用方式等。接下来的标本制作过程就是让土壤样品适应新环境，给土壤“梳妆打扮”，这个过程包括钻孔、干燥、浸胶、粘贴麻布、黏结底板、标本修饰和喷胶定型等多个步骤，完成整个流程通常需要数月时间（彩图 5-4）。

5.1.3　人工模拟降雨大厅

该厅介绍了人工模拟降雨机降雨原理及其与自然降雨特性的区别（彩图 5-5）。人工模拟降雨系统由 3 部分组成，分别为人工降雨管路、人工模拟降雨大厅自控系统、实验平台。下喷式人工模拟降雨机的主要参数和运行方式包括模拟降雨强度的调节（由变压器、水泵和压力表联合调节）和率定方法、降雨均匀性的率定方法、降雨高度和雨滴的产生方式等。同时，介绍了不同规格试验土槽的用途及填土方法，可调坡径流冲刷槽及其构造、水流流量的控制方式，所能开展的试验及相关水力学参数的测量方法等。

人工模拟降雨系统不但能完成人工模拟不同参数、不同地表覆盖、不同地下管网分布等条件下降雨的实验，也可做渗透、土壤水分运移、植物生态、土木工程等领域相关科研工作。

5.2　华南植物园

5.2.1　概况

华南植物园位于广州市天河区龙洞天源路 1190 号，占地面积 3.33 km^2。地处北回归线以南，属于南亚热带季风气候。

华南植物园是目前国内历史最久、植物保存种类最多、面积最大的南亚热带植物园，被誉为永不落幕的“万国奇树博览会”，有“中国南方绿宝石”之称。

全园由 3 部分组成：一是保育和展示区（植物迁地保护区），占地约 2.82 km^2，建有现代化的展览温室群、科普信息中心、“羊城八景”之一的龙洞琪林，以及木兰园、棕榈园、苏铁园、姜园等 30 余个专类园，迁地保育植物约 13600 种（含品种）；二是科研和生活区，占地约 0.37 km^2，拥有馆藏标本 100 万份的植物标本馆、专业书刊约 20 万册的图书馆、计算机信息网络中心、公共实验室等支撑系统；三是建于 1956 年的鼎湖山国家级自然保护区，占地面积约为 11.53 km^2，是我国第一个自然保护区和中科院目前唯一的自然保护区，就地保育植物 2400 多种。此外，华南植物园还拥有广东鼎湖山森林生态系统野外科学观测研究站、广东鹤山森林生态系统国家野外科学观测研究站和小良热带海岸带退化生态系统恢复与重建定位研究站等一批野外生态观测研究站点；拥有中科院植物资源保护与可持续利用重点实验室、中科院退化生态系统植被恢复与管理重点实验室、广东省数字植物园重点实验室、广东省种质资源库、华南植物鉴定中心等科研平台。

华南植物园设有 4 个研究中心：植物科学研究中心、生态及环境科学研究中心、农业及资源植物研究中心、分子生物分析及遗传改良研究中心。

华南植物园秉承"科学内涵、艺术外貌、文化底蕴"之理念，集科学研究、物种保育、科普教育及旅游休闲功能于一体。"师法自然"的园林，远山近水，林木苍翠，景物怡人。有"龙洞琪林""展览温室群""广州第一村"等一批广州市重要景点。

华南植物园为 AAAA 级国家旅游景区（彩图 5-6），是普及植物学与环境科学知识、生态旅游的休闲园地，被命名为"全国青少年科技教育基地""全国科普教育基地"以及"植物学与环境教育基地"。

5.2.2　实习内容

参观专类园。华南植物园主要参观专类园有：棕榈园、孑遗植物区、苏铁园、姜园、凤梨园、蕨类/阴生植物区、药用植物区、抗污染植物展示区等（彩图 5-7、彩图 5-8）。同时采集土壤、植物样品。

以下为主要专类园介绍。

1. 棕榈园

棕榈园始建于 1956 年，占地约 0.03 km^2，为三面环水的半岛，岛内葵风拂面，椰林玉立，展示国内外棕榈科植物 300 多种。表 5-1 列出了园内部分植物的特征。置身其中，仿佛身处一个异域风情的热带棕榈岛上。棕榈科（Arecaceae）是热带最重要的三大科之一，全世界共有约 210 属 2800 种，我国原产 18 属 73 种。棕榈科经济价值高，除了一些藤本种类外，棕榈科植物都是优美的景观植物。油棕（世界油王）、椰子、棕榈藤、槟榔等均是重要的热带经济作物。

表 5-1　棕榈园棕榈科植物

名称	科、属	生境	主要特征
鱼尾葵 *Caryota maxima*	棕榈科 鱼尾葵属	分布于路边、蒲葵树下	簇生，分枝多；叶二回羽状全裂，上部有不规则齿状缺刻，先端下垂，酷似鱼尾
蒲葵 *Livistona chinensis*	棕榈科 蒲葵属	分布于阳光充足的地方	树干高而较直，叶掌状浅裂
三药槟榔 *Areca triandra*	棕榈科 槟榔属	生长于蒲葵树阴下	茎丛生，羽状复叶全裂
布迪椰子 *Butia capitata*	棕榈科 果冻椰子属	分布于阳光充足的地方	叶面灰绿色，叶背粉白色
大丝葵 *Washingtonia robusta*	棕榈科 丝葵属	分布于小道边	树干下部膨大

续表

名称	科、属	生境	主要特征
砂糖椰子 *Arenga pinnata*	棕榈科 桄榔属	长于林间	有侧腋萌芽条
富贵椰子 *Howea belmoreana*	棕榈科 豪爵椰属	分布于温暖阴湿的地方	高 2 m 左右，羽状复叶，叶色浓绿有光泽
白蜡棕 *Copernicia alba*	棕榈科 蜡棕属	分布于温暖、光照良好的地方	高 7 m 左右，叶近圆形，掌状深裂，叶柄两侧基部有尖齿，叶及叶柄上被灰白色蜡质
美丽蒲葵 *Livistona jenkinsiana*	棕榈科 蒲葵属	分布于温暖湿润的地区	高 6 m 左右，茎上有残存的叶基，叶圆扇形，叶柄三棱形
东澳棕 *Carpentaria acuminata*	棕榈科 木匠椰属	分布于温暖湿润的地区	高 7 m 左右，茎银灰色，叶羽状分裂，基部羽片边缘呈啮蚀状或锯齿状
棕竹 *Rhapis excelsa*	棕榈科 棕竹属	分布于温暖湿润的地区	高 1～3 m，有叶节，叶集生茎顶，掌状
短穗鱼尾葵 *Caryota mitis*	棕榈科 鱼尾葵属	分布于温暖、光照良好的地方	高 8～9 m，二回羽状全裂，大小形状如鱼尾葵
袖珍椰子 *Chamaedorea elegans*	棕榈科 竹节椰属	分布于温暖、光照良好的地方	高 40～50 cm，茎干直立，不分枝
琼棕 *Chuniophoenix hainanensis*	棕榈科 琼棕属	分布于温暖、光照良好的地方	高 3～4 m，叶扇形，掌状深裂
假槟榔 *Archontophoenix alexandrae*	棕榈科 假槟榔属	分布于温暖、光照良好的地方	高 6 m，叶长，簇生于茎顶
裂叶蒲葵 *Livistona decipiens*	棕榈科 蒲葵属	分布于温暖、光照良好的地方	高 10～12 m，茎被褐色的叶柄残基和纤维所包裹，下部有不明显的环状叶柄痕
二列瓦理棕 *Wallichia disticha*	棕榈科 瓦理棕属	分布于光照良好的地方	高 4 m，乔木状
扇叶糖棕 *Borassus flabellifer*	棕榈科 糖棕属	分布于温暖、光照良好的地方	高 6m，植株粗壮
肯氏鱼尾葵 *Caryota cumingii*	棕榈科 鱼尾葵属	分布于温暖、光照良好的地方	高 6 m，具明显的环状叶柄痕，叶二回羽状全裂隙，小羽片斜菱形
散尾葵 *Chrysalidocarpus lutescens*	棕榈科 散尾葵属	分布于温暖湿润、半阴且通风良好的地方	高 3～4 m，茎上有明显叶痕，羽状复叶全裂
王棕（大王椰子） *Roystonea regia*	棕榈科 王棕属	分布于路边	叶黄绿至深绿色，四列状排列；主干浅褐色；羽状复叶
江边刺葵 *Phoenix roebelenii*	棕榈科 刺葵属	分布于温暖、光照良好的地方	高约 2 m，叶羽状全裂，下部退化成细长的刺

续表

名称	科、属	生境	主要特征
鱼骨葵 *Arenga tremula*	棕榈科 桄榔属	分布于阴凉的地方	高 2 m，丛生，羽状小叶，果近球形
霸王棕 *Bismarckia nobilis*	棕榈科 霸王棕属	分布于温暖、湿润、向阳的环境	高约 20 m，茎干光滑，叶片巨大，扇形
短穗鱼尾葵 *Caryota mitis*	棕榈科 鱼尾葵属	分布在阳光充足的地区	高约 15 m，有略似竹节的环状结节

主要植物种类有：王棕、砂糖椰子、酒瓶椰、蒲葵、大叶蒲葵、美丽蒲葵、油棕、琼棕、棕竹、单叶省藤等(彩图 5-9 至彩图 5-13)等。

棕榈科植物一般都是单干直立，不分枝，叶大，集中在树干顶部，多为掌状分裂或羽状复叶的大叶，一般为乔木，也有少数是灌木或藤本植物，花小，通常为淡黄绿色。该科植物是单子叶植物中唯一具有乔木习性，有宽阔的叶片和发达的维管束的植物类群。在中国主要分布在南方各省，从美洲引进的王棕和澳大利亚引进的假槟榔都是南方常见的行道树和庭院栽培树。

棕榈园的植物中，蒲葵、王棕为优势种。蒲葵散布在棕榈园中，王棕则在棕榈园中作为行道树。棕竹、裂叶蒲葵数量也较多，其他棕榈科植物比较稀疏。

从经济的角度看，棕榈科植物在热带地区是非常重要的，如椰子和海枣的种子或果子可食；桄榔和有些种类的茎内富含淀粉，可提取供食用；砂糖椰子和某些鱼尾葵种类的花序割开后可流出大量的液汁，蒸发后制成砂糖或经发酵后变成烧酒；有些种类的木材很硬，可作为建筑材料；叶可作为屋顶的遮盖物或用于织帽或编篮等；蒲葵的叶可为扇；叶鞘的纤维(即棕衣)和椰子的果壳的纤维可编绳或编蓑衣、做扫帚；椰子肉可榨油供工业用或食用；槟榔子可入药或为染料；油棕的果皮及核仁可榨油，供工业用或食用。

棕榈科植物大多适合生长于温暖湿润的环境，是热带、亚热带地区的特色景观。

2. 孑遗植物区

“孑遗植物”就是曾经与恐龙同时代称霸地球，经过地壳运动和冰川期以后幸存下来，现濒临灭绝的植物。目前，地球上已知的孑遗植物有 80 多种。孑遗园建于 1956 年，收集有 20 多种孑遗植物。园内主要的植物种类有：落羽杉、池杉(膝状根)、水杉、南洋杉、柳杉、贝壳杉、水松、金钱松、银杏等(彩图 5-14 至彩图 5-16)。这些植物是现存种子植物中最古老的孑遗植物，是新生代第四纪冰河时期存留下来的中国特有的珍稀名贵树种。其主要特征如表 5-2 所示。

表 5-2 孑遗植物区植物

名称	科、属	生境	主要特征
落羽杉 *Taxodium distichum*	柏科 落羽杉属	耐水湿，能生于排水不良的沼泽地上	在原产地高达 50 m，胸径可达 2 m；树干尖削度大，干基通常膨大，常有屈膝状的呼吸根
池杉 *Taxodium distichum*	柏科 落羽杉属	耐水湿，生于沼泽地区及水湿地上	在原产地高达 25 m，树干基部膨大，通常有屈膝状的呼吸根(低湿地生长尤为显著)

续表

名称	科、属	生境	主要特征
水杉 *Metasequoia glyptostroboides*	柏科 水杉属	分布于海拔750～1500 m、气候温和、夏秋多雨、酸性黄壤土地区。在河流两旁、湿润山坡及沟谷中栽培很多	高达35 m,胸径达2.5 m;树干基部常膨大,树皮灰色、灰褐色或暗灰色
南洋杉 *Araucaria cunninghamii*	南洋杉科 南洋杉属	原产于大洋洲东南沿海地区。我国广州、海南岛、厦门等地有栽培	在原产地高达60～70 m,胸径达1 m以上,树皮灰褐色或暗灰色,粗糙,横裂;大枝平展或斜伸,幼树冠尖塔形,老则呈平顶状,侧生小枝密生,下垂,近羽状排列
柳杉 *Cryptomeria japonica*	柏科 柳杉属	柳杉幼龄能稍耐阴,在温暖湿润的气候和土壤酸性、肥厚而排水良好的山地,生长较快;在寒凉较干、土层瘠薄的地方生长不良	乔木,高达40 m,胸径可达2 m多;树皮红棕色,纤维状,裂成长条片脱落
贝壳杉 *Agathis dammara*	南洋杉科 贝壳杉属	原产于马来半岛和菲律宾。我国厦门、福州等地有引种栽培	乔木,在原产地高达38 m,胸径达45 cm以上;树皮厚,带红灰色;树冠圆锥形,枝条微下垂,幼枝淡绿色,冬芽顶生,具数枚紧贴的鳞片
水松 *Glyptostrobus pensilis*	柏科 水松属	喜温暖湿润的气候及水湿的环境,耐水湿不耐低温,对土壤的适应性较强,除盐碱土之外,在其他各种土壤上均能生长。而以水分较多的冲渍土上生长最好	乔木,高8～10 m,稀高达25 m,树干基部膨大呈柱槽状,并且有伸出土面或水面的吸收根
金钱松 *Pseudolarix amabilis*	松科 金钱松属	喜生于温暖、多雨、土层深厚、肥沃、排水良好的酸性土山区	乔木,高达40 m,胸径达1.5 m;树干通直,树皮粗糙,灰褐色,裂成不规则的鳞片状块片;枝平展,树冠宽塔形
银杏 *Ginkgo biloba*	银杏科 银杏属	对气候、土壤的适应性较宽	乔木,高达40 m,胸径可达4 m;幼树树皮浅纵裂,大树之皮呈灰褐色,深纵裂,粗糙,叶扇形,有长柄,淡绿色,无毛

3. 苏铁园

苏铁园占地约 0.023 km^2，是我国最早开始苏铁植物引种栽培的专类园，展示被誉为"活化石"的苏铁类植物共 70 余种。主入口处高大的越南篦齿苏铁和粗犷的花岗岩景石突现了苏铁园的景观特色。步入园中，涓涓的流水、水中横斜的枯木、枯木旁凶猛的鳄鱼和大型恐龙的仿真模型，一下子把游客带进了遥远的地质历史时期——侏罗纪。

该园主要植物种类有：苏铁（彩图 5-17）、华南苏铁、刺叶非洲铁、篦齿苏铁、鳞秕泽米铁（彩图 5-18）、台湾苏铁等。表 5-3 列出了其中两种苏铁的特征。

表 5-3　苏铁园植物

名称	科、属	生境	主要特征
华南苏铁 *Cycas rumphii*	苏铁科 苏铁属	我国华南各地有栽培	羽状叶长 1～2 m，叶轴横切面近圆形或三角状圆形，叶柄长 10～15 cm 或更长，常具三钝棱，两侧有短刺，刺间距离 1.5～2 cm，稀无刺
篦齿苏铁 *Cycas pectinata*	苏铁科 苏铁属	产于云南西南部，昆明有栽培	树干圆柱形，高达 3 m。羽状叶，叶轴横切面圆形或三角状圆形，柄两侧有疏刺，刺略向下弯，羽状裂片 80～120 对，条形或披针状条形，厚革质，坚硬，直或微弯

4. 木兰园

木兰园占地约 0.12 km^2，保育和展示木兰科植物 200 余种（含品种），是全球木兰科植物保存数量最丰富、科研成果最多，并最富国际声誉的专类园之一。园区按木兰属、木莲属和含笑属三大类群进行配置，并种植有玉兰（彩图 5-19）、马褂木（彩图 5-20）及我园科学家发现的焕镛木、观光木、合果木等木兰科的代表性植物。表 5-4 列出了园内部分植物的特征。

表 5-4　木兰园植物

名称	科、属	生境	主要特征
焕镛木 *Woonyoungia septentrionalis*	木兰科 焕镛木属	生于海拔 300～500 m 的石灰岩山地林中	乔木，高达 18 m，胸径 40 cm，树皮灰色；小枝绿色，初被平伏短柔毛。叶革质，椭圆状长圆形或倒卵状长圆形，先端圆钝而微缺，基部阔楔形，叶两面无毛，或叶背嫩时基部有稀疏柔毛，上面亮绿色
观光木 *Michelia odora*	木兰科 含笑属	生于海拔 500～1000 m 的常绿阔叶林中	高达 25 m，树皮淡灰褐色，具深皱纹，叶片厚膜质，倒卵状椭圆形
合果木 *Michelia baillonii*	木兰科 合果木属	生于海拔 500～1500 m 的山林中	高可达 35 m，胸径 1 m，嫩枝、叶柄、叶背被淡褐色平伏长毛；叶椭圆形、卵状椭圆形或披针形

5. 姜园

姜园占地面积约 0.073 km^2，保育与展示姜目植物中 8 个科（旅人蕉科、芭蕉科、兰花蕉科、蝎尾蕉科、姜科、闭鞘姜科、竹芋科、美人蕉科）的植物共 250 余种（彩图 5-21、彩图 5-22）。表 5-5 列出了园内部分植物的特征。该专类园在国际同类植物园中具有重要影响。园区中建有浮雕广场、莲影湖、益智亭、展翠楼等园林小品，将科学性与艺术性巧妙地融为一体。

表 5-5　姜园植物

名称	科、属	生境	主要特征
芭蕉 *Musa basjoo*	芭蕉科 芭蕉属	多栽培于庭园及农舍附近	植株高 2.5～4 m。叶片长圆形，长 2～3 m，宽 25～30 cm，先端钝，基部圆形或不对称，叶面鲜绿色，有光泽；叶柄粗壮
红豆蔻 *Alpinia galanga*	姜科 山姜属	生于山野沟谷荫湿林下或灌木丛中和草丛	株高达 2 m，根茎块状，稍有香气
竹芋 *Maranta arundinacea*	竹芋科 竹芋属	我国南方常见栽培	根茎肉质，纺锤形；茎柔弱，二歧分枝。叶薄，卵形或卵状披针形，绿色，顶端渐尖，基部圆形，背面无毛或薄被长柔毛
粉美人蕉 *Canna glauca*	美人蕉科 美人蕉属	我国南北均有栽培	根茎延长，株高 1.5～2 m；茎绿色。叶片披针形，长达 50 cm，宽 10～15 cm，顶端急尖，基部渐狭，绿色，被白粉，边绿白色，透明
长果姜 *Siliquamomum tonkinense*	姜科 长果姜属	生于山谷密林中潮湿之处，海拔 800 m	茎直立，高 0.6～2 m。叶片披针形或披针状长圆形，二端渐尖，顶部具小尖头
茴香砂仁 *Etlingera yunnanensis*	姜科 茴香砂仁属	生于疏林下，海拔 640 m 处	总花梗由根茎生出，大部埋入土中，上被鳞片；花序头状，贴近地面，开花时像“一朵”菊花；总苞片卵形
姜黄 *Curcuma longa*	姜科 姜黄属	产于我国台湾、福建、广东、广西、云南、西藏等省区；栽培，喜生于向阳的地方	株高 1～1.5m，根茎很发达，成丛，分枝很多，椭圆形或圆柱状，橙黄色，极香；根粗壮，末端膨大呈块根

6. 凤梨园

凤梨园占地面积约 0.016 km^2，主要以凤梨科植物为主（表 5-6）。植物主要分布在游廊两侧以及玻璃温室内，游廊左侧以高大的乔木为主，林相优美，配置凤梨科水塔花属植物（彩图 5-23）作为地被植物；右侧主要以地生凤梨植物为主。温室内以观赏凤梨为主，兼种棕榈植物和热带经济植物。该专类园至今已引种 15 属 250 种，多数用于观赏。

表 5-6　凤梨园植物

名称	科、属	生境	主要特征
水塔花 *Billbergia pyramidalis*	凤梨科 水塔花属	多栽培于温室	草本，茎极短。叶莲座状排列
垂花水塔花 *Billbergia nutans*	凤梨科 水塔花属	多栽培于温室	茎极短，叶莲座状丛生，先端下垂，叶缘有疏小刺
凤梨 *Ananas comosus*	凤梨科 凤梨属	喜温暖湿润的气候环境	茎短，叶多数，莲座式排列，剑形，长 40～90 cm，宽 4～7 cm，顶端渐尖，全缘或有锐齿，腹面绿色，背面粉绿色，边缘和顶端常带褐红色

7. 兰园

兰园占地面积约 0.012 km^2，保育兰科植物 50 多属 800 余种，由附生兰区、地生兰区、中国兰区、兰花景观温室、洋兰温室等组成，是我园景观最为优美的专类园之一。表 5-7 列出了园内部分植物的特征。园内的品茶轩、王莲池、拱形喷泉、亲水平台等园林小品建设精致，配合兰花高雅幽香的文化风情而韵味无穷。

表 5-7　兰园植物

名称	科、属	生境	主要特征
春兰 *Cymbidium goeringii*	兰科 兰属	生于多石山坡、林缘、林中透光处，海拔 300～2200 m，在台湾可上升到 3000 m	地生植物；假鳞茎较小，卵球形，包藏于叶基之内
蕙兰 *Cymbidium faberi*	兰科 兰属	生于湿润但排水良好的透光处，海拔 700～3000 m	地生草本，假鳞茎不明显。带形，直立性强，基部常对折而呈 V 形，叶脉透亮，边缘常有粗锯齿
建兰 *Cymbidium ensifolium*	兰科 兰属	生于疏林下、灌丛中、山谷旁或草丛中，海拔 600～1800 m	地生植物；假鳞茎卵球形，包藏于叶基之内。叶 2～4(6)枚，带形，有光泽，前部边缘有时有细齿
黄花白及 *Bletilla ochracea*	兰科 白及属	生于海拔 300～2350 m 的常绿阔叶林、针叶林或灌丛下、草丛中或沟边	假鳞茎扁斜卵形，较大，上面具荸荠似的环带，富黏性
鸟舌兰 *Ascocentrum ampullaceum*	兰科 鸟舌兰属	生于海拔 1100～1500 m 的常绿阔叶林中树干上	植株高约 10 cm。茎直立，粗壮，被叶鞘所包。叶厚革质，扁平，下部常 V 形对折，上部稍向外弯，上面黄绿色带紫红色斑点，背面淡红色

8. 蕨类/阴生植物区

蕨类/阴生植物区占地约 0.0067 km²，是我国最早建立的蕨类暨阴生植物专类园(彩图 5-9)，主要展示了蕨类植物共 36 科 350 多种，包括笔筒树、黑桫椤(彩图 5-24)、金毛狗(彩图 5-25)、福建观音座莲等一批珍稀蕨类植物。园中部分植物特征如表 5-8 所示。该园利用乔木、藤本植物、叠山流水结合雾化系统，营造适宜蕨类植物的阴湿生境，石缝流水间郁郁葱葱，如同典型的南亚热带沟谷雨林。

表 5-8　蕨类/阴生植物区植物

名称	科、属	生境	主要特征
笔筒树 *Sphaeropteris lepifera*	桫椤科 白桫椤属	成片生于林缘、路边或山坡向阳地段	茎干高 6 m 多，胸径约 15 cm。叶柄长 16 cm 或更长，通常上面绿色，下面淡紫色，无刺，密被鳞片，有疣突；鳞片苍白色，质薄
黑桫椤 *Alsophila podophylla*	桫椤科 桫椤属	生于山坡林中、溪边灌丛，海拔 95～1100 m	植株高 1～3 m，有短主干，或树状主干高达数米，顶部生出几片大叶。叶柄红棕色，略光亮，基部略膨大，粗糙或略有小尖刺，被褐棕色披针形厚鳞片
金毛狗 *Cibotium barometz*	金毛狗科 金毛狗属	生于山麓沟边及林下阴处酸性土上	根状茎卧生，粗大，顶端生出一丛大叶，柄长达 120 cm，粗 2～3 cm，棕褐色，基部被有一大丛垫状的金黄色茸毛，长逾 10 cm，有光泽，上部光滑；叶片大
福建观音座莲 *Angiopteris fokiensis*	观音座莲科 观音座莲属	生于林下溪沟边	植株高大，高 1.5 m 以上。根状茎块状，直立，下面簇生有圆柱状的粗根。叶柄粗壮，干后褐色，长约 50 cm，粗 1～2.5 cm。叶片宽广，宽卵形

9. 城市景观生态园

城市景观生态园占地约 0.2 km²，汇集了城市园林建设的各种生态景观模式，主要包括城市生态林区、国花市花区、城市住宅小区植物区、城市行道树与道路绿化区、岭南郊野山花区、民俗与家居植物配置区等，共展示了 1000 余种乡土园林景观植物，包括蒜香藤、美丽异木棉、斑鸠菊等珍稀和奇特的种类(表 5-9)。景观园师法自然，回归自然，亲近绿色，成为未来华南城市园林景观建设的物种配置范例。

表 5-9　城市景观生态园植物

名称	科、属	生境	主要特征
蒜香藤 *Mansoa alliacea*	紫葳科 蒜香藤属	性喜温暖湿润气候和阳光充足的环境，生长适温 18～28 ℃，对土质要求不高，全日照的环境最佳	三出复叶对生，小叶椭圆形，顶小叶常呈卷须状或脱落，小叶 7～10 cm 长，3～5 cm 宽，全圆锥花序腋生；花冠筒状，花瓣前端 5 裂，紫色

续表

名称	科、属	生境	主要特征
美丽异木棉 *Ceiba speciosa*	锦葵科 吉贝属	性喜光而稍耐阴，喜高温多湿气候，略耐旱瘠，忌积水，对土质要求不苛	落叶乔木，高 12～18 m。树干挺拔，树皮绿色或绿褐色，光滑，韧皮纤维发达，具圆锥状尖刺(罕见无刺的)，成年树下部膨大呈酒瓶状；大枝轮生，水平伸展或斜举，树冠伞形；蒴果纺锤形，内有棉毛；种子多数，近球形
斑鸠菊 *Vernonia esculenta*	菊科 斑鸠菊属	生于山坡阳处，草坡灌丛，山谷疏林或林缘，海拔 1000～2700 m	灌木或小乔木，高 2～6 m。枝圆柱形，多少具棱，具条纹，被灰色或灰褐色茸毛；叶具柄，硬纸质，长圆状披针形或披针形，长 10～23 cm，宽 3～8 cm，顶端尖或渐尖，基部楔尖，稀近圆形，边缘具有小尖的细齿，波状或全缘

10. 能源植物专类园

能源植物专类园占地总面积为 0.019 km^2，分为油料植物区、薪炭林区和纤维类植物区，收集能源植物 300 多种。典型的能源植物树种有：油茶、油楠、油桐、千年桐、油棕、麻风树、光棍树、铁力木、腊肠树(彩图 5-26)、三桠苦、铁刀木，五节芒、斑茅等约 150 种。园中部分植物特征如表 5-10 所示。能源植物专类园不仅是能源植物种质资源基因库，也是科普展示、繁殖推广和生物质能研究与开发利用的重要平台。

表 5-10 能源植物专类园植物

名称	科、属	生境	主要特征
油茶 *Camellia oleifera*	山茶科 山茶属	产于广东、香港、广西、湖南及江西	灌木或中乔木，嫩枝有粗毛。叶革质，椭圆形，长圆形或倒卵形，先端尖而有钝头，有时渐尖或钝，基部楔形
油楠 *Sindora glabra*	豆科 油楠属	生于中海拔山地的混交林内	乔木，高 8～20 m，直径 30～60 cm，小叶对生，革质，椭圆状长圆形
油桐 *Vernicia fordii*	大戟科 油桐属	通常栽培于海拔 1000 m 以下丘陵山地	落叶乔木，高达 10 m；树皮灰色，近光滑；枝条粗壮，无毛，具明显皮孔
千年桐 *Vernicia montana*	大戟科 油桐属	生于海拔 1300 m 以下的疏林中	落叶乔木，高达 20 m。枝条无毛，散生突起皮孔。叶阔卵形
油棕 *Elaeis guineensis*	棕榈科 油棕属	原产于非洲热带地区	直立乔木状，高达 10 m 或更高，直径达 50 cm，叶多，羽状全裂，簇生于茎顶，羽片外向折叠，线状披针形成针刺状；叶柄宽
光棍树 *Euphorbia tirucalli*	大戟科 大戟属	广泛栽培于热带和亚热带，并有逸为野生现象	小乔木，高 2～6 m，直径 10～25 cm，老时呈灰色或淡灰色，幼时绿色，上部平展或分枝；小枝肉质，具丰富乳汁

续表

名称	科、属	生境	主要特征
铁力木 *Mesua ferrea*	藤黄科 铁力木属	我国只有在云南耿马县孟定，海拔 540～600 m 的低丘坡地，尚保存小面积的逸生林	常绿乔木，具板状根，高 20～30 m，树干端直，树冠锥形，树皮薄，暗灰褐色，薄叶状开裂，创伤处渗出带香气的白色树脂
三桠苦 *Melicope pteleifolia*	芸香科 蜜茱萸属	生于平地至海拔 2000 m 山地，常见于较荫蔽的山谷湿润地方，阳坡灌木丛中偶有生长	乔木，树皮灰白或灰绿色，光滑，纵向浅裂，嫩枝的节部常呈压扁状，小枝的髓部大，枝叶无毛
五节芒 *Miscanthus floridulus*	禾本科 芒属	生于低海拔撂荒地与丘陵潮湿谷地和山坡或草地	多年生草本，具发达根状茎。秆高大似竹
斑茅 *Saccharum arundinaceum*	禾本科 甘蔗属	生于山坡和河岸溪涧草地	多年生高大丛生草本。秆粗壮，直径 1～2 cm，具多数节，无毛

11. 抗污染植物展示区

该区于 1981 年规划建成，共种植各类抗污染植物 25 科 38 属 44 种，包括高山榕、蒲葵、重阳木、杧果、假槟榔、丛生鱼尾葵等植物。抗污染植物有较强的吸收粉尘、氯、二氧化硫和其他硫化物等废气功能，可减轻环境、农作物和人类污染受害程度，适宜于种植在高速公路、工业厂区、矿区等受污染地方。

12. 植物水族馆

沉水植物种类丰富，形态多姿多彩。植物水族馆共展示了 26 科 300 多种沉水植物，游人可直观地欣赏奇妙的水下植物世界。37 个大型展示箱组成亚洲水草区、非洲水草区、大洋洲水草区、美洲水草区和欧洲水草区 5 个区域，依不同水域和生境特点营造水下景观，构思巧妙，令人赞叹。

除上述专类园植物外，华南植物园内还种植有人面子和榕树，它们的根部形态特殊，如彩图 5-27 所示。

5.3　海 珠 湿 地

广州海珠国家湿地公园（简称海珠湿地）位于海珠区东南部，广州城市新中轴南端，东起珠江后航道，西至广州大道南，北起黄埔涌，南至珠江后航道，主要包括万亩果园、海珠湖及相关河涌 39 条，总用地面积 8.69 km^2，水域面积达 3.77 km^2，是珠三角河涌湿地、城市内湖湿地与半自然果林镶嵌交混的复合湿地生态系统，是广州市城区重要的生态隔离带，被誉为广州“南肾”，与“北肺”——白云山一起构成广州主城区的两大生态屏障。

海珠湿地水网交织，绿树婆娑，百果飘香，鸢飞鱼跃，积淀了千年果基农业文化精髓，融汇了繁华都市与自然生态美景，独具三角洲城市湖泊与河流湿地特色，是候鸟迁徙的重要通道，是岭南水果发源地和岭南民俗文化荟萃区。

广州海珠国家湿地公园由 3 个部分组成，主要开放区域包括现有的海珠湖、湿地一期和湿地二期（彩图 5-28）。

第6章 实习总结与成果展示

每周实习结束后，学生需及时复习总结，巩固实习成果，从而加深对知识的理解。实习总结包括教师总结、实习内容考试、小组和个人实习汇报、撰写实习报告、制作和展出展板、撰写科技小论文和征文等几个方面。

6.1 复习思考题

6.1.1 地质地貌实习复习题

1. 名词解释

丹霞地貌、红层地貌、花岗岩地貌、红层、沉积岩、岩浆岩、差异风化、崩塌、节理、解理、断层、天生桥、岩石错落、穹窿构造、褶皱、球状风化。

2. 填空题

(1) 丹霞盆地岩石地层由________、________、________及________组成。其中________广泛分布于丹霞山、人面石、金龟岩、白寨顶、朝石顶、巴寨、茶壶峰、观音山等地。

(2) 韶关丹霞山的矿物胶结物主要为________、________、________及________。

(3) 韶关丹霞地貌的最突出特点是发育________，________是其最典型的代表。

(4) 丹霞山的地质构造类型包括________、________。

(5) 造岩矿物按一定结构集合而成的地质体称为________，依据其成因可分为________、________和________三大类。

(6) 花岗岩在地壳上分布最广，是重要成土母岩，其主要成分是________、________、________。其中________所占比例较大，且较难风化，形成的土壤质地一般偏________。

(7) 广东罗浮山是________与________的合体，山脉的走向为________，主峰称________，地质主体是________。

(8) 花岗岩地貌的发育深受岩性影响，有些因块状结构，坚硬致密，抗蚀力强，常形成________的山地，有些因节理丰富，容易产生________风化，常形成________的山地；有些地方因降水丰富，地表水与地下水沿节理活动，逐步形成密集的________；在节理交错或出现断裂的地方，往往形成________。

(9) 晒布岩是韶关丹霞山著名景点之一，具有________、________、________的坡面特点。

(10) 丹霞山是壮年期丹霞地貌的代表，其特点是________，大多呈现________、________、________、________等形态。

3. 选择题

(1) 丹霞地貌在全世界30多个国家有分布，以(　　)分布最广。

A.中国　　B.美国　　C.澳大利亚　　D.委内瑞拉

(2) 韶关丹霞是发育到(　　)丹霞的代表。

A.壮年晚期—老年早期疏散峰林宽谷型　　B.壮年中晚期簇群式峰丛峰林型

C.青年期低海拔山原峡谷型　　D.青年早期高原峡谷型

(3) 韶关丹霞山基本由沉积岩中的(　　)构成。

A.砂砾岩　　B.石灰岩　　C.页岩　　D.白云岩

(4) 燕山运动最主要的特征是中国东部的(　　)。

A.地堑断裂　　B.断层断裂　　C.褶皱隆起　　D.褶皱塌陷

(5) 罗浮山的"飞来石"是(　　)。

A.流星体陨落地面形成　　B.外力风化、侵蚀而成

C.地壳褶皱隆起而成　　D.流水搬运至此堆积而成

(6) 罗浮山的花岗岩是一种深成酸性火成岩,所以矿物以(　　)为最多。

A.石英　　B.长石　　C.黑云母　　D.角闪石

(7) 韶关丹霞山红层的红色主要是(　　)的相对富集而成的。

A.二价铁　　B.三价铁　　C.三价铝　　D.三价铬

(8) 韶关丹霞山的"一线天"是一种由流水沿着红色垂直(　　)侵蚀而成的狭窄巷道。

A.解理　　B.层理　　C.节理　　D.断层

(9) 丹霞山地貌红层形成的古地理环境是(　　)的内流盆地环境。

A.封闭的、相对干燥　　B.开放的、相对干燥

C.封闭的、相对潮湿　　D.开放的、相对潮湿

(10) 韶关丹霞山的岩石以砂岩和砂砾岩为主,其矿物成分为(　　)。

A.石英　　B.长石　　C.黑云母　　D.角闪石

(11) 丹霞山地貌一般发育在砾岩、砂砾岩、砂岩、粉砂岩和泥质岩等的地层组合上,若是(　　)多发育成红层丘陵。

A.砾岩和砂砾岩　　B.砂砾和岩砂岩　　C.砂岩和粉砂岩　　D.粉砂岩和泥质岩

4. 判断题

(1) 丹霞地貌是指以陆相为主的红层发育的地貌。(　　)

(2) 丹霞地貌是指以海相为主的红层发育的具有陡崖坡的地貌。(　　)

(3) 出露的红层地貌要经受长期强烈的风化作用才能逐渐形成现代的丹霞地貌。(　　)

(4) 丹霞地貌是水平构造地貌。(　　)

(5) 广东罗浮山属于东西走向的山脉。(　　)

(6) 花岗岩因层理丰富,产生球状风化。(　　)

(7) 花岗岩是不易溶解的岩石,因此不能形成在石灰岩地区常见的溶洞。(　　)

(8) 花岗岩是不易溶解的岩石,因此不能形成洞穴。(　　)

(9) 巴寨为丹霞山最高峰,由于岩层被不均衡抬升,形成了单斜地貌。(　　)

(10) 韶关丹霞山的岩石有较多错落现象,错落重要的特征是岩块并没有发生反转和碎裂的现象。(　　)

5. 简答题

(1) 为什么我国东部地区的花岗岩地貌的瀑布、泉水较多?

(2) 试述花岗岩的主要特征。

(3) 试述花岗岩地貌的主要特征。

(4) 试述罗浮山主要花岗岩类型的特征。

(5) 试述韶关丹霞山的通泰桥形成原因。

(6) 试述沉积岩的类型及其基本特征。

(7) 结合丹霞山,试述影响地貌形成的主要因素有哪些。

(8) 试述韶关丹霞山的阳元石形成原因。

(9) 试述韶关丹霞山以风化作用为主形成的地貌特征。

(10) 试述韶关丹霞山以流水作用为主形成的地貌特征。

6.1.2 土壤学实习复习题

1. 名词解释

土壤、土壤剖面、土壤发生层、土壤质地、土壤肥力、土壤结构、土壤新生体、土壤容重、脱硅富铝化、盐基饱和度、阳离子交换量、黏粒硅铝率。

2. 填空题

(1) 丹霞山典型地带性土壤是________,土壤的 pH 值一般在________之间,其主要的成土母质是________,土壤阳离子交换量一般在________以下。

(2) 根据调查,丹霞山土壤的质地以________为主,土壤养分的限制因子主要是________。

(3) 红壤的黏土矿物类型以________为主,其黏粒硅铝率一般为________。

(4) 赤红壤的黏粒硅铝率一般为________。

(5) 罗浮山典型地带性土壤是________,其成土母质主要是________。

(6) 罗浮山土壤的盐基饱和度一般在________。

(7) 罗浮山土壤有机质含量最高的土壤类型是________。

3. 简答题

(1) 简述红壤的主要成土过程和理化性质。

(2) 简述丹霞山典型地带性土壤的特点。

(3) 简述罗浮山典型地带性土壤的特点。

(4) 简要说明罗浮山土壤的垂直分布规律。

(5) 罗浮山飞云顶的海拔较高,山上的土壤与山下的土壤有何区别?

(6) 简述仲恺农业工程学院白云校区后山土壤的特征。

(7) 土壤剖面地点的选择与挖掘要注意哪些问题?

(8) 土壤剖面观察主要是看哪些形态特征?

(9) 简述采集土壤混合样品要注意的问题。

(10) 简述广东土壤标本展厅展示有哪些标本及其功能。

(11) 自然土壤剖面一般有哪几个层次?各层次有何特点?

(12) 旱地耕作土壤剖面一般有哪几个层次?各层次有何特点?

(13) 水田耕作土壤剖面一般有哪几个层次?各层次有何特点?

(14) 如何根据手摸法判断土壤的质地类型?

(15) 耕作层土壤混合采样应注意哪些问题?

(16) 简述土壤样品的制备过程。

6.1.3　环境生态学实习复习题

1. 名词解释

指示植物、抗污染植物、孑遗植物、先锋植物、植物区系、植被、植被型、(植物)群系、群丛、种-面积曲线和群落最小面积、优势种与关键种、多度、频度、盖度、郁闭度、重要值、生活型、层片、季相、群落垂直成层现象、层间植物、群落交错区、边缘效应、演替、原生演替、次生演替、演替顶极、季风雨林(季雨林)、沟谷效应、山顶生态效应。

2. 填空题

(1) 中国红石公园——丹霞山，总面积 292 km^2，是以________景观为主的自然与人文并重、广东省面积最大的风景区。因“色若渥丹，灿若明霞”而得名，2004 年被批准为全球首批世界________公园，2010 年 8 月被联合国教科文组织列为世界________遗产。

(2) 丹霞山位于南岭山脉南坡，属________南缘，具有中亚热带向南亚热带过渡的________湿润气候特点。

(3) 丹霞山作为一种特殊地貌类型，一方面有着与其他________地区相似的植物区系成分；另一方面丹霞山也孕育着其独特的________资源。

(4) 丹霞山野生维管植物约有 1706 种，隶属 206 科 778 属；其中，________植物 37 科 70 属 139 种，________植物 6 科 8 属 10 种，________植物 163 科 700 属 1557 种。

(5) 丹霞山具有非常丰富的生态系统多样性，调查结果表明丹霞山生态系统类型有 42 类，其中，________生态系统 11 类，________生态系统 14 类，________生态系统 17 类。

(6) 丹霞地貌区小尺度范围内高度多样化的生态系统普遍存在。可见，丹霞地貌具有生态系统________和高度________特性。

(7) 丹霞地貌存在着完整的________演替与________演替系列。

(8) 典型丹霞地貌的山顶为原生演替的矮灌木林和________林，原生演替不断从裸露的________开始，形成原生演替早期的________草本群落，随着________的进一步风化和________、________等植物的作用，________层增厚，将________演替继续往前推进。

(9) 丹霞地貌也存在着完整的次生演替系列，同时存在演替________林、演替________林和演替________林。

(10) 丹霞地貌的特殊沟谷效应体现在以下两个方面：第一是丹霞地貌演变过程中形成________隆起和________凹陷，特殊的地貌环境使得沟谷中的________因子与其他非丹霞地貌开阔区域产生差异、小________相对封闭，________条件极好，为喜高温高湿的________物种提供了较好的生存环境；沟谷所处位置的________环境，如四周崖壁的光滑程度会影响到太阳光反射到沟谷的光强，这些都会对沟谷中的温湿度产生影响。第二是丹霞地貌特殊的________条件，为沟谷地带孕育出一批热带性较强的分类群提供了可能。

(11) 与相近纬度的诸多植被相比，丹霞地貌植物区系________明显增强，热带分布区类型所占比例比同纬度区域要大 10%以上，大多数沟谷中________物种分布比较明显，藤本分布较多，________植物也较丰富，耐水湿的植物区系发育良好；这实际上造成了植物________分布上的移位，使中亚热带区域中分布有________甚至________区域的物种，出现了由于其特殊的沟谷地貌效应而形成的与其地貌条件保持协调和平衡的演替顶级类型，称为________顶极群落。

(12) 丹霞地貌山顶生态效应现象表现在山顶的平均________高于山脚沟谷，平均________小于山脚沟谷，群落物种________均小于山脚沟谷。相比山顶而言，山脚沟谷的植物有很强的________性。这些特征都有别于非丹霞地貌山地。

(13) 研究者对丹霞山植被和植物群落进行全面调查和样方分析，将丹霞山现状植被分为9个________，包括 24 个________，32 个________。其中马尾松林、秀丽锥林、木荷林为________群系；甜槠常绿林、乌冈栎硬叶林、粤柳落叶林以及丹霞梧桐林和紫薇林等半落叶林为________群系，卷柏、苦苣苔等石壁草本群落为岩生________群系。植被的主体组成以________成分为主，约占非世界属的 69.3%，________成分亦占 36.2%；在优势科属的组成方面，受到南亚热带及热带区系成分影响，并由于丹霞地貌________岩壁环境的影响，出现许多________灌丛。

(14) 在丹霞盆地，由于陡峻的________、低缓的________和贯穿其中的蜿蜒________等地貌环境，以及丹霞地貌的小环境气候特征，孕育了丰富的________植被和农业生态系统，并在小尺度区域中，按环境梯度形成________和________的群落序列。

(15) 在水平地带梯度上，丹霞山位于南亚热带的________，原生植被具有南亚热带（山地）________林和南亚热带________林的过渡特征。这是由于南岭山脉对北方南下寒流的________以及该地区的丹霞地貌的岩石________面大，加强了局部的________，在沟谷形成了夏________、冬________的"热谷"环境，使植物群落比同地区的常绿阔叶林有更大比例的________成分。

(16) 在垂直地带梯度上，丹霞山的山体相对高差不大，但是垂直分布系列较多。在海拔 350～625 m(海螺峰、燕岩、巴寨)分布有亚热带山地________林，在海拔 300 m 以下分布有南亚热带________林，并含有南亚热带沟谷________的特征；在海拔 250～300 m 的土层较薄地段和悬崖陡壁，可列出一类低纬度、低海拔的亚热带硬叶常绿阔叶________和________树灌丛（丹霞梧桐、紫薇等）。而在海拔 50～250 m 的丘陵和较开阔的河流阶地上，人类的活动形成了________林、水稻田与村落等________景观。

(17) 丹霞地貌产生的热效应影响局部区域的气候和________环境，使之与相邻的非丹霞地貌区植被生态系统相比具有更大的________和更丰富的________类型，这也是丹霞地貌的独特________自然遗产的重要价值所在。

(18) 丹霞山典型的沟谷、低地常绿阔叶林以________带植物区系成分占优势。常常在沟谷地区形成________的层片、________景观，绞杀、茎花、附生、树蕨以及木质藤本等________科属植物极为丰富。

(19) 丹霞山以亚热带________林所占面积较大，成分占明显优势，但落叶、半落叶树、灌木种类也较丰富。

(20)常见的________或半落叶乔木有：丹霞梧桐、粤柳、枫香、无患子、南酸枣、岭南酸枣、豆梨、紫果槭、樟叶槭、飞蛾槭、黄牛木、朴树、山乌桕等。

(21) ________植物主要有：海芋、芒萁、乌毛蕨、铁线蕨、江南星蕨、龙须草、类芦、五节芒、石珍芒、河八王、野古草、纤毛鸭嘴草等。

(22) ________林树种主要有：马尾松、油桐、大叶相思、尾叶桉、隆缘桉等。

(23) 丹霞山的天然次生林植被类型划分为 8 植被型 19 群系；其中森林植被型有 6 类，最主要的是南亚热带________林和暖性________林。

(24) 亚热带暖性________林主要是马尾松群系。马尾松-檵木(/大叶紫珠 /桃金娘)芒萁群丛。

(25) 亚热带暖性________林主要是粤柳群系。

(26) 南亚热带季风________林主要是秀丽锥群系，木荷群系，软荚红豆群系，苦槠/柯群系，黧蒴锥林群系。

(27) 丹霞山亚热带山地________林仅有甜槠群系。

(28) 丹霞山亚热带山地硬叶________林主要是乌冈栎群系。

(29) 亚热带山地落叶灌丛林是分布在干旱的、土层薄的岩石露头、石窟、岩石陡坡、林缘的散生或丛生的小面积群丛。主要分布在丹霞区、韶石区等及其附近。由于生境的小气候干热，形成落叶季相变化，也是构成丹霞植被多样性和景观色彩丰富的特色群系。主要群落有________、________等。

(30) 丹霞山的亚热带山丘灌草丛主要分为两类：一是分布在低丘、坡麓的________群落，是生境土层薄，不适林木生长或原有林地被砍伐后形成的，在山地阴坡和原有阔叶林的迹地为乌饭树群系，在阳坡和低丘山脚，原为马尾松林的迹地为桃金娘群系；二是生于石壁陡崖的________灌草丛，有苦竹、小石积等灌丛，还有卷柏、苦苣苔、龙须草、石蒜等地被植物群系。

(31) 丹霞地貌的垂直陡壁和水平层理发育，形成丰富多样的________草本群落。除卷柏群丛、苦苣苔群丛外，还有秋海棠群丛、黄花石蒜群丛等。

(32) 卷柏群丛是分布在海拔 200 m 以上的岩石露头、砾石的一种________群落。群落特点是常以卷柏单优种构成，或丛生在龙须草等矮草群落中。

(33) 苦苣苔群丛主要分布于湿润的________中，常形成局部石壁的优势群落。

(34) ________群落主要分为沟谷山涧的水东哥群系和山塘水库的香蒲等________植物群系和苦草等________植物群系。

(35) 丹霞地区植被构成的 33.5% 为________群落。在海拔 50～250 m 的________和较开阔的________阶地上，人类的长期生产活动形成了________林(含竹林)和________两个群系。

(36) 罗浮山刚好处在________线上，属________气候，热量充足、雨量充沛、日照时间长。

(37) 罗浮山植被的水平地带性属于________林，是亚洲________林向________林过渡的类型。在森林植被的组成方面以________植物为主，但也混生一些落叶种类。

(38) 罗浮山植被呈垂直分布变化________。山顶是低矮的灌木林和________，山腰是灌木林和________，山底是________。海拔 250 m 以下的沟谷出现类似的“________”，但其雨林的特征远不如鼎湖山明显。

(39) 中国科学院华南植物园是中国历史最久、种类最多、面积最大的________植物园。有“中国南方绿宝石”之称。

(40) 华南植物园是我国面积最大的植物园和最重要的________资源保育基地之一。全园由 3 部分组成：一是________和展示区（植物迁地保护区），占地约 2.82 km^2，建有现代化的展览温室群、科普信息中心，以及木兰园、________、________等 30 余个专类园，迁地保育植物约 13600 种(含品种)；二是________和生活区，拥有馆藏标本 100 万份的植物标本馆、专业书刊约 20 万册的图书馆、计算机信息网络中心、公共实验室等支撑系统；三是建于 1956 年的________国家级自然保护区，占地面积约为 11.53 km^2，是我国________个自然保护区和中国科学院目前________________的自然保护区，就地保育植物 2400 多种。

(41) 华南植物园的________园始建于 1956 年，占地约 3 公顷，主要种类有：大王椰子、砂糖椰子、酒瓶椰子、蒲葵、大叶蒲葵、美丽蒲葵、油棕、陈棕、棕竹、省藤等。

(42) 目前，地球上已知的孑遗植物大概有 80 多种。孑遗园建于 1956 年，收集有 20 多种孑遗植物，主要种类有：落羽杉、水杉、银杏、鹅掌楸等，是现存种子植物中最古老的孑遗植物，________代________纪冰河时期存留下来的中国特有的珍稀名贵树种。

(43) 华南植物园的________园占地约 35 亩，是我国最早开始苏铁植物引种栽培的专类园，展示誉为“________”的苏铁类植物共 70 余种。主要种类有：华南苏铁、越南篦齿苏铁、刺叶非洲铁等。

(44) 棕榈科植物大多适合生长于________的环境，是________地区的特色景观。

(45) 棕榈科植物一般都是单干________，不分枝，叶大，集中在________顶部，多为________分裂或________复叶的大叶，一般为乔木，花小，通常为淡黄绿色。其是单子叶植物中唯一具有________习性，有宽阔的________和发达的________的植物类群。在中国主要分布在________各省。

3. 简答题

(1) 比较丹霞梧桐、假苹婆两种丹霞山常见植物的主要特征和生境。

(2) 试举例说明丹霞山的主要植被类型特征。

(3) 试比较丹霞地貌特殊的“沟谷生态效应”与“山顶生态效应”。

(4) 罗浮山的植物景观垂直分布变化明显，其植物群落垂直序列类型主要有哪些？

(5) 通过对气生根、呼吸根和板状根等的观察认识，谈谈你对植物的形态、结构与功能适应环境的理解。

(6) 在华南植物园的参观中，你主要了解了哪些专题园？请列出其主要专题园的代表植物。

(7) 简述棕榈科植物的主要特征和价值。

(8) 简述仲恺农业工程学院校园 3～5 种常见木本植物的主要特征和作用。

(9) 何谓指示植物？试举例说明。

(10) 何谓群落最小面积？一般采用何种方法确定？

6.1.4 环境修复实习复习题

1. 名词解释

湿地、人工湿地、水体富营养化、抗污染植物、环境修复、生物修复、生物净化、植物挥发、暴露评估、生态恢复、AMD。

2. 填空

(1) 大宝山矿区是________矿区，主体矿上部为________，中部为________，下部为________。

(2) 大宝山矿区土壤类型为________，由于所含金属硫化物发生氧化而发育为________土。

(3) 大宝山矿区周边水土污染较严重的重金属元素有________、________、________、________和________等(排名不分先后)。

(4) 酸性矿山废水是________和________暴露后，受到________和________的双重作用快速氧化而产生的。故产生的根源有________、________和________。

(5) 中山大学在1984—1986年研究中发现的凡口铅锌矿高浓度铅锌废水中生长良好、具有吸收铅、锌等重金属的能力的植物是________________。

(6) ________和________两大部分可以认为是尾矿库废弃地生态恢复的核心内容。

(7) ________和________植物由于它们对矿区寡营养环境的适应和较快的生长速度，成为矿区修复先锋植物的良好选择，尾矿库废弃地试验区选用较多的修复植物有________(举出2种植物)。

(8) 凡口铅锌矿为典型的________，是目前中国已探明的地质储量最大的________矿山之一。

(9) 凡口铅锌矿生态恢复工程中主要种植的修复先锋植物为________。

3. 简答题

(1) 简述环境修复、生物修复、生物净化三者之间的关系。

(2) 按修复主体分类，生物修复主要包括哪些类型?

(3) 简述生物修复的优缺点。

(4) 植物修复重金属污染土壤的原理主要包括哪些?

(5) 影响生物修复技术成功的因素包括哪些?

(6) 大宝山酸性矿山废水的组成有什么特点?

(7) 简述韶关大宝山矿区重金属污染成因及可能的对策。

(8) 李屋拦泥坝为何未能改善下游的土壤污染?

(9) 试分析大宝山周边生态环境遭到破坏的原因。

(10) 大宝山为了改善周边环境做了哪些污染治理整顿措施? 效果如何?

(11) 简述凡口铅锌尾矿库生态恢复工程的主要技术措施及步骤。

(12) 针对大宝山矿区、凡口铅锌矿区周边土壤存在的重金属污染风险，就如何保证农产品质量安全提出你的建议。

(13) AMD的处理技术有哪些?

(14) 金属矿山废弃地生态恢复实践有哪些手段或方法?

(15) 简述水体富营养化治理和修复方法主要有哪些。

(16) 结合惠州西湖水体修复案例，阐述水体富营养化治理和修复的主要方法。

(17) 简述人工湿地处理生活污水的机理。

(18) 简述垂直潜流式人工湿地的主要组成部分，并试述各部分的作用。

(19) 简述湿地植物的净水功能及净化原理。

6.2　实习展板制作与实习成果展示

展板，是指用于发布、展示信息时使用的板状介质。材质有纸质、新材料、金属材质等。在校园、小区、医院、商场等地方，我们总能看到引人注目的宣传展板。这些展板上除了有耐人寻味的文字和逼真的照片，还有色彩鲜艳的图形和创意十足的构成和编排。因此，优秀的展板设计是吸引观众、推介产品、促进交流和给人启迪的重要媒介载体。

6.2.1　展板制作目的

生态环境野外综合实习展板设计制作目的主要有以下两个方面。

1. 展示实习的专业成果

展板主要展示学生们在实习中通过参观、考察、野外调查、小组讨论等过程学习和收获的地质地貌学、环境土壤学、环境生态学和环境修复技术等方面的专业知识和成果。

2. 展现实习目的等其他信息

通过展板设计可以同时向观众表达在实习过程中的经历和思考，如野外实习的艰苦锻炼、爱国主义教育、团结合作精神，对实习的评价、乡村振兴的思考，对公众环境保护意识的呼吁和对政府加强自然保护、生态文明建设等方面的建议等。这些信息能在第一时间让观众接收到。

6.2.2　展板的分类

1. 按照材料分类

(1) KT 板：最常用的一种，厚度一般在 5～8 mm。压展板为 KT 板的一种，质量较好，造价低、较轻、较脆，挂墙较合适，但怕挤压。

(2) PVC 发泡板(安迪板、雪弗板)：以聚氯乙烯(PVC)为主要原料。质地很坚硬，可长期放置。厚度一般为 2～10 mm，可做较薄的展板。

(3) 铝板或铝塑板：铝塑板由性质截然不同的两种材料(金属和非金属)组成，它既保留了原组成材料(金属铝、非金属聚乙烯塑料)的主要特性，又克服了原组成材料的不足，进而获得了众多优异的材料性质，如耐腐蚀、耐撞击、防火、防潮、隔音、隔热、抗震、质轻、易加工成型、易搬运安装等特性。

(4) 高密度板：厚度一般为 9～12 mm 之间，一体成型，做工精细、清晰度高、立体感强、档次高、画质细腻、色彩丰富、防水防潮、易于安装、经久耐用，长时间使用不变形、不掉色。制作尺寸可定制，优于传统常用展板。适用领域极其广泛，也常用于高档场合(如博物馆、陈列室、会议室和展厅等)。

(5) 亚克力：也就是有机玻璃，主要由两块具有一定厚度的亚克力组合成，其透明性好、不易碎、易于加工、外观精美，表面光泽感强，适用于各种场合，但相对成本较高。

2. 按照作用分类

大致分为商业类展板、公益类展板以及文化类展板。

(1) 商业类展板：商业类展板是用于宣传企业、某种商品或各种服务的展板。要针对产品的相关特性、优势以及主要消费群体来进行设计。商业展板最重要的优势是直观地表达产品，吸引消费者的目光，激发他们的购买欲。

（2）公益类展板：公益类展板带着对大众教育的意义，在选择文字、图片以及背景色彩时，应符合主题要求。这样的公益类展板的主题通常包括政治思想的宣传、各种社会公益活动或是爱心奉献以及义工活动等。

（3）文化类展板：这类展板是为了帮助宣传各种展览或文娱活动，展板的设计过程应注意是否贴近活动的主题或展出内容等。

3. 按内容分类

大致分类为前言展板、导语展板和主体展板。

（1）前言展板：一般位于最前面，其说明文字要有指导意义，如介绍展览的内容以及展览的目的，可使观众在脑海里有一个大体的印象。

（2）导语展板：一般被置于某一段展览的开端，具有介绍展览主题和划分展览空间的作用。

（3）主体展板：这是展览最核心的部分，包括了展板所要表达的全部内容、中心思想或核心信息，是表达主要信息的设计版面。在这个版面设计中，主体内容应当围绕展板的主题，详细陈述主题所涉及的全部内容或图片所反映的信息，应该是层次分明、结构合理的版面设计。

6.2.3　展板的设计

1. 展板设计的原则

展板设计的基本原则是要视觉统一、均衡，形式与内容一致，内容简洁丰富，还要易于理解，能够为人们所接受。

（1）突出主题：展板在设计的时候要经过精心的排版与设计，突出展板的主题。

（2）形式内容统一：展板的表现形式、主题内容要统一，不要偏离中心主旨。

（3）视觉均衡：在设计过程中，一定要注意观众的体验度。尽量不要使用一些颜色过于艳丽或刺眼的颜色。

2. 展板设计的要求

构成展板的基本元素有：文字、线条、图片与颜色。根据主题需要，将突出的内容进行合理排列组合，并运用造型元素的设计原理，将设计方案用直观的形式表现出来，避免观众因文字内容冗长、文字行间距不合理、色彩与辅助元素使用不当等问题而产生阅读疲劳。

展板设计的具体要求如下。

（1）做展板要先做好底图或底色，上面是标题，中间是图片和文字。

（2）当展板包含两幅或以上图片时，图片的版面方向需保持一致。

（3）尽量利用一切可利用的资源将设计结果全面地展示出来。

（4）展板内容要图文并茂，通过图片和文字来表现。图片可以是照片、效果图、模型图片、漫画和卡通画等，可以是整体全貌，也可以是局部放大图、爆炸图，还可以是线框图等。

（5）展板可用PS、CD、AI等设计软件进行设计，也可用Word、PPT等软件制作。最终输出文件格式为图片格式，但过程中要保证精度。

（6）展板除基本的介绍性文字、图片等内容外，还需包括制作人姓名、指导教师姓名、标题、课程名称等。

(7) 展板的艺术性包括文字与图片的设计，以及图片与文字、文字与文字、图片与图片的布局等。

6.2.4 展板的制作与摆放

1. 展板的规格

展览中展板的规格需统一，不同级别的展板制成统一大小。因此，展板内容的篇幅应和展板大小相协调，避免展板内容太空或太挤。

2. 展板的打印制作

展板制作过程中，需与输出制作单位沟通展板的尺寸、文字大小、精度等，确保展板的高像素输出。

3. 展板的展示

展板展示可直接落地摆置和悬挂放置。

悬挂式展板所挂的高度要符合人体工程学的原理，要保证一般身高的观众可以在仰头情况下长时间舒适地阅读展板上的内容。看板一般悬挂在离地面 1～1.2 m 处。

6.2.5 优秀展板的标准

1. 主题

(1) 主题突出、引人注目；

(2) 内容丰富，具有启迪性及科普意义。

2. 形式

(1) 展板标题富有设计感；

(2) 内容有较强的形式美感，色彩不限；

(3) 艺术处理大胆、有创意；

(4) 色彩能渲染主题、有视觉冲击力。

3. 文字与图表

(1) 字体规范、大小适宜、整洁美观，字数在 300 以内；

(2) 不同内容可选用不同字体；

(3) 不限制字的颜色，但要和展板整体和谐统一；

(4) 图表能把复杂的科学知识简单明了化。

4. 图片

(1) 展板的图片数量合适；

(2) 图片趣味性强。

5. 排版

(1) 注意图片的颜色同底色的对比。

(2) 内容之间有适当的间隙，不要让人感觉太空旷，也不要让人感觉太拥挤。

(3) 版面色彩搭配合理、整体效果和谐美观、艺术性强。

(4) 版面各要素间的主次、大小有区分，构思巧妙、布局合理、可视性强。

6.2.6　展板宣传与展示

优秀的展板如彩图 6-1、彩图 6-2、彩图 6-3、彩图 6-4 所示。

6.3　研究性科技论文的撰写

6.3.1　研究性科技论文的定义

研究性科技论文是报道自然科学研究和技术开发创新性工作成果与科技管理经验的一种论说性文章，它是以建立在科学实验和调查基础之上获得的科技成果为对象，遵循科学逻辑思维方式进行分析推理，采用科技语言阐述原始研究结果，按照一定的写作格式撰写，并经过专家严格审查后才能公开发表的学术论文。

6.3.2　科技论文的基本特征

1. 科学性

这是研究性科技论文在方法论上的特征。它不仅仅描述的是涉及科学和技术领域的命题，而且更重要的是论述的内容具有科学可信性。研究性科技论文不能凭主观臆断或个人好恶随意地取舍素材或得出结论，它必须根据足够的和可靠的实验或调查数据或现象作为立论基础。

2. 创新性

这是研究性科技论文在内容上的显著特征，是研究性科技论文的灵魂。它要求论文所揭示的事物的现象、属性、特点及其运动规律或者这些规律的运用必须是前所未见的、首创的或部分首创的，而不是对前人工作的复述、模仿或解释。

3. 学术性

这是研究性科技论文在质量水平上的特征。它要求论文具有从设计科学的实验或调查中抽象概括出来的对某一事物或现象的更新、更深的理性认识的特性，即对获得的实验数据资料通过科学分析、推理，提高到学术理论的高度。

4. 逻辑性

这是研究性科技论文在论说形式上的特征。它要求论文遵循逻辑学的客观规律展开论述。即要求论文前提完备、试验或调查证据充分、逻辑思维严密、推断合理、层次清晰、结构严谨、语言简明、文字通顺、表述确切、前呼后应和自成系统。

5. 规范性

这是研究性科技论文在写作格式和语言表达上的特征。它要求论文的撰写格式必须科学化、规范化、标准化。即按研究性科技论文写作的国标格式进行撰写，论文涉及的语言文字、专业术语、计量单位等都要符合标准规范。

6. 有效性

这是研究性科技论文在发表与交流方式上的特征。当今，只有经过相关专业的同行专家的审阅，在正式的科技刊物上发表或在一定规格的学术评议会上答辩通过、存档归案的研究性科技论文才被承认是完备和有效的，它表明论文所揭示的事实及其真谛以方便地为他人所应用而成为人类知识宝库中的一个组成部分。

7. 应用性

这是研究性科技论文在实践性上的特征。它要求论文在理论、方法或技术上都具有实际应用价值。就是说论文所研究的问题都是由生产实际、社会实践和科技活动中产生的，反映了相关领域的新问题。研究结果都是相关领域的新成果，对生产、科研、教学和社会活动等相关领域有直接或间接的指导意义和应用价值。

6.3.3　本科生撰写研究性科技论文的必要性

在本科学习阶段，研究性科技论文的写作过程是创造性思维深化的继续，是进行思维训练和素质教育的最佳载体。通过论文的写作训练，学生可在实践中不断发现问题、解决问题，只有这样才能促进其创新能力的养成。首先，在本科阶段撰写的论文获得公开发表，是任何一个本科生从事科研工作最期望的结果，也是对自己的科研工作最好的肯定。其次，科研文章获得公开发表也是个人学术能力的彰显，还可以通过多种途径向他人传递这种成功的喜悦。最后，撰写的论文获得公开发表能提升个人价值。

6.3.4　论文撰写的基本要素与撰写技巧

由于学科、专业及具体题材的不同，研究性科技论文写作的格式和要求也不完全一致。通常一篇完整的研究性科技论文应包括题目、作者署名、摘要、关键词、正文（论文的内容）、致谢和参考文献等。

1. 题目

它是论文的必要组成部分。选题在科学论文中占很重要的位置，选题的好坏决定着论文写作的成败，决定着论文的社会价值，而选题的水平更反映一个人的创造能力。可以说选题具有一定的理论意义和现实意义。要求用最简洁、最恰当的词语构成的逻辑组合反映论文特定内容，要求概括文章的宗旨，符合编制题录、索引和检索的有关原则并有助于选择关键词。如一句话难以概括，还可以加一个副标题作为补充。中文题名一般不超过 20 个汉字。

2. 作者署名

署名是论文的必要组成部分，是文责自负和拥有知识产权的标志，是对作者研究成果的认可，因此署名人应是在论文主题内容的构思、具体研究工作的执行以及撰稿执笔等方面全部或局部做出主要贡献的人员，能够对论文的主要内容负责答辩的人员，是论文的法定主权人和责任者。多位作者共同完成的作品联合署名时，署名顺序应按对论文的贡献大小排列，另外还应附上作者所在工作单位或通讯地址，以供读者在需要时与作者联系。

3. 摘要

摘要是论文的必要附加部分，是论文的点睛之处。摘要应着重反映研究中的创新内容和作者的独到观点，并具有独立性和自含性，即摘要应是一篇完整的短文，不需看正文就能通过摘要了解正文中的基本信息。摘要一般用 300～500 字来概括文章的基本信息，是文章的精华浓缩。摘要一定要反映出研究内容的创新部分以及作者独到的观点，不能简单地对题目中提供的信息进行重复，更不能对论文内容部分进行罗列。中文摘要一般使用第三人称撰写，不列图、表，不引用文献，不加评论和解释。

4. 关键词

关键词是反映文章最主要内容的术语，是为方便检索，适应计算机自动检索需要而产生的。其是指那些出现在论文的标题(篇名、章节名)以及摘要、正文中，对表征论文主题内容具有实质意义的词语，亦即对揭示和描述论文主题内容来说是重要的、带关键性的那些词语。一般每篇论文选择关键词 3～5 个。

5. 正文

正文是论文的核心部分，它是对论文如何提出问题并对提出的问题进行分析、解决，从中找出实质性结论的一个完整的论述。该部分是著作者研究成果的创新性和学术性的集中体现，决定着论文的学术和技术水平。正文一般包括引言、材料与方法、结果与讨论、结论四部分。

1) 引言

引言是论文的开场白，其主要内容包括本研究的理由或创新点、目的或目标、研究现状、所采用的方法及预期结果。其目的是向读者说明论文的研究目的，引导读者理解论文的中心内容。好的引言可以吸引读者去阅读全文，真正起到引路的作用，差的引言会引起读者的反感，终止对文章的阅读。一般我们可以将引言的内容分为四个层次：第一层介绍研究的背景、意义、发展状况、目前的水平；第二层提出目前尚未解决的问题或亟须解决的问题；第三层说明自己研究的具体目的与内容；第四层是引言的结尾，介绍论文的组成部分和结构，所报道的主要结果和结论。

2) 材料与方法

它是形成研究性科技论文的前提，内容一般包括：①材料的性质、性能、产地等，所用的仪器要有名称、型号、生产厂家或国别；②实验场所具备的条件等；③采样、实验获取数据，对数据进行处理的方法与过程等，采样与实验过程要根据先后顺序描述；④理论分析，包括理论依据、基本原理、公式推导和数理模型等。在内容较多的情况下这一部分内容通常可分为几个小节，使读者能够清晰地了解具体的研究材料、研究手段以及研究方法的具体实施步骤和过程，以便于读者理解或重复论文的研究。

3) 结果与讨论

它是研究性科技论文的重要组成部分，其主要内容是说明本研究/调查的结果及其作用和意义，解释现象、阐述观点，为后续研究提出建议。结果与讨论是体现论文创造性和理论性特点的核心部分内容，最能反映作者掌握的文献量和对某个学术问题的了解和理解程度。结果的作用在于展示数据，结果中不应包含分析理解，一般也不引用相关研究文献。正确地展示数据是论文发表的关键，因为成果展示的逻辑顺序对解答问题或假设是至关重要的。在结果写作中要避免简单罗列或堆砌数据，而应根据研究思路、按一定的逻辑顺序逐步地展示数据，也可以通过图表、照片等更简洁的表达形式来展示结果。

4) 结论

结论部分又称为结语或结束语，是文章最后段落中具有指导性、创造性和经验性的结果描述，是在一定的理论分析与实验验证的基础上得出的。但它不是研究性科技论文的必要组成部分。结论不应是正文中各段小结的简单重复，它应该以正文的试验或考察中得到的现象、数据和阐述分析为依据，要以事实为依据，将结果阐述清楚，主要描述研究课题或文章的具体内容、方法，研究过程中所使用的设备、仪器、条件，如实公布的相关数据及研究结果等。但是结论部分一定要注意，不能不进行数据分析就得出结论，也不能出现“可能”“也许”及“大概”这类词语，更不能不经科学分析，加入随意猜测的成分。

5）致谢

致谢可以单独成段，放在结论后面，但不是论文的必要组成部分。在研究性科技论文讨论与结论之后，对曾给予论文重要帮助的人们(直接提供过资金、设备、人力以及文献资料等支持和帮助的团体和个人)表示感谢。

6）参考文献

参考文献是研究性科技论文不可或缺的组成部分。它体现了对前人研究成果的尊重，同时也便于检索和统计。没有参考文献、参考文献数量较少或参考文献陈旧的论文，一般都创新性不足，其科学性和学术价值令人生疑。其中，参考文献与内容要对应。参考文献的选择、引证应科学、全面、规范，其著录应采用国家标准 GB/T7714—2015。

6.3.5 研究性科技论文作业

(1) 实习点(丹霞山、罗浮山和惠州西湖等)水质的监测与分析研究。

(2) 实习点(丹霞山、罗浮山和惠州西湖等)生活污水的氮磷去除研究。

(3) 实习点(丹霞山、罗浮山和惠州西湖等)人口密集区土壤污染调查研究。

(4) 实习点(丹霞山、罗浮山和惠州西湖等)水体底泥污染物监测与分析研究。

(5) 实习点(丹霞山、罗浮山等)土壤有机碳组成与垂直分布特征研究。

(6) 实习点(丹霞山、罗浮山等)土壤理化性质及其分布规律研究。

6.4 实习征文选

大自然的旷世佳作

资环 171　韩东辰

时光荏苒，转眼实习已经在大家的阵阵欢声笑语中悄然结束。作为资源环境科学专业的一名学生，这次实习就像对我们未来从事专业工作的一次彩排。我们在这次实习中不仅学到了很多实用的知识技能，也收获了一段宝贵的回忆。在惊叹大自然的神奇壮丽的同时，我们仿佛也感同身受着大自然的一切。高耸入云的山峰、鬼斧神工的奇岩怪石、姹紫嫣红的花草、一望无际的天空，风光旖旎，使人流连忘返，沉浸在这自然的震撼和美妙之中，遐想着找一席高地，坐看云卷云舒，或是寻一处旷野，静听花落花开，静静地享受这份安闲自在的美好时光。

实习中令我印象最深刻的就是丹霞山，美称“色若渥丹，灿若明霞”。丹霞山有鲜见的玫瑰色地貌，具有顶平、身陡、坡缓的特点，这种地质结构更是被地质学家命名为“丹霞地貌”。走进丹霞，就像走进了一个大宝库，丰富多彩的植物种类、千姿百态的地质构造、山明水秀的自然风光，随处一看就能发现很多藏在缝隙中的小惊喜。丹霞山地处亚热带南缘，具有亚热带季风性湿润气候，这里不仅拥有独特的地貌，还有很多独具特色的植物，如丹霞小花苣苔、丹霞兰和丹霞梧桐等，其中很多少见的特色植物像是星火点缀着夜空，躲藏在丹霞山不经意的角落里暗放芳香，使丹霞山显得更加的神秘。我们很幸运地见到了丹霞梧桐，它生长在一处斜壁上，用自己的根紧紧地抓住周围的土壤，奋力地吸取土壤中的养分使自己的枝叶更加茂盛。每到六月梧桐开花，更是一幅惊奇美艳的画面。而丹霞兰比丹霞梧桐更难见到，听说就算全国也仅存二十几棵而已。植物濒临灭绝，而罪魁祸首就是我们人类自己，我们生产和发展的魔爪笼罩着整个生态圈，极大地改变了原有的生态环境，使得丹霞兰这种自然孕育的奇珍异宝失去了稳定生长的环境，最终走向了落寞的道路。

这里是座天然形成的宝藏，只有热爱自然的人才拥有打开这个宝藏的钥匙。你很难想象大自然是多么爱惜它的每一件宝贝，它用无形的手掌将它们从虚空一点点创造出来，用精湛的手法雕刻着点点面面，用细腻的心思勾绘着每处细节，用神乎其神的方式维持着这一切之间微妙的平衡，最终才孕育出这个神奇的五彩缤纷的世界。它是一位集大成的魔法师，它轻轻一吹，便将美注入它的作品中，使得岩石变化了形状。丹霞山有名的阳元石、阴元石、通泰桥都是出自它的手笔。我们就像是参观展览会的游客，观赏这位大艺术家在不同的年代创造出的精妙作品，细细品味着每一处风景。

大自然总是热情地将精彩的世界铺展在这片山水之间，毫无保留地向我们展示着它的旷世佳作。然而不懂得欣赏的人们却肆意地破坏它，为了自身发展剥削着这一切。暗红的湖水、黑乌乌的河流，就像这幅旷世佳作的暗斑一样，被无情地抹去了颜色。

大宝山，它本应像它的名字一样，是粤东山区的一座宝山。我们刚刚来到这里，就看到水绕青山山绕水，山浮绿水水浮山的美景，一眼望去碧空如洗，天空慢悠悠地飘荡着几朵云彩，忽然吹来一阵小风，路旁的花草便随着一起摇晃脑袋，极其惬意。可是当我们走到拦泥坝，触目惊心的画面便映入我们的眼帘，那些只在教科书上见过的场景，如今却真实清晰地展现在眼前。那赤红色流淌过河流，沿着河岸攀爬至山坡，将周围的一切感染上悲伤且躁动的情绪。它与之前那悠然自在的蓝天白云形成一种极大的视觉冲击，让人失去理性，沉浸在这种错差感之中。幽暗的红色仿佛是大宝山的血泪，它在无声地发出自己的抗议，然而对于那些当初在这里肆意开发破坏、暴殄天物的私小企业采矿者来说，却已是熟视无睹。尽管这块遗失之地现在逐渐被人们发现并重视起来，污染的源头得到很好的控制，修复工程也更新换代并且日趋完善，但是这些私小企业给环境带来的伤痛仍不会那么快得到恢复。

短短几日我们看过美丽的花草树木、植物群落，识过独特的地质地貌、山川湖泊，听过空灵的鸟语虫鸣、风声萧瑟；然而在另一处角落，我们也感受到了生态破坏的触目惊心，这种反差像是一块石头压在胸口，让人痛心。大自然是公平的，观赏它、保护它会得到它的馈赠，但是破坏它一定会受到它的惩罚。这些污染也同样敲响了保护环境的警钟，让我们意识到"绿水青山就是金山银山"这句话背后的深意，让我们懂得珍惜眼前这些大自然的旷世佳作，让我们行动起来去创造更好的未来。相信实习过程中的这些所见所闻，日后都会成为我们宝贵的财富，使我们回味无穷，受益终身。希望我们能够不辜负这次行程，思而改之，精益求精，为成为一个能为环境做出一点点贡献的人而不懈努力。

不达飞云非好汉，不攀罗浮枉少年

资环171　邱嘉琳

仲夏，草绿，花开，树茂，天蓝，雨润。空气中散发着难以言喻的气息，噢，那是青春的、朝气的、蓬勃的，是属于年轻人的！早晨的空气经一夜风雨的洗涤尤为清新，拖着懒散的步伐走出酒店大门，顿感神清气爽。天空中还在落着毛毛雨，无名小鸟叽叽喳喳地谱写着它们的夏日绝句，草木弥漫着雨天独特的芳香，仲恺农业工程学院资环171的少年们在绿油油、湿润润的环境中开启了一天的罗浮山飞云顶探险之路。

进入罗浮山景区，只见游客寥寥无几，估计在这夏日暴雨的天气下只有我们这群无所畏惧的勇士才敢挑战1296米的最高峰吧。时不我待，大家喊着"冲！冲！冲！"的口号一路向前。我遥遥领先所有女生。一路上，一个人，一双眼，一对耳，一鼻子，满眼是绿，是远处云雾缭绕的山，是近处红粉黄白的小花；是被我甩在远处同学们的打闹声，是环绕四周的虫鸣鸟叫，是雨水冲洗山路的"沙沙"声；是空气中甜甜腻腻的水汽香，是沿路腐殖质混合泥土的大地香，是资环171每个人的青春气息。感受着大自然的动人，我便下意识地放慢脚步，只想多收获点生动有趣。

眺望着，凝视着，察觉周遭山体连绵，山头光滑，与丹霞山形态大为不同。心中不免疑惑，想一探究竟两处差异。经先生解惑，得知罗浮山为花岗岩地貌，山丘挺拔，沟谷深邃，多球状岩块。其主要由石英、长石、黑云母和少量角闪石组成，在南方高温多雨的气候下，石英化学风化成粗砂粒，长石和高岭石变为黏土。一方水土滋润一方生灵，养就了罗浮锥、罗浮冬青、柠檬桉、鱼尾葵等一片片南亚热带季风常绿阔叶林。花岗岩风化产物淋溶搬运、堆积成岩，不断重复地球表面的物质大循环。动植物们落叶归根，又化作春泥更护花，上演着周而复始的生物小循环。世间万物，彼此交融，向世人展示着它的雄浑壮魄与优雅从容。漫步其间，冥想、思索，悟得粗朴之理，心怀执念，以优雅的姿态跨过人生路上的每一道关卡。不知不觉，气喘吁吁地到了半山腰，突如其来一场惊天地泣鬼神的狂风暴雨，正在山腰采土样和凋落物的我们被迫中断行程，原地休整。可生活总是如此多舛，等了许久不见雨势有丝毫减弱的意思，但我们绝不后退，选择逆流而上！接下来这一路，我们头顶暴雨，手握伞与狂风对峙抵抗，踏过小溪，渡过小江。暴雨沿着山体自成瀑布，大家一路任雨水冲刷我们的鞋，甚至我们的躯体。前行的路困难重重，自上而下湍急的水流给自下而上的我们巨大的阻力，还要警觉不时出现的残枝羁绊。不仅暴雨将我们冲刷，还有狂风吹打我们，从头到脚又湿又冷，一边打着寒战，一边蜷缩着努力往前蹬。大伙大概很少如此真实地感受自然，见状，不仅不逃避退缩，反而开小视频记录一幕幕神奇，朋友圈、微博、抖音上布满瀑布水流声、大伙的欢声笑语和相互打气声，这就是青春！

一夫当关万夫莫开，从山脚的砖红壤到飞云顶的山地草甸土，从山下的季风常绿阔叶林到山顶的灌丛草甸，这一路，我们见证了土壤的垂直分布和植物群落的垂直变化，也见证了资环171的勠力同心。没一人半途而废，无人喊苦喊累，因为我们有一个简单的共同信念——成功登顶！海拔不断上升，气温不断下降，从山脚至山顶，我们从夏季穿越到秋季。此刻山顶寒风凛冽，山风萧瑟，但依旧阻挡不了我们拍照留念，以铭记登顶的伟大“创举”。

盛世芳华，青春年少，资环171全体成员凭无穷斗志登顶，以独具洞天的眼光，身耕力行诠释了“好汉”“少年”。哼着小歌一路下山，雨渐渐停了，风渐渐无声了，山腰开阔处，眺望远方，云雾缭绕，白与绿细无声地协调在一起，我们与罗浮山快乐地融合在一起！

“马上就到啦”

环科171　颜燕雯

“岭南第一山”——罗浮山，它的主峰飞云顶，海拔1296米，直线距离近10公里。听说要六七个小时才能登顶，当知道我们罗浮山的首要任务是登顶飞云顶时，我的内心是崩溃的！或许，飞云顶上的壮丽风景是支持我登顶的动力吧！

在罗浮山的主要任务是了解不同海拔的植被及土壤的变化，我们需要采集凋落物和土壤样品进行研究分析。伴随着老师“注意安全”的叮嘱声，我们按捺不住内心的小激动，嘻嘻哈哈地上山了。在罗浮山景区的门口抬头就能看到那雨雾缭绕的山顶，似乎飞云顶就在眼前！我们沿着沥青盘山路前进，但是山路曲折环绕，花费九牛二虎之力却感觉是在原地踏步。前怕掉队，拖后了小组的步伐，后有老师压阵，我不得不咬牙坚持，迈步向前。幸好有小伙伴们陪伴和互相鼓劲“再坚持一下，马上就到了”，我们一直往前走着。

我们一路迈步前进，汗如雨下。在海拔500米左右的地方，我们休息了一会，便开始采集凋落物和土样。我们往路两旁的树林里走，找到了一个相对平缓的地方，根据指导书和老师讲解的方法进行取点，“S型五点取样法”，在地上大致画出一个“S”，从中取间隔较远的五个点，然后就开始分工合作。有的同学取表面的凋落物，有的同学负责挖土，有的负责采土，还有的负责做记录、贴标签。我们将采集的五个点的土样均匀混合，用四分法将其中的四分之一装袋、贴好标签，做好记录，然后将余土填回土坑，便继续往前走了。老师告诉我们，罗浮山海拔500米的土壤为红壤，土壤脱硅富铝化程度高，颜色偏红。这里的植被属于季风常绿阔叶型植被，所以凋落物比较丰富。

渐渐地，我们由大路转向了林间小路。石阶小道旁绿树成荫，阳光伴着秋风在枝叶间穿过，洒落在地上，无限美好扑面而来，那种秋高气爽的舒适感，让我顿时欢快了起来。我一直走在队伍的前端，在起伏的上下坡中，我的体力有点跟不上了，我不断调整呼吸，组员们不断为我加油鼓劲，在一声声“到了吗？”“快了快了，马上就到了！”的鼓励中，我们奋力前行！很快，我们来到了海拔800米的地方，稍事休息，开始完成我们的任务。我们同样采取“S型五点取样法”采集土样和凋落物，分工合作，配合默契，很快就完成了任务。在这里，土壤的颜色开始变黄，中部黄化，是黄壤土。植被多为灌木和马尾松，因此，凋落物也是以马尾松的枯枝落叶居多。我们继续前进，向飞云顶出发。

随着组员们的不断哄骗声“看到飞云顶啦”“马上就到了”“拐个弯就到啦”，我们来到了海拔1120米的地方。山底的阔叶林也已变成低矮的树丛，在小伙伴们互相鼓励的帮助下，我们终于登上了山顶的草甸土！我们对山顶上的别样风景进行一番感叹后，就开始采集凋落物和土壤。这里是典型的山地草甸土，因为湿度大、温度低，有机质分解速度慢，有机质含量高，所以我们看到土壤呈黑褐色，而凋落物也只有干枯的草了。随后，我们便开开心心下山去了。在返程的路上，遇到了不少问飞云顶路程的“驴友”，我们都异口同声回答道：“马上就到了！”

虽然觉得登飞云顶是一项挑战极限、十分艰巨的任务，但我们通过自己的坚持不懈和团队的互帮互助，顺利登顶！这一路上，我们观察到了土壤和植被随着海拔的增加发生变化，山脚的红壤土和季风常绿阔叶，山腰的黄壤、赤红壤和灌木林以及马尾松林，山顶的草甸土和灌丛草甸。土壤颜色逐渐变深，植被类型逐渐减少，是我经历这一次登顶飞云顶收获的知识。

当然，这一路小组队员的团结协作，默契配合，各种任务让我们将理论运用到了实际操作中，提高了我们的动手能力，同时增进了我们之间的友谊，期待在接下来的实验实习中，我们会有更好的表现。

惠州西湖富营养化

环科171　郭金杰

“大中国西湖三十六，唯惠州足并西湖。”己亥，甲戌，甲申，午时，苎萝西子，六湖九桥十八景，乃西湖。苏东坡曾道：“水光潋滟晴方好，山色空蒙雨亦奇。欲把西湖比西子，淡妆浓抹总相宜。”

近年来，西湖富营养化严重，各方从各个方面，开展治理行动。通过外源污染源控制(对生活污水进行截留处理)、投加高效水质净化剂、种植浮水和挺水植物、重建鱼类群落结构、放养底栖动物、岸带改造、构建生态浮岛以及生态系统调整和维护，整个系统在人工控制之下有序运行。

居仲园之高则心系治污，乃吾志。处西湖之远则观其秀景，乃静心。所学之论，躬行之处，乃所学之用。在惠州西湖，衔远山，吞浮川，青山似黛，古亭林立，相得益彰。如今秀景，可曾想，满目疮痍。

通过一系列的治理措施，如今，西湖水体水质良好，透明度增加，水生生态系统完整，溶解氧充足，移植浮水植物和沉水植物，以生态固化为目的，构建生态浮岛，西湖水体水质恢复良好。

人者，天地之所化。若反于道，坏己之境，必自灭亡也。唯有念长远之道，方可保万世之福祉也。西湖之境，前之，河海黯然，浊水倾之。天不蓝，水不绿。源以愚徒，以私心毒念，毁河山，人杰地不灵，灾难频发，害后人矣。然今人得以醒悟，合众人、众物之力用以治污，如生态浮岛、沉水植物，现如今，吾能亲临西湖，见识颇丰。今，湖中秀景，往复从前，天蓝水清，吾辈幸也。

西湖今之景，靠的是前人之力，得以恢复，后人享其果。而我，亦有治污之心，亦想谈诸葛周郎，尝沉戟朱红，奈己学不足，半边烦恼，唯取师之谆谆教诲，倾己之力，所得用以治污。广州，巳时，此刻。

丹霞山之卧龙冈科考路

环科 172　梁露露

金秋风景如画，十月天高云淡。良辰阳光灿烂，吉时热闹非凡。

——题记

我们的生态环境野外综合实习的时间安排在金秋十月。此时，阳光高照，云淡风轻，是边欣赏美景边汲取知识、完善自我的美好时光。

我们在长老峰峰顶采完样后，沿线来到阴元石，一睹其真容，然后认识和学习了其周边的植物。稍作休息后，我们以阴元石作为起点，踏上了卧龙冈森林生态科考路线。

阴元石至宝塔峰——卧龙冈，沿途不但能欣赏到天柱石、猿人石、僧帽峰、宝塔峰、望郎归等著名景点，还能观察到南亚热带沟谷生态群、继生性单竹林、岩缘蕨类及岩壁边大型藤本层片、纯阔叶混交林、亚热带针阔混交林群落、南亚热带沟谷乔木混生景观、亚热带丛林藤影、湿地多种植物花卉组合生态、纯孝顺竹林、沼泽地。大自然的鬼斧神工创造的视觉盛宴，身临其境的感染熏陶，我们无不震惊大自然的壮丽之美。然而，任何华丽的辞藻在它面前都逊色得不值一提。这些所思、所想、所悟均是课堂文化、书本知识无法直接带给我们的，正如"纸上得来终觉浅，绝知此事要躬行"。"尽信书，不如无书"，我们应脱离书本，走出课堂，贴近自然，于自然中学习，于自然中感悟。拥有这次生态环境野外综合实习课程的我，感到十分荣幸，并感叹各位老师及学院设立该课程的明智之举与其设立的必要性！

丹霞山区域蕴含了丰富的生态资源，其中的植物资源就包括了大量的独特寄生植物，如假野菰，它是一种特殊的小个头寄生草本，通常数个成簇，多寄生于竹子根上，汲取营养而生存，开花时呈现紫红色、白色；藤本植物又称攀援植物，茎部细长，不能直立，只能依附在其他物体或匍匐于地面上生长的一类植物，它们可以有效地利用狭小空间生长，可以增加垂直绿化来拓展绿化空间，增加城市绿量、提高整体绿化水平；藤本植物如酸叶胶藤、葡萄、葫芦等；岩壁植物如丹霞小花苣苔、旋蒴苣苔、萱草、紫背天葵等。由于丹霞地貌中具有大量的陡峭岩区，为适应这种特殊的地形，部分岩壁植物根系释放酸性分泌物，分解岩壁以便更好地将根系深入固定在岩壁上。更有部分植物形成一个个密集的小群落，根系相互缠绕、卷曲在一起形成一个整体固着在岩壁上。最具特色的如丹霞小花苣苔，是丹霞地貌特有植物。在花季时间，大量的岩壁植物于陡峭光滑的岩壁上，一片百花竞芳，五彩缤纷，犹如岩壁上的彩绘，若有微风，便呈现出"风乍起，吹皱一壁春花"之情境；阴湿沟谷呈现热带性，植物群落——毛鳞省藤、枫香为优势种，上层乔木主要为枫香，还有金樱子、龙须藤等。林下草本有山姜、黄花鹤顶兰，其中黄花鹤顶兰属于国家二级保护植物。

丹霞地貌中还有丰富的经济植物，部分物种已被大规模地开发、栽培、利用，形成系列产品远销欧美。如道路边常见的盐肤木，其嫩叶被五倍子蚜虫寄生后，非常容易产生名为"五倍子"的虫瘿，是用途广泛的工业原料。又如中低海拔区较为常见的山苍子，是我国特有的香料植物资源，其提炼出的精油被广泛用于高档化妆品、香皂等日用化工和食品生产中。而较高海拔缩减的小石积，其属于蔷薇科，是一种常绿丛生灌木。小枝细弱稠密，自然弯垂，可塑性高，具有极高的盆景塑造价值。该种属于国家保护植物，其根茎可入药，具有重要的药用价值。植物资源中大部分有药用，如凤仙花、朝天罐、金银花等。经济林如竹林，以多花山竹子为代表，种子可榨油、制皂和润滑油；果子可食用；根、果及树皮可入药；可作木材供应等。

丹霞地貌中亦有丰富的动物资源，如蚁狮，其成虫与幼虫皆为肉食性，以其他昆虫为食，其幼虫具有独特的捕食习性，头部大，方形，有形如钳状的强大弯管，常捕食蚂蚁，因此被称为蚁狮，它具有很高的药用价值。由于被采取地毯式的掠夺采集，造成了自然界中的蚁狮种群的凋零，自然资源几近枯竭。又如鸟类资源，有暗绿绣眼鸟、珠颈斑鸠、纯色山鹪莺等，时常可见大群的小白腰雨燕在空中飞翔，有时，还有大量不同种类的小型鸟类组成的"鸟浪"出现，可在眼前呈现一幅"鸟鸣山更幽"的动态图；"稻花香里说丰年，听取蛙声一片"呈现出有机、生态农业的写照，据部分动物学文献统计，每只青蛙每天吃 60 多只害虫，从春到秋的七八个月中，能消灭一万多只害虫，可以有力地保护水稻田。此处，还富有华南特色的可爱蛙类，包括沼蛙、虎纹蛙、泽蛙、大树蛙等。沼泽湿地在炎热天气时期，可见大量绚丽多彩的蝴蝶来此栖息、吸水，同时也聚集了其他多种类型的昆虫，丹霞山区域拥有丰富的蝴蝶资源，如巴黎翠凤蝶、玉斑凤蝶、木兰青凤蝶、虎斑蝶等。

卧龙冈森林生态科考路线全长约 5 公里，海拔高差为 80～280 米，沿途可观察到丰富的动植物资源，享受自然的馈赠与熏陶。若说不足之处，便是这科考路线太漫长，我们在开启这条科考路线前，已攀越长老峰，早已疲惫不堪，但是为了能观察到卧龙冈森林生态科考路线沿途丰富的动植物资源，我们便决定坚持到底，"路漫漫其修远兮，吾将上下而求索"。我们在享受到这人间仙境般的自然景观的同时，还收获了满满当当的知识。累并快乐着，这次的野外综合实习非常有价值！

我们沿途在观察植物的时候，也从相应的动植物介绍中了解到，由于人们大肆采集、捕猎生态资源，违背了可持续发展原则，当时，处于"高开采、低利用、高排放"的直线型经济阶段，直接导致了相应的生态资源岌岌可危。直线型经济是将一些互相不发生关系的线性物质流叠加，由此造成出入系统的物质流远远大于内部相互交流的物质流，即产品利用率极低，造成宝贵环境资源极大的浪费。故，我们在合理范围内有规律、有节制地开采自然资源的同时还应该注重循环经济。循环经济，即将上一环节产生的"废物"转变成下一环节或另一种产品的"原料"，使资源物质流环环相扣，推动经济的发展，将宝贵的自然资源加以最大限度的利用。前期，人们对自然资源的大肆开采，首先是错误认为自然环境资源"取之不尽，用之不竭"；其次，当时产品生产处于直线型经济阶段，利用率极低，造成极大的浪费。岌岌可危的生态资源警醒世人，首先我们应保护濒危动植物资源，为其修复生长环境，保护物种多样性；其次对自然资源应有规律、有节制地开采；再者，生产产品时，应注重循环经济，最大限度地利用资源。此刻，保护环境、保护生态物种多样化迫在眉睫，人人具有不可推卸的责任！

最后，感谢学院给予我们专业的这次宝贵的资源环境生态野外综合实习的机会，也十分感恩各位老师们的辛苦陪同及耐心、细心的讲解。

山路，人生路

环科 172 钟 颖

十月，不仅有丰硕的果实，还有我的实习。实习带给我的酸甜苦辣太多，一时间难以细品其中的滋味。但爬阳元山和飞云顶那两天发生的点点滴滴都如烙印般深深印在我心中，在脑海里挥之不去。这段经历为什么深刻？艰辛疲惫自然有一部分，但更多的是人生感悟。我们常说人生就像一条漫长的路，这两天的登山路让我深有体会。

为拓展我们的视野以及将理论知识应用于实践中，学院组织了本次野外实习。实习分为两大部分：一是前往韶关了解丹霞山的地质地貌特点、红壤的形成与分布、植物多样性、生态系统多样性等；二是前往惠州了解罗浮山的地质地貌特点、花岗岩地质地貌特点、植物群落垂直序列等。在两处区域不同海拔都需采若干份水样、土样，并带回学校检测，让我们能通过具体数据更准确直观地去了解不同位置水质、土质的差异。

实习第一周我们来到了"色如渥丹，灿若明霞"的韶关丹霞山，这里是世界"丹霞地貌"命名地，由680多座顶平、身陡、坡缓的红色砂砾岩石构成，以赤壁丹崖为特色。丹霞山群峰耸立，但我们没攀登最高峰——长老峰，而是选择了因天下奇景阳元石而闻名的阳元山。刚出发时，每个人都慷慨激昂，前进的步伐从未停止。就像在人生的起跑线，充满力量的我们在笔直平坦的大道上奔跑。一段平缓的山路过后，我们的面前出现了悬崖峭壁，我切实地感受到了书本里所写的"在面对崎岖陡峭的山路，很多人想要放弃，也有很多人选择坚持，还有一部分人在犹豫与徘徊中前行"，这不正像极了我们面对困难时的反应吗？而我就是在犹豫与徘徊中前行的其中一人，望着沿途随处可见的马尾松、秀丽锥、木荷等植被，脑中"我不行"和"我可以"一直在不断切换。在同学的帮助与鼓励下，"我可以"逐渐占据了领导地位，使我成功抵达了山顶。望着旁边"矮"许多的阳元石，心中有说不出的自豪感。

实习第二周我们来到了"百粤群山之祖"的惠州罗浮山，罗浮山山势雄伟壮观，植被繁茂常绿，在此处我们攀登了岭南之巅——飞云顶。依旧是山路开端，依旧是"人生起跑线"，依旧是一帆风顺。和阳元山不同的是，飞云顶虽高，但路势平缓，当然这也并不代表我们可以轻松登顶，毕竟海拔1296米还是摆在那里的。路漫漫其修远兮，我们都在为了一个目标前进，但外界的影响及自我能力还是拉开了我们的距离，有人还在海拔400米时，有人已经到了700米，就像是我们在人生的道路上，一个错误的决定或是松懈，就会被别人甩在身后。同时罗浮山不同海拔就好像代表了人生的不同阶段，景观也不一样。植物景观垂直分布变化明显，山顶是灌丛草甸，半山腰是灌木林和马尾松林，山下是季风常绿阔叶林。以丘陵和山地两种地貌为主，山间河谷深切，山势陡峭，地势险要，地形比降大，与周围低山平原地貌形成极大反差。

思索酝酿，颇有启发，自古以来，万物初苗，只有强者才能在逆境中经过挣扎磨炼而生存。也许我们走的只是一条山路，说不上逆境，更谈不上挣扎磨炼。但这两条山路除了提升了我的专业知识，开阔了我的眼界，提高了我的动手能力，给我带来的更多是以小见大的人生感悟。阳元山路程短，但几乎都是蚕丛鸟道。飞云顶路程长，但一路平缓。我们每一个人走的人生道路可能都不一样，但无论我们走的是哪条路，都需要拼搏的勇气和充分的耐性。实习结束了，我收获到的不仅有身体的锻炼和考验，更明白了团结协作的重要性，同时实习发生的点点滴滴也让我达到了德智体美全面发展的目的。此次实习路我无怨无悔，有的只是对保护环境的满腔热血和提升自己的坚定信念。

附　录

附录A　主要矿物、岩石类型比较表

表 A-1　主要成土矿物性质表

名称		化学成分	物理性质	风化特点与风化产物
石英		SiO_2	无色，乳白色或灰色，硬度大	不易风化，更难分解，当岩石中其他矿物分解后，石英常以碎屑状或粗粒状留下来，是土壤中砂粒的主要来源
长石	正长石	$K(AlSi_3O_8)$	均为浅色矿物，正长石呈肉红色，斜长石多为灰色和乳白色。硬度次于石英	化学稳定性较低，风化较易，化学风化后产生高岭土、二氧化硅和盐基物质，特别是正长石含钾较多，是土壤中钾素和黏粒的主要来源
	斜长石	$n\,Na(AlSi_3O_3)\cdot(100-n)\,Ca(Al_2Si_2O_8)$		
云母	白云母	$KAl_2(AlSi_3O_{10})(OH)_2$	白云母无色或浅黄色，黑云母呈黑色或黑褐色，除颜色外其他特性相同，均呈片状，有弹性，硬度低	白云母抗风化分解能力较黑云母强，风化后均能成黏粒，并释放钾素，是土壤中钾素和黏粒的来源之一
	黑云母	$K(Mg,Fe)_3(AlSi_3O_{10})(OH,F)_2$		
角闪石		$Ca_2Na_2(Mg,Fe)(AlFe)[(Si_2Al)_8O_{22}](OH)_2$	为深色矿物，一般呈黑色，墨绿色或棕色，硬度仅次于长石；外形上，角闪石为长柱状，辉石为短柱状	容易风化，风化分解后产生含水氧化铁、含水氧化硅及黏粒，并释放少量钙、镁元素
辉石		$Ca(Mg,Fe,Al)[(Si,Al)_2O_6]$		
橄榄石		$(Mg,Fe)_2(SiO_4)$	含有铁、镁硅酸盐，呈黄绿色	容易风化，风化后形成褐铁矿、二氧化硅及蛇纹石等次生矿物
方解石		$CaCO_3$	为碳酸盐类矿物，方解石一般呈白色或米黄色，美丽斜方体；白云石色灰白，有时稍带黄褐色	容易风化，易受碳酸作用溶解移动，单白云石稍比方解石稳定，风化后释放出钙、镁元素，是土壤中碳酸盐和钙、镁的主要来源
白云石		$CaMg(CO_3)_2$		

续表

名称		化学成分	物理性质	风化特点与风化产物
磷灰石		$Ca_5(PO_4)_3(F,Cl,OH)$	常为致密状块体，颜色多样，呈灰白色、黄绿色、浅紫色、深灰色甚至黑色	风化后是土壤中磷素营养的主要来源
铁矿	赤铁矿	Fe_2O_3	赤铁矿呈红色或黑色，褐铁矿为褐色、黄色或棕色，磁铁矿呈铁黑色，黄铁矿呈浅黄铜色	赤铁矿、褐铁矿分布很广，特别在热带土壤中最为常见，是土壤的染色剂。磁铁矿难以风化，但也可氧化成赤铁矿和褐铁矿。黄铁矿分解形成硫酸盐，为土壤中硫的主要来源
	褐铁矿	$Fe_2O_3 \cdot nH_2O$		
	磁铁矿	Fe_3O_4 或 $FeO \cdot Fe_2O_3$		
	黄铁矿	FeS_2		
黏土矿物	高岭石	$Al_4(Si_4O_{10})(OH)_8$	均为细小的片状结晶，易粉碎，干时为粉状，滑腻，易吸水呈糊状	其是长石、云母风化形成的次生矿物，颗粒细小，是土壤中黏粒的主要来源
	蒙脱石	$Al(Si_8O_{20})(OH)_4 \cdot nH_2O$		
	伊利石	$Ky(Si_8\text{-}2yAl2y)Al_4O_{20}(OH)_4$		

表 A-2　岩浆岩分类表

岩石类型		超基性岩	基性岩	中性岩	酸性岩
SiO_2 含量		<45%	45%～52%	53%～65%	>65%
颜色		深(黑色，绿色，深灰色)→浅(红色，浅灰色，黄色)			
主要矿物		橄榄石 辉石 角闪石	基性斜长石 辉石	中性斜长石 角闪石	正长石 酸性斜长石 石英
次要矿物		基性斜长石 黑云母	橄榄石 角闪石 黑云母	黑云母 正长石 石英	黑云母 角闪石
岩石名称	喷出岩	少见	浮岩、黑曜岩		
		少见	玄武岩	—	流纹岩
	浅成岩	少见	辉绿岩	—	花岗斑岩
	深成岩	橄榄岩	辉长岩	闪长岩	花岗岩

表 A-3　沉积岩的分类表

岩类		物质来源	沉积作用类型	结构特征	岩石分类名称
碎屑岩类	火山碎屑岩亚类	火山喷发	机械沉积为主	火山碎屑结构	1.火山集块岩 2.火山角砾岩 3.凝灰岩
	沉积碎屑岩亚类	母岩机械破碎产物	机械沉积为主	砾状结构 砂状结构 粉砂状结构	1.砾岩和角砾岩 2.砂岩 3.粉砂岩

续表

岩类	物质来源	沉积作用类型	结构特征	岩石分类名称
泥质岩类	母岩化学分解过程中新形成的矿物——黏土矿物	机械沉积和胶体沉积	泥质结构	1.黏土 2.泥岩 3.页岩
化学岩及生物化学岩类	母岩化学分解过程中形成的可溶物质和胶体物质以及生物化学作用的产物	化学沉积和生物沉积	化学结构和生物结构	1.碳酸盐岩 2.硅质岩 3.磷质岩 4.盐岩

表 A-4　变质岩的分类表

岩类	构造	岩石名称	主要亚类及其矿物成分	原岩
块状岩类	块状构造	大理岩	方解石为主,其次有白云石等	石英岩、白云岩
		石英岩	石英为主,有时含有绢云母、白云母等	砂岩、硅质岩
		蛇纹岩	蛇纹岩、滑石为主,其次是绿泥石、方解石等	超基性岩
片理状岩类	片麻状	片麻岩	花岗片麻岩以石英、长石、云母为主,其次为角闪石等; 角闪石片麻岩以石英、长石、角闪石为主,其次为云母等	中酸性岩浆岩、黏土岩、粉砂岩、砂岩
	片状	片岩	云母片岩以石英、长石、云母为主,其次为角闪石等; 滑石片岩以滑石、绢云母为主,其次为绿泥石、方解石等; 绿泥片岩以绿泥石、石英为主,其次为滑石、方解石等	黏土岩、砂岩、中酸性火山岩 超基性岩、白云质泥灰岩 中基性火山岩、白云质泥灰岩
	千枚状	千枚岩	以绢云母为主,其次为石英、绿泥石等	黏土岩、黏土质粉砂岩、凝灰岩
	板状	板岩	黏土矿物、绢云母、石英、绿泥石、黑云母、白云母等	黏土岩、黏土质粉砂岩、凝灰岩

表 A-5　三大岩类的特征比较表

岩类特征	岩浆岩(火成岩)	沉积岩(水成岩)	变质岩
形成的地质作用	岩浆作用	外力地质作用	变质作用
岩石分类	按 SiO_2 含量分类 1.超基性岩:<45% 2.基性岩:45%～52% 3.中性岩:53%～65% 4.酸性岩:≥65%	按物质来源、结构、成岩方式分类 1.黏土岩类 2.碎屑岩类 3.化学岩及生物化学岩类	按变质作用类型分类 1.接触变质岩 2.区域变质岩 3.混合变质岩 4.动力变质岩

续表

岩类特征	岩浆岩(火成岩)	沉积岩(水成岩)	变质岩
分布最多的岩石	花岗石、玄武岩、安山岩、流纹岩	页岩、砂岩、石灰岩	片麻岩、石英、大理岩
矿物成分	石英、长石、云母等,以及橄榄石、辉石、角闪石	石英、长石、云母等,富含黏土矿物、方解石、白云石、有机质等	除含石英、长石、云母、角闪石、辉石等外,常含变质矿物,如石榴子石、石墨、红柱石、硅灰石等
结　构	粒状、似斑状、斑状等,部分为隐晶质、玻璃质	典型的碎屑结构、化学结构和生物结构	粒状、斑状、鳞片状等各种变晶结构
构　造	为块状构造。喷出岩常具气孔、杏仁构造、流纹构造等	各种层理构造:水平层理、斜层理、交错层理,常含生物化石	大部分具片理构造:片麻状、片状、千枚状、板状等,部分为块状构造

附录B 中国主要土壤类型

表 B-1 中国土壤分类系统中的土纲、亚纲、土类

土纲	亚纲	土类
铁铝土	湿润铁铝土	砖红壤、赤红壤、红壤
	湿暖铁铝土	黄壤
淋溶土	湿暖淋溶土	黄棕壤、黄褐土
	湿温暖淋溶土	棕壤
	湿温淋溶土	暗棕壤、白浆土
	湿寒温淋溶土	棕色针叶林土、漂灰土、灰化土
半淋溶土	半湿热半淋溶土	燥红土
	半湿温暖半淋溶土	褐土
	半湿温半淋溶土	灰褐土、黑土、灰色森林土
钙层土	半湿温钙层土	黑钙土
	半干温钙层土	栗钙土
	半干温暖钙层土	栗褐土、黑垆土
干旱土	温干旱土	棕钙土
	暖温干旱土	灰钙土
漠土	温漠土	灰漠土
	温暖漠土	灰棕漠土、棕漠土

续表

土纲	亚纲	土类
初育土	土质初育土	黄绵土、红黏土、新积土、龟裂土、风沙土
	石质初育土	石灰(岩)土、火山灰土、紫色土、磷质石灰土、石质土、粗骨土
半水成土	暗半水成土	草甸土
	淡半水成土	潮土、砂姜黑土、林灌草甸土、山地草甸土
水成土	矿质水成土	沼泽土
	有机水成土	泥炭土
盐成土	盐土	草甸盐土、滨海盐土、酸性硫酸盐土、漠境盐土、寒原盐土
	碱土	碱土
人为土	人为水成土	水稻土
	灌耕土	灌淤土、灌漠土
高山土	湿寒高山土	草毡土(高山草甸土)、黑毡土(亚高山草原土)
	半湿寒高山土	寒钙土(高山草原土)、冷钙土(亚高山草原土)、冷棕钙土(山地灌丛草原土)
	干寒高山土	寒漠土(高山漠土)、冷漠土(亚高山漠土)
	寒冻高山土	寒冻土(高山寒漠土)

表 B-2　中国土壤系统分类的土纲、亚纲和土类

土纲	亚纲	土类
有机土	永冻有机土	落叶永冻有机土、纤维永冻有机土、半腐永冻有机土
	正常有机土	落叶正常有机土、纤维正常有机土、半腐正常有机土、高腐正常有机土
人为土	水耕人为土	潜育水耕人为土、铁渗水耕人为土、铁聚水耕人为土、简育水耕人为土
	旱耕人为土	肥熟旱耕人为土、灌淤旱耕人为土、泥垫旱耕人为土、土垫旱耕人为土
灰土	腐殖灰土	简育腐殖灰土
	正常灰土	简育正常灰土
火山灰土	寒性火山灰土	寒冻寒性火山灰土、简育寒性火山灰土
	玻璃火山灰土	干润玻璃火山灰土、湿润玻璃火山灰土
	湿润火山灰土	腐殖湿润火山灰土、简育湿润火山灰土
铁铝土	湿润铁铝土	暗红湿润铁铝土、黄色湿润铁铝土、简育湿润铁铝土
变性土	潮湿变性土	钙积潮湿变性土、简育潮湿变性土
	干润变性土	钙积干润变性土、简育干润变性土
	湿润变性土	腐殖湿润变性土、钙积湿润变性土、简育湿润变性土
干旱土	寒性干旱土	钙积寒性干旱土、石膏寒性干旱土、黏化寒性干旱土、简育寒性干旱土
	正常干旱土	钙积正常干旱土、盐积正常干旱土、石膏正常干旱土、黏化正常干旱土、简育正常干旱土

续表

土纲	亚纲	土类
盐成土	碱积盐成土	龟裂碱积盐成土、潮湿碱积盐成土、简育碱积盐成土
	正常盐成土	干旱正常盐成土、潮湿正常盐成土
潜育土	永冻潜育土	有机永冻潜育土、简育永冻潜育土
	滞水潜育土	有机滞水潜育土、简育滞水潜育土
	正常潜育土	有机正常潜育土、暗沃正常潜育土、简育正常潜育土
均腐土	岩性均腐土	富磷岩性均腐土、黑色岩性均腐土
	干润均腐土	寒性干润均腐土、堆垫干润均腐土、暗厚干润均腐土、钙积干润均腐土、简育干润均腐土
	湿润均腐土	滞水湿润均腐土、黏化湿润均腐土、简育湿润均腐土
富铁土	干润富铁土	黏化干润富铁土、简育干润富铁土
	常湿富铁土	钙质常湿富铁土、富铝常湿富铁土、简育常湿富铁土
	湿润富铁土	钙质湿润富铁土、强育湿润富铁土、富铝湿润富铁土、黏化湿润富铁土、简育湿润富铁土
淋溶土	冷凉淋溶土	漂白冷凉淋溶土、暗沃冷凉淋溶土、简育冷凉淋溶土
	干润淋溶土	钙质干润淋溶土、钙积干润淋溶土、铁质干润淋溶土、简育干润淋溶土
	常湿淋溶土	钙质常湿淋溶土、铝质常湿淋溶土、简育常湿淋溶土
	湿润淋溶土	漂白湿润淋溶土、钙质湿润淋溶土、黏磐湿润淋溶土、铝质湿润淋溶土、酸性湿润淋溶土、铁质湿润淋溶土、简育湿润淋溶土
雏形土	寒冻雏形土	永冻寒冻雏形土、潮湿寒冻雏形土、草毡寒冻雏形土、暗沃寒冻雏形土、暗瘠寒冻雏形土、简育寒冻雏形土
	潮湿雏形土	叶垫潮湿雏形土、砂姜潮湿雏形土、暗色潮湿雏形土、淡色潮湿雏形土
	干润雏形土	灌淤干润雏形土、铁质干润雏形土、底锈干润雏形土、暗沃干润雏形土、简育干润雏形土
	常湿雏形土	冷凉常湿雏形土、滞水常湿雏形土、钙质常湿雏形土、铝质常湿雏形土、酸性常湿雏形土、简育常湿雏形土
	湿润雏形土	冷凉湿润雏形土、钙质湿润雏形土、紫色湿润雏形土、铝质湿润雏形土、铁质湿润雏形土、酸性湿润雏形土、简育湿润雏形土
新成土	人为新成土	扰动人为新成土、淤积人为新成土
	砂质新成土	寒冻砂质新成土、潮湿砂质新成土、干旱砂质新成土、干润砂质新成土、湿润砂质新成土
	冲积新成土	寒冻冲积新成土、潮湿冲积新成土、干旱冲积新成土、干润冲积新成土、湿润冲积新成土
	正常新成土	黄土正常新成土、紫色正常新成土、红色正常新成土、寒冻正常新成土、干旱正常新成土、干润正常新成土、湿润正常新成土

表 B-3 中国土壤系统分类与中国土壤分类系统的土壤参比

中国土壤分类系统	中国土壤系统分类	中国土壤分类系统	中国土壤系统分类
砖红壤	暗红湿润铁铝土 简育湿润铁铝土 富铝湿润富铁土 黏化湿润富铁土 铝质湿润雏形土 铁质湿润雏形土	棕漠土	石膏正常干旱土 盐积正常干旱土
赤红壤	强育湿润富铁土 富铝湿润富铁土 简育湿润铁铝土	盐土	干旱正常盐成土 潮湿正常盐成土
红壤	富铝湿润富铁土 黏化湿润富铁土 铝质湿润淋溶土 铝质湿润雏形土	碱土	潮湿碱积盐成土 简育碱积盐成土 龟裂碱积盐成土
黄壤	铝质常湿淋溶土 铝质常湿雏形土 富铝常湿富铁土	紫色土	紫色湿润雏形土 紫色正常新成土
燥红土	铁质干润淋溶土 铁质干润雏形土 简育干润富铁土 简育干润变性土	火山灰土	简育湿润火山灰土 火山渣湿润正常新成土
黄棕壤	铁质湿润淋溶土 铁质湿润雏形土 铝质常湿雏形土	黑色石灰土	黑色岩性均腐土 腐殖钙质湿润淋溶土
黄褐土	黏磐湿润淋溶土 铁质湿润淋溶土	红色石灰土	钙质湿润淋溶土 钙质湿润雏形土 钙质湿润富铁土
棕壤	简育湿润淋溶土 简育正常干旱土 灌淤干润雏形土	磷质石灰土	富磷岩性均腐土 磷质钙质湿润雏形土
褐土	简育干润淋溶土 简育干润雏形土	黄绵土	黄土正常新成土 简育干润雏形土
暗棕壤	冷凉湿润雏形土 暗沃冷凉淋溶土	风砂土	干旱砂质新成土 干润砂质新成土

续表

中国土壤分类系统	中国土壤系统分类	中国土壤分类系统	中国土壤系统分类
白浆土	漂白滞水湿润均腐土 漂白冷凉淋溶土	粗骨土	石质湿润正常新成土 石质干润正常新成土 弱盐干旱正常新成土
灰棕壤	冷凉常湿雏形土 简育冷凉淋溶土	草甸土	暗色潮湿雏形土 潮湿寒冻雏形土 简育湿润雏形土
棕色针叶林土	暗瘠寒冻雏形土	沼泽土	有机正常潜育土 暗沃正常潜育土 简育正常潜育土
漂灰土	暗瘠寒冻雏形土 漂白冷凉淋溶土 正常灰土	泥炭土	正常有机土
灰化土	腐殖灰土 正常灰土	潮土	淡色潮湿雏形土 底锈干润雏形土
灰黑土	黏化暗厚干润均腐土 暗厚黏化湿润均腐土 暗沃冷凉淋溶土	砂姜黑土	砂姜钙积潮湿变性土 砂姜潮湿雏形土
灰褐土	简育干润淋溶土 钙积干润淋溶土 黏化简育干润均腐土	亚高山草甸土和高山草甸土	草毡寒冻雏形土 暗沃寒冻雏形土
黑土	简育湿润均腐土 黏化湿润均腐土	亚高山草原土和高山草原土	钙积寒性干旱土 黏化寒性干旱土 简育寒性干旱土
黑钙土	暗厚干润均腐土 钙积干润均腐土	高山漠土	石膏寒性干旱土 简育寒性干旱土
栗钙土	简育干润均腐土 钙积干润均腐土 简育干润雏形土	高山寒漠土	寒冻正常新成土
黑垆土	堆垫干润均腐土 简育干润均腐土	水稻土	渗育水耕人为土 铁渗水耕人为土 铁聚水耕人为土 简育水耕人为土 除水耕人为土以外其他类别中的水耕亚类

续表

中国土壤分类系统	中国土壤系统分类	中国土壤分类系统	中国土壤系统分类
棕钙土	钙积正常干旱土 简育正常干旱土	𪣻土	土垫旱耕人为土
灰钙土	钙积正常干旱土 黏化正常干旱土	灌淤土	寒性灌淤旱耕人为土 灌淤干润雏形土 灌淤湿润砂质新成土 淤积人为新成土
灰漠土	钙积正常干旱土	菜园土	肥熟旱耕人为土 肥熟灌淤旱耕人为土 肥熟土垫旱耕人为土 肥熟富磷岩性均腐土
灰棕漠土	石膏正常干旱土 简育正常干旱土 灌淤干润雏形土		

附录C　环境修复植物与药用植物介绍

表 C-1　主要环境修复植物(挺水植物)

名称	科、属	生境	主要特征	功能
芦苇 *Phragmites australis*	禾本科 芦苇属	为全球广泛分布的多型种。生于江河湖泽、池塘沟渠沿岸和低湿地	多年生,根状茎发达。秆直立,高 1～3 (8) m,直径 1～4 cm,具 20 多节,基部和上部的节间较短,最长节间位于下部第 4～6 节,长 20～25 (40) cm,节下被蜡粉。叶舌边缘密生一圈长约 1 mm 的短纤毛,两侧缘毛长 3～5 mm,易脱落;叶片披针状线形,顶端长渐尖成丝形。为高多倍体和非整倍体的植物	对 TN、TP 有一定的去除效果。芦苇根系对 Hg 和 Cr 的富集能力较强,其茎叶则表现为对 Hg 的富集能力较强。秆为造纸原料或作编席织帘及建棚材料,茎、叶嫩时为饲料;根状茎供药用,为固堤造陆先锋环保植物
菰(茭白、茭笋) *Zizania latifolia*	禾本科 菰属	水生或沼生,常见栽培。亚洲温带、日本、俄罗斯及欧洲有分布。生长于长江湖地一带,适合淡水生长	多年生,具匍匐根状茎。须根粗壮。秆高大直立,具多数节,基部节上生不定根。秆基嫩茎为真菌寄生后,粗大肥嫩,称茭瓜,是美味的蔬菜	菰可作为生活污水的净化和修复植物。菰对 COD_{Cr}、NH_4^+-N、TN、TP 有较好的去除效果。也适用于低、中浓度重金属污染水体的生态修复

续表

名称	科、属	生境	主要特征	功能
香根草 *Vetiveria zizanioides*	禾本科 香根草属	江苏、浙江、福建、台湾、广东、海南及四川均有引种，栽培于平原、丘陵和山坡；喜生水湿溪流旁和疏松黏壤土上	多年生粗壮草本。须根有挥发性浓郁的香气。秆丛生，中空。叶鞘无毛，具背脊；叶舌短，边缘具纤毛；叶片线形，直伸，扁平，下部对折，与叶鞘相连而无明显的界线，无毛，边缘粗糙，顶生叶片较小	茎秆可作造纸原料。对TN、TP有较好的去除效果。对Pb的滞留率高，生物量大，可用于尾矿重金属的生物净化
薏苡 *Coix lacryma-jobi*	禾本科 薏苡属	多生于湿润的屋旁、池塘、河沟、山谷、溪涧或易受涝的农田等地	须根黄白色，海绵质，直径约3 mm。秆直立丛生，高1～2 m，具10多节，节多分枝	对TN、TP具有一定的去除效果
荻 *Miscanthus sacchariflorus*	禾本科 芒属	生于山坡草地和平原岗地、河岸湿地	具发达被鳞片的长匍匐根状茎，节处生有粗根与幼芽。秆直立，高1～1.5 m，直径约5 mm，具10多节，节生柔毛。叶鞘无毛，长于或上部者稍短于其节间	对Cu具有较强耐性和稳定能力，在Cu污染土壤修复方面有应用潜力。EDDS(乙二胺二琥珀酸)与荻联用修复轻微Cd污染土壤的潜力较大
风车草(伞草) *Cyperus alternifolius*	莎草科 莎草属	喜温暖湿润、通风良好、光照充足的环境	茎秆挺直，细长的叶片簇生于茎顶呈辐射状	对TN去除效果较好，但对TP、COD_{Cr}去除效果一般
埃及莎草 *Cyperus haspan*	莎草科 莎草属	生于湖泊、池塘湿地、河岸或排水沟渠	茎秆三棱形，实心，茎节不明显。叶条状披针形	对TN、TP等去除效果较好，但对COD_{Cr}去除效果一般
水葱 *Schoenoplectus tabernaemontani*	莎草科 水葱属	生长在湖边或浅水塘中	匍匐根状茎粗壮，具许多须根。秆高大，圆柱状，高1～2 m，平滑	对COD_{Cr}有较好的去除效果。能够有效吸收水体中的Cd
宽叶香蒲 *Typha latifolia*	香蒲科 香蒲属	生于湖泊、池塘、沟渠、河流的缓流浅水带，亦见于湿地和沼泽	外部形态近于香蒲，但是，白色丝状毛明显短于花柱，柱头呈披针形，不孕雌花子房柄较粗，不等长，植株粗壮，叶片较宽	对COD_{Cr}、NH_4^+-N、TN、TP有较好的去除效果。能有效降低土壤中的Cd、Pb、Zn、Cu和Mn的含量

续表

名称	科、属	生境	主要特征	功能
美人蕉 *Canna indica*	美人蕉科 美人蕉属	原产热带美洲、印度、马来半岛等热带地区。喜温暖和充足的阳光，不耐寒。对土壤要求不严，在疏松肥沃、排水良好的沙壤土中生长最佳，也适应于在肥沃黏质土壤生长	叶片卵状长圆形，总状花序疏花；略超出于叶片之上；花红色，单生；苞片卵形，绿色	对TN、TP有较好的去除效果
金钱蒲 *Acorus gramineus*	菖蒲科 菖蒲属	常见于海拔20～2600 m的密林下，生长于湿地或溪旁石上	根茎芳香，粗2～5 mm，外部淡褐色，节间长3～5 mm，根肉质，具多数须根，根茎上部分枝甚密，植株因而成丛生状，分枝常被纤维状宿存叶基	对氮、磷的去除率较高。对重金属也有较好的去除效果
菖蒲 *Acorus calamus*	菖蒲科 菖蒲属	生于海拔2600 m以下的水边、沼泽湿地或湖泊浮岛上	多年生草本。根茎横走，稍扁，分枝，直径5～10 mm，外皮黄褐色，芳香，肉质根多数，长5～6 cm，具毛发状须根	对COD_{Cr}、NH_4^+-N、TN有较好的去除效果
灯心草 *Juncus effusus*	灯心草科 灯心草属	生于海拔1650～3400 m的河边、池旁、水沟、稻田旁、草地及沼泽湿处	高27～91 cm，有时更高；根状茎粗壮横走，具黄褐色稍粗的须根。茎丛生，直立，圆柱形，淡绿色，具纵条纹	对氮、磷的去除率较高。对重金属也有较好的去除效果
蝴蝶花 *Iris japonica*	鸢尾科 鸢尾属	生于山坡较荫蔽而湿润的草地、疏林下或林缘草地	叶基生，暗绿色，有光泽，近地面处带红紫色，剑形，长25～60 cm，宽1.5～3 cm，顶端渐尖，无明显的中脉	对氮素、磷素的去除率一般
黄花鸢尾 *Iris wilsonii*	鸢尾科 鸢尾属	生于山坡草丛、林缘草地及河旁沟边的湿地	多年生草本，植株基部有老叶残留的纤维。根状茎粗壮，斜伸；须根黄白色，少分枝，有皱缩的横纹	对COD_{Cr}、NH_4^+-N、TN、TP有较好的去除效果。适用于滨海低盐弱碱水体的生态修复
黄菖蒲 *Iris pseudacorus*	鸢尾科 鸢尾属	生于河湖沿岸的湿地或沼泽地上	根状茎粗壮，直径可达2.5 cm，斜伸，节明显，黄褐色；须根黄白色，有皱缩的横纹	对TN、TP有较好的去除效果

续表

名称	科、属	生境	主要特征	功能
千屈菜 *Lythrum salicaria*	千屈菜科 千屈菜属	生于河岸、湖畔、溪沟边和潮湿草地	根茎横卧于地下，粗壮；茎直立，多分枝，高 30～100 cm，全株青绿色，略被粗毛或密被茸毛，枝通常具 4 棱。叶对生或三叶轮生，披针形或阔披针形	对 TN 的去除效果较好。千屈菜地上部分对金属 Cr、Hg、Pb 的富集系数均较大
鱼腥草 *Houttuynia cordata*	三白草科 蕺菜属	生于沟边、溪边或林下湿地上	腥臭草本，高 30～60 cm；茎下部伏地，节上轮生小根，上部直立，无毛或节上被毛，有时带紫红色	对氮、磷的吸收效率较高。对 Cd 的富集量大
水芹菜 *Oenanthe javanica*	伞形科 水芹属	生于山坡林下或水沟边，海拔 1500～2600 m	高 10～30 cm，全株疏被单毛及有柄的 2 叉毛。花后倒伏，长出新叶芽；茎自基部丛生，有数个匍匐茎	富集 TN 的能力较强，在高营养浓度下富集磷的能力较强。对 Zn 和 Mn 迁移系数较高
再力花 *Thalia dealbata*	竹芋科 水竹芋属	好温暖水湿、阳光充足的气候环境	叶基生，4～6 片；叶柄较长，40～80 cm，下部鞘状，基部略膨大，叶柄顶端和基部红褐色或淡黄褐色	对 TN、TP 的净化效果较好。可以有效提高底泥中十溴联苯醚的去除率。具有较强的 Cr 积累与耐受力
水蕴草 *Egeria densa*	水鳖科 水蕴草属	生长在浅池塘、运河和一些缓慢流动的河流的边缘	3～6 片轮生的薄叶呈长披针状线形，具细锯齿缘，有一主脉，比金鱼藻宽	对 TN 和 TP 的去除效果较好。对 Pb、Cd 的富集量大
野慈姑 *Sagittaria trifolia*	泽泻科 慈姑属	生于平原、丘陵或山地的湖泊、沼泽、沟渠、水塘、稻田等水域的浅水处	根状茎横走，较粗壮，末端膨大或否。挺水叶箭形，叶片长短、宽窄变异很大，通常顶裂片短于侧裂片	对 TN、TP 的净化效果一般
黄花蔺 *Limnocharis flava*	泽泻科 黄花蔺属	生于沼泽地或浅水中，海拔达 600～700 m 处，常成片	叶丛生，挺出水面；叶片卵形至近圆形，长 6～28 cm，宽 4.5～20 cm，亮绿色，先端圆形或微凹，基部钝圆或浅心形	对 TN 和 TP 的去除效果较好
梭鱼草 *Pontederia cordata*	雨久花科 梭鱼草属	喜温、喜阳、喜肥、喜湿、怕风不耐寒，静水及水流缓慢的水域中均可生长	叶柄绿色，圆筒形，叶片较大，长可达 25 cm，宽可达 15 cm，深绿色，叶形多变。大部分为倒卵状披针形	对 TN 和 BOD_5 的去除率较高，对 Cd^{2+} 和 Pb^{2+} 的去除率较高

表 C-2　主要环境修复植物(漂浮植物)

名称	科、属	生境	主要特征	功能
凤眼蓝 *Eichhornia crassipes*	雨久花科 凤眼蓝属	现广布于我国长江、黄河流域及华南各省。生于海拔200～1500 m的水塘、沟渠及稻田中	浮水草本，须根发达，棕黑色，长达30 cm。茎极短，具长匍匐枝，匍匐枝淡绿色或带紫色	对硝酸盐氮、总磷和总有机碳的去除效果较好。能有效地去除重金属镉、铬和铜
大薸 *Pistia stratiotes*	天南星科 大薸属	喜欢高温多雨的环境，适宜于在平静的淡水池塘、沟渠中生长，适应性强，既适宜稻田，也适宜浅水湖滩、塘坝种植	叶呈莲座状，倒卵形或扇形，直立，波状缘，叶面有数条纵纹。雌雄同株，花小，生于叶腋，绿色	产量高、培植容易、质地柔软、营养价值高，可作适口性好的猪饲料，对水体氮、磷等也有较好的去除效果
萍蓬草 *Nuphar pumila*	睡莲科 萍蓬草属	生在湖沼中	多年水生草本，根状茎肥厚。叶纸质，矩圆形或卵形，基部箭状心形，裂片近三角形，近全缘，下面中部有少数长硬毛，越向边缘毛越密；叶柄长15～30 cm，基部膨大	水生植物表面附着细菌群落优势门类依次为变形菌门、厚壁菌门、绿弯菌门、拟杆菌门、酸杆菌门和疣微菌门，对污染水体具有净化功能
王莲 *Victoria amazonica*	睡莲科 王莲属	生于河湾、湖畔水域。于高温、高湿、阳光充足的环境下生长发育。生长适宜的温度为25～35 ℃，低于20 ℃时，植株会停止生长	初生叶呈针状，长至2～3片时呈矛状，4～5片时呈戟形，6～7片叶时完全展开呈椭圆形至圆形，到11片叶后叶缘上翘呈盘状，叶缘直立，叶片圆形	叶大型，形态奇特，花大，观赏性佳，一株可绿化水体上百平方米，是水景绿化不可或缺的观叶植物，多用于公园、风景区的水体栽培，也常与睡莲、荷花等配植，营造不同的景观效果
粗梗水蕨 *Ceratopteris pterioides*	凤尾蕨科 水蕨属	常浮生于沼泽、河沟和水塘。22～30 ℃条件下生长良好；水温过高或过低，会导致植株生长发育不正常，甚至有时会死亡。对水体环境适应性较强	株高28～55 cm，其营养叶为单叶，叶片呈阔状三角形，长18～25 cm，呈羽状深裂，裂片3～7枚，阔卵状三角形	本种可供药用，茎叶入药可治胎毒，消痰积；嫩叶可作蔬菜。对铅尾矿渗出液具有较强的净化能力
荇菜 *Nymphoides peltata*	睡菜科 荇菜属	生于池沼、湖泊、沟渠、稻田、河流或河口的平稳水域。适生于多腐殖质的微酸性至中性的底泥和富营养的水域中，再生力强；生长适温16～30 ℃；	叶柄长度变化大，叶卵形，长3～5 cm，宽3～5 cm，上表面绿色，边缘具紫黑色斑块，下表面紫色，基部深裂成心形	外源亚精胺可提高荇菜抗 Hg^{2+} 和 Cd^{2+} 胁迫能力。对水体中的TP、TN有去除效果

表 C-3 主要环境修复植物(沉水植物)

名称	科、属	生境	主要特征	功能
狐尾藻 *Myriophyllum verticillatum*	小二仙草科 狐尾藻属	中国南北各地池塘、河沟、沼泽中常有生长,常与穗状狐尾藻混在一起。夏季生长旺盛。冬季生长慢,能耐低温	多年生粗壮沉水草本。根状茎发达,在水底泥中蔓延,节部生根。茎圆柱形,多分枝。叶通常4片轮生,或3～5片轮生,水中叶较长,丝状全裂,无叶柄;裂片8～13对,互生;水上叶互生,披针形,较强壮,鲜绿色,长约1.5 cm,裂片较宽。秋季于叶腋中生出棍棒状冬芽而越冬。苞片羽状篦齿状分裂	处理养殖污水,可将其作为饲料、肥料等进行资源化利用。对TN和TP的去除效果较好,在低氮浓度下对氮的吸收较好。狐尾藻富集沼液Cu、Zn,收割后可以作为青饲料加以利用,净化沼液同时避免二次污染
黑藻 *Hydrilla verticillata*	水鳖科 黑藻属	广布于欧亚大陆热带至温带地区。生于淡水中	多年生沉水草本;茎圆柱形,表面具纵向细棱纹,质较脆。休眠芽长卵圆形;苞叶多数,螺旋状紧密排列,白色或淡黄绿色,狭披针形至披针形	对TN和TP的处理效果一般。对Cu的富集和释放能力较好。对Pb有较快吸附作用
伊乐藻 *Elodea canadensis*	水鳖科 水蕴藻属	喜光照充足的环境,性喜温暖,较耐低温,在15～27 ℃的温度范围内生长良好,可耐4 ℃的低温	多年生草本。株高60～180 cm,雌雄异株。茎细长,多分枝。单叶轮生,无柄,每轮4枚,长约1.9 cm,宽约6 mm,先端向外弯曲,缘具细锯齿,深绿色。雌花单生,白色,挺水开放。蒴果圆柱形,不开裂。种子圆柱形至纺锤形。花期7—9月	在水产养殖中能有效发挥其调节池水溶氧、净化水质、为虾蟹提供栖息场所及消除水中有害物质等良好作用。对Mn^{2+}和Cd^{2+}有一定去除效果。对总氮、硝态氮和总磷均具有一定的净化效果
苦草 *Vallisneria natans*	水鳖科 苦草属	生于溪沟、河流、池塘、湖泊之中	多年生无茎沉水草本,具匍匐茎,径约2 mm,白色,光滑或稍粗糙,先端芽浅黄色。叶基生,线形或带形,长20～200 cm,宽0.5～2 cm,绿色或略带紫红色	对水体氮、磷营养盐具有一定吸收效果,尤其对TN去除效果较好
金鱼藻 *Ceratophyllum demersum*	金鱼藻科 金鱼藻属	生在池塘、河沟	多年生沉水草本;茎长40～150 cm,平滑,具分枝。叶4～12轮生,1～2次二叉状分歧,裂片丝状,或丝状条形,长1.5～2 cm,宽0.1～0.5 mm,先端带白色软骨质,边缘仅一侧有数细齿	对TN和TP有一定的去除效果

续表

名称	科、属	生境	主要特征	功能
菹草 *Potamogeton crispus*	眼子菜科 眼子菜属	中国南北各省区均有分布，生于池塘、水沟、水稻田、灌渠及缓流河水中，水体多呈微酸性至中性。对水域的富营养化有较强的适应能力	多年生沉水草本，具近圆柱形的根茎。茎稍扁，多分枝，近基部常匍匐地面，于节处生出疏或稍密的须根。叶条形，无柄	耐污能力强，对污染水体的N、P等有较好的降解作用。对重金属Cd^{2+}、Mn^{2+}、Ni^{2+}具有超积累的富集作用

表 C-4　罗浮山百草园药用植物介绍

名称	科、属	主要特征	药用价值
青蒿 *Artemisia caruifolia*	菊科 蒿属	一年生草本，植株有香气。茎单生，上部多分枝，幼时绿色，有纵纹。叶两面青绿色或淡绿色；基生叶与茎下部叶三回栉齿状羽状分裂，有长叶柄；中部叶长圆形，二回栉齿状羽状分裂，第一回全裂，每侧有裂片4～6枚，裂片长圆形，基部楔形，每裂片具多枚长三角形的栉齿或为细小、略呈线状披针形的小裂片，先端锐尖，中轴与裂片羽轴常有小锯齿，基部有小型半抱茎的假托叶；上部叶与苞片叶一（至二）回栉齿状羽状分裂，无柄。花淡黄色，瘦果长圆形至椭圆形。花果期6—9月	含挥发油，也含艾蒿碱及苦味素等。入药，但非中药"青蒿"之正品。本种有清热、凉血、退蒸、解暑、祛风、止痒之效，作阴虚潮热的退热剂，也止盗汗、中暑等，但本种不含"青蒿素"，无抗疟作用
艾（艾蒿） *Artemisia argyi*	菊科 蒿属	多年生草本或半灌木状，植株有浓香气。茎有少数短分枝，茎、枝被灰色蛛丝状柔毛；叶上面被灰白色柔毛，兼有白色腺点与小凹点，背面密被白色蛛丝状密茸毛；基生叶具长柄；茎下部叶近圆形或宽卵形，羽状深裂，干后背面主、侧脉常深褐或锈色；中部叶卵形、三角状卵形或近菱形。头状花序椭圆形，瘦果长卵圆形	全草入药，有温经、祛湿、散寒、止血、消炎、平喘、止咳、安胎、抗过敏等作用。艾叶晒干捣碎得艾绒，制作艾条供艾灸用，又可作印泥的原料
茉莉花 *Jasminum sambac*	木犀科 素馨属	直立或攀援灌木，小枝圆柱形或稍压扁状，有时中空，疏被柔毛。叶对生，单叶，叶片纸质，圆形、椭圆形、卵状椭圆形或倒卵形，两端圆或钝，基部有时微心形，侧脉4～6对，在上面稍凹入，下面凸起，细脉在两面常明显，微凸起，除下面脉腋间常具簇毛外，其余无毛；叶柄长2～6 mm，被短柔毛，具关节	本种的花极香，为著名的花茶原料及重要的香精原料；花、叶药用治目赤肿痛，并有止咳化痰之效，还可用于跌损筋骨、龋齿、头痛、失眠

续表

名称	科、属	主要特征	药用价值
木犀(桂花) *Osmanthus fragrans*	木犀科 木犀属	常绿灌木或小乔木,质坚皮薄,叶长椭圆形面端尖,对生,经冬不凋	芳香,提取芳香油,制桂花浸膏,可用于食品、化妆品,并可酿酒。以花、果实及根入药。秋季采花,春季采果,四季采根,分别晒干。花:辛,温。果:辛、甘,温。根:甘、微涩,平
假连翘 *Duranta erecta*	马鞭草科 假连翘属	灌木,枝条有皮刺,幼枝有柔毛。叶对生,少有轮生,叶片卵状椭圆形或卵状披针形,纸质,顶端短尖或钝,基部楔形,全缘或中部以上有锯齿,有柔毛;叶柄长约1 cm,有柔毛	具有截疟、活血止痛之功效,可治疟疾、跌打伤痛
白背枫(驳骨丹) *Buddleja asiatica*	玄参科 醉鱼草属	直立灌木或小乔木。嫩枝条四棱形,老枝条圆柱形。叶对生,叶片膜质至纸质,狭椭圆形、披针形。总状花序窄而长,由多个小聚伞花序组成。蒴果椭圆状;种子灰褐色,椭圆形,两端具短翅。花期1—10月,果期3—12月	以全株入药,全年可采,洗净晒干或鲜用有续筋接骨、消肿止痛等功效;根和叶供药用,有祛风化湿、行气活络之功效,花芳香,可提取芳香油
细叶萼距花 *Cuphea hookeriana*	千屈菜科 萼距花属	灌木或亚灌木状,直立,粗糙,被粗毛及短小硬毛,分枝多而细密。耐热,喜高温,不耐寒,喜光,也能耐半阴,在全日照、半日照下均能正常生长,喜排水良好的沙质土壤	清热利尿,化痰止咳,用于急性黄疸型肝炎、急性肾炎、百日咳、尿路结石、足癣、带状疱疹、结膜炎、丹毒
小叶紫薇 *Lagerstroemia parviflora*	千屈菜科 紫薇属	落叶乔木,树皮呈长薄片状,剥落后平滑细腻。小枝略呈四棱形,常有狭翅。单叶对生或近对生,椭圆形至倒卵形,圆锥花序着生于当年生枝端,花呈白、堇、红、紫等色	清热解毒、利湿祛风、散瘀止血。主治无名肿毒、丹毒、乳痈、咽喉肿痛、肝炎、疥癣、鹤膝风、跌打损伤、内外伤出血、崩漏带下
鹅掌柴(鸭脚木) *Schefflera heptaphylla*	五加科 鹅掌柴属	常绿灌木,分枝多,枝条紧密;掌状复叶,长卵圆形,革质,深绿色,有光泽;圆锥状花序,小花淡红色,浆果深红色	性味苦,凉;清热解毒、止痒、消肿化瘀;对感冒发热、喉咙肿痛、风湿骨痛、跌打损伤、过敏性皮炎、湿疹有疗效

续表

名称	科、属	主要特征	药用价值
八角金盘 *Fatsia japonica*	五加科 八角金盘属	其掌状的叶片，裂叶约8片，看似有8个角而名。叶丛四季油光青翠，叶片像绿色的手掌。其性耐阴，在园林中常种植于假山边上或大树旁边，还能作为观叶植物用于室内、厅堂及会场陈设	主治化痰止咳、散风除湿、化瘀止痛、风湿麻痹、痛风、跌打损伤
极简榕(五指毛桃) *Ficus simplicissima*	桑科 榕属	灌木或小乔木，嫩枝中空，小枝、叶和榕果均被金黄色开展的长硬毛。广泛分布于粤西地区为主的山上，自然生长于深山幽谷中，因其叶子长得像五指，而且叶片有长细毛，果实成熟时像毛桃而得名，煲汤气味似椰子的香气，深受大家喜爱	药用治风气，去红肿。根、果祛风湿，益气固表。健胃补肺药，行气利温药，舒筋活络药
肾蕨 *Nephrolepis auriculata*	肾蕨科 肾蕨属	附生或土生。根状茎直立，被蓬松的淡棕色长钻形鳞片，下部有粗铁丝状的匍匐茎向四方横展，匍匐茎棕褐色，不分枝，疏被鳞片，有纤细的褐棕色须。常附生于溪边林下的石缝中和树上，喜温暖湿润和半阴环境	传统的中药材，以全草和块茎入药，全年均可采收，主治清热利湿、宁肺止咳、软坚消积。常用于感冒发热、咳嗽、肺结核咯血、痢疾、急性肠炎等
罗汉松 *Podocarpus macrophyllus*	罗汉松科 罗汉松属	常绿针叶乔木，树皮灰色或灰褐色，浅纵裂，呈薄片状脱落；枝开展或斜展，较密。叶螺旋状着生，条状披针形，微弯，先端尖，基部楔形，上面深绿色，有光泽，中脉显著隆起，下面带白色、灰绿色或淡绿色，中脉微隆起	果：益气补中。用于心胃气痛，血虚面色萎黄。 根皮：活血止痛，杀虫。用于跌打损伤及癣
沿阶草 *Ophiopogon bodinieri*	天门冬科 沿阶草属	草本。根纤细，近末端处有时具小块根；花期6—8月，果期8—10月，生于海拔600～3400 m的山坡、山谷潮湿处、沟边、灌木丛下或林下	全株入药，味甘，可治疗伤津心烦、食欲不振、咯血等症
万年青 *Rohdea japonica*	天门冬科 万年青属	根状茎粗1.5～2.5 cm。叶3～6枚，厚纸质，矩圆形、披针形或倒披针形，长15～50 cm，宽2.5～7 cm，先端急尖，基部稍狭，绿色，纵脉明显浮凸，喜温暖湿润和半阴环境	叶，味苦、涩，性微寒，具有强心利尿、清热解毒、凉血止血之功效；主治心力衰竭、咽喉肿痛、咯血、吐血、疮毒、蛇伤

续表

名称	科、属	主要特征	药用价值
天门冬 *Asparagus cochinchinensis*	天门冬科 天门冬属	多年生草本，攀援植物。根在中部或近末端呈纺锤状膨大。茎平滑，常弯曲或扭曲，分枝具棱或狭翅。喜温暖，不耐严寒，喜阴，怕强光，适宜在土层深厚疏松肥沃、湿润且排水良好的沙壤土或腐殖质丰富的土中生长	块根是常用的中药，有滋阴润燥、清火止咳之效
文竹 *Asparagus setaceus*	天门冬科 天门冬属	攀援植物，根稍肉质，细长。茎的分枝极多，分枝近平滑，花期 9—10 月。浆果，熟时紫黑色，有 1～3 颗种子，果期为冬季至翌年春季，喜温暖湿润和半阴通风的环境，冬季不耐严寒，不耐干旱	根能润肺止咳，可用于治疗肺痨咳嗽、咳嗽痰喘、痢疾。文竹全草能凉血解毒、利尿通淋，可用于治疗郁热咳血、小便淋漓等
蜘蛛抱蛋(一叶兰) *Aspidistra elatior*	天门冬科 蜘蛛抱蛋属	多年生常绿草本。根状茎近圆柱形，具节和鳞片。性喜温暖湿润、半阴环境，较耐寒、极耐阴	以根茎入药，四季可采摘，晒干或者鲜用，活血散瘀。用于跌打损伤、风湿筋骨痛、腰痛、肺虚咳嗽、咯血
土沉香 *Aquilaria sinensis*	瑞香科 沉香属	乔木，树皮暗灰色，几平滑，纤维坚韧；小枝圆柱形，具皱纹，叶革质，圆形、椭圆形至长圆形，花期春夏，果期夏秋，喜生于低海拔的山地、丘陵以及路边阳处疏林中，老茎受伤后所积得的树脂，俗称沉香，可作香料原料	具有行气止咳、调中平肝、温肾纳气之功效，为治未病特效药；木质部可提取芳香油，花可制浸膏
胡椒木 *Zanthoxylum piperitum*	芸香科 花椒属	常绿灌木，奇数羽状复叶，叶基有短刺 2 枚，叶轴有狭翼，小叶对生，倒卵形，叶面浓绿富光泽，全叶密生腺体；雌雄异株，雄花黄色，雌花橙红色；果实椭圆形，红褐色	有驱虫作用
九里香 *Murraya exotica*	芸香科 九里香属	小乔木，高可达 8 m。枝白灰或淡黄灰色，但当年生枝绿色。叶有小叶 3～5(7)片，小叶倒卵形或倒卵状椭圆形，两侧常不对称，株姿优美，枝叶秀丽，花香浓郁。根、茎、叶所含化学成分与千里香类同。喜生于沙质土、向阳地方	可行气止痛、活血散瘀，治跌打肿痛、气痛

续表

名称	科、属	主要特征	药用价值
佛手 *Citrus medica* var. *sarcodactylis*	芸香科 柑橘属	常绿灌木或小乔木，长椭圆形，有透明油点。花多在叶腋间生出，常数朵成束，其中雄花较多，部分为两性花，花冠五瓣，白色微带紫晕，春分至清明第一次开花，常多雄花，结果较小，另一次在立夏前后，9—10月成熟	根、茎、叶、花、果均可入药，辛、苦、甘、温、无毒；疏肝理气，和胃止痛，燥湿化痰。用于肝胃气滞、胸胁胀痛、胃脘痞满、食少呕吐、咳嗽痰多
三叉苦(三桠苦) *Melicope pteleifolia*	芸香科 蜜茱萸属	乔木，树皮灰白或灰绿色，光滑，纵向浅裂，嫩枝的节部常呈压扁状，小枝的髓部大，枝叶无毛。3小叶，偶有2小叶或单小叶同时存在，叶柄基部稍增粗，小叶长椭圆形，两端尖，有时倒卵状椭圆形，长6～20 cm，宽2～8 cm，全缘，油点多；小叶柄甚短	根叶供药用，能清热解毒、燥湿止痒，治疗咽喉肿痛，对于副流感病毒（仙台株）有抑制作用
山菅兰 *Dianella ensifolia*	阿福花科 山菅兰属	植株高可达1～2 m；根状茎圆柱状，横走，粗5～8 mm。叶狭条状披针形，长30～80 cm，宽1～2.5 cm，基部稍收狭成鞘状，套叠或抱茎，边缘和背面中脉具锯齿。花青紫色或绿白色，浆果紫蓝色球形，成熟时如蓝色宝石。生于海拔1700 m以下的林下、山坡或草丛中	有毒植物。根状茎磨干粉，调醋外敷，可治痈疮脓肿、癣、淋巴结炎等
鼠尾草 *Salvia japonica*	唇形科 鼠尾草属	一年生草本，须根密集。茎直立，钝四棱形，具沟，沿棱上被疏长柔毛或近无毛。芳香性植物，常绿性小型灌木，有木质茎，叶子灰绿色，花蓝色至紫色，生于山坡、路旁、荫蔽草丛、水边及林荫下	由于它有促进激素分泌的功效，所以妇女们在生产后用鼠尾草来减少母乳分泌，其还具有抗老、增强记忆力、安定神经、明目、缓解头痛及神经痛作用
彩叶草 *Coleus scutellarioides*	唇形科 鞘蕊花属	多年生草本，茎通常紫色，四棱形，被微柔毛，具分枝。常用于花坛、会场、剧院布置，也可作为花篮、花束的配叶。花期春秋季，圆锥花序，花小，淡蓝色或白色	性味归经，酸，涩，凉，具有凉血止血散瘀、调经疗效；用于吐血、咳血、崩漏、白带、月经不调，外用跌打损伤治疗

续表

名称	科、属	主要特征	药用价值
降香(花梨木) *Dalbergia odorifera*	豆科 黄檀属	乔木,生于中海拔山坡疏林中、林缘或旷地上;降香木材优质,边材淡黄色,质疏松,心材红褐色,坚重,纹理致密,为上等家居良材,有香味,可作香料	根部心材名降香,供药用。为良好的镇痛剂,又治刀伤出血
美丽鸡血藤 (牛大力藤) *Callerya speciosa*	豆科 鸡血藤属	藤本,树皮褐色。小枝圆柱形,初被褐色绒毛,后渐脱落。根系向下直伸,幼枝有棱角,被褐色柔毛,渐变无毛。叶互生;奇数羽状复叶,托叶披针形,宿存,小叶 7～17 片,具短柄,基部有针状托叶一对,宿存	含淀粉甚丰富,以根入药。有通经活络、补虚润肺和健脾的功能。治肺热、肺虚咳嗽、肺结核、风湿性关节炎、腰肌劳损等
千斤拔 *Flemingia prostrata*	豆科 千斤拔属	直立或披散亚灌木。根系向下直伸长 1 m 许。幼枝有棱角,披白柔毛。叶互生;3 出复叶;托叶 2 片,三角状,具疏柔毛	根供药用,用于风湿性关节炎、腰腿痛、腰肌劳损、白带、跌打损伤,有强筋壮骨、消炎止痛等作用
朱槿 *Hibiscus rosa-sinensis*	锦葵科 木槿属	常绿灌木,小枝圆柱形,疏被星状柔毛。叶阔卵形或狭卵形,两面除背面沿脉上有少许疏毛外均无毛,花期全年,花大色艳,四季常开,主供园林观赏用	根、叶和花均可入药,有清热利水、消肿解毒的功效
变叶木 *Codiaeum variegatum*	大戟科 变叶木属	灌木或小乔木,枝条无毛,有明显叶痕。叶薄革质,形状大小变异很大。基部楔形,两面无毛,绿色、淡绿色、紫红色、紫红与黄色相间,或有时在绿色叶片上散生黄色或金黄色斑点或斑纹;花期 9—10 月	本种是热带、亚热带地区常见的庭园或公园观叶植物;易扦插繁殖,园艺品种多
铁海棠 *Euphorbia milii*	大戟科 大戟属	蔓生灌木。茎多分枝,具纵棱,密生硬而尖的锥状刺,常呈 3～5 列排列于棱脊上,呈旋转,叶互生,全年可采	全年可采,晒干或鲜用。 功能主治:排脓,解毒,逐水。治痈疮、横痃、肝炎、大腹水肿
狗牙花 *Ervatamia divaricata*	夹竹桃科 狗牙花属	灌木,通常高达 3 m,除萼片有缘毛外,其余无毛;枝和小枝灰绿色,有皮孔。栽培于南部各省区	叶可药用,有降低血压效能,可清凉解热、利水消肿,治眼病、疮疥、乳疮、癫狗咬伤等症;根可治头痛和骨折等

续表

名称	科、属	主要特征	药用价值
山栀子 *Gardenia jasminoides*	茜草科 栀子属	常绿灌木,叶对生或三叶轮生,革质,长圆状披针形或卵状披针形。花单生于枝端或叶腋,大形,白色,极香;花梗极短,常有棱;萼管卵形或倒卵形,上部膨大;花期5—7月,果期8—11月	治热病心烦、肝火目赤、头痛、湿热黄疸、淋证、血痢尿血、口舌生疮、疮疡肿毒、扭伤肿痛
巴戟天 *Morinda officinalis*	茜草科 巴戟天属	藤本;肉质根不定位肠状缢缩,根肉略紫红色,干后紫蓝色;嫩枝被长短不一粗毛,后脱落变粗糙,老枝无毛,具棱,棕色或蓝黑色。叶薄或稍厚,纸质,干后棕色,长圆形,卵状长圆形或倒卵状长圆形,长6~13 cm,宽3~6 cm,顶端急尖或具小短尖,基部钝 、圆或楔形	具有补肾阳、强筋骨、祛风湿之功效。常用于阳痿遗精、宫冷不孕、月经不调、少腹冷痛、风湿痹痛、筋骨痿软
黄脉爵床 *Sanchezia nobilis*	爵床科 黄脉爵床属	灌木,多年生常绿观叶植物。叶具1~2.5 cm的柄,叶片矩圆形,倒卵形,顶端渐尖,或尾尖,基部楔形至宽楔形,下沿、边缘为波状圆齿。盆栽种植株高一般50~80 cm。多分枝,茎干半木质化	味微苦,辛,性寒,具有治疗刀伤、牙疼、溃疡及腹痛的功效
蜘蛛兰(水鬼蕉) *Hymenocallis littoralis*	石蒜科 水鬼蕉属	多年生鳞茎草本植物,叶基生,倒披针形,先端急尖,花萼软而硬平,实心,花期春秋,蒴果卵圆形或者环形,成熟时裂开,种子海绵状,绿色	叶辛,温,能舒筋活血,消肿止痛;用于治疗风湿关节炎、甲沟炎、跌打肿痛、痔疮
葱莲(葱兰) *Zephyranthes candida*	石蒜科 葱莲属	多年生草本植物,鳞茎卵形,具有明显的颈部。叶狭线形,肥厚,亮绿色。喜阳光充足,耐半阴,常用作花坛的镶边材料,也宜绿地丛植,最宜作林下半阴处的地被植物,或于庭院小径旁栽植	其带鳞茎的全草是一种民间草药,有平肝、宁心、熄风镇静的作用,主治小儿惊风、羊痫风
兰花三七 *Liriope cymbidiomorpha*	百合科 山麦冬属	常绿多年生草本,根状茎粗壮,叶线形,丛生,长10~40 cm,总状花序,花淡紫色,偶有白色。花期7—8月。其形似兰花,根像三七,且味也像三七并可入药,故名兰花三七	有清热解暑、化湿健胃、止呕、止血散瘀、消肿定痛的功效

续表

名称	科、属	主要特征	药用价值
山桃(桃花) *Amygdalus davidiana*	蔷薇科 桃属	落叶小乔木,花单生,从淡至深粉红或红色,有时为白色,有短柄,早春开花;近球形核果,表面有短柔毛,肉质可食,有带深麻点和沟纹的核,内含白色种子	桃树干上分泌的胶质,俗称桃胶,可用作胶黏剂等,为一种聚糖类物质,水解能生成阿拉伯糖、半乳糖、木糖、鼠李糖、葡糖醛酸等,可食用,也供药用,有破血、和血、益气之效
梅 *Armeniaca mume*	蔷薇科 杏属	小乔木,稀灌木,树皮浅灰色或带绿色,平滑;小枝绿色,光滑无毛。叶片卵形或椭圆形,叶边常具小锐锯齿,灰绿色	鲜花可提取香精,花、叶、根和种仁均可入药。果实可食、盐渍或干制,或熏制成乌梅入药,有止咳、止泻、生津、止渴之效
地锦(爬山虎) *Parthenocissus tricuspidata*	葡萄科 地锦属	多年生落叶木质藤本,其形态与野葡萄藤相似。小枝圆柱形,几无毛或微被疏柔毛。夏季开花,花小,成簇不显,黄绿色或浆果紫黑色,与叶对生,花多为两性。常见攀援在墙壁岩石上,不怕强光,耐寒,耐旱,耐贫瘠,气候适应性广泛	以根和茎入药。有破血、活筋止血、消肿毒之功效。果可酿酒
铁冬青 *Ilex rotunda*	冬青科 冬青属	常绿灌木或乔木,树皮灰色至灰黑色。小枝圆柱形,挺直,较老枝具纵裂缝,叶痕倒卵形或三角形,稍隆起,皮孔不明显。花期3—4月,果熟期10—12月。多生于湿润肥沃的山间林缘和向阳山坡或溪谷两旁。喜温暖湿润的气候	叶和树皮入药,凉血散血,有清热利湿、消炎解毒、消肿镇痛之功效,治暑季外感高热、烫火伤、咽喉炎、肝炎、急性肠胃炎、胃痛、关节痛等;兽医用治胃溃疡、感冒发热和各种痛症、热毒、阴疮
扶芳藤 *Euonymus fortunei*	卫矛科 卫矛属	常绿藤本灌木,性喜温暖、湿润环境,喜阳光,亦耐阴,生长于山坡丛林。产于中国江苏、浙江、安徽、江西、湖北、湖南、四川、陕西等省	带叶茎枝入药,可舒筋活络,止血消瘀。治腰肌劳损、风湿痹痛、咯血、血崩、月经不调、跌打骨折、创伤出血

续表

名称	科、属	主要特征	药用价值
金丝楠 *Phoebe zhennan*	樟科 楠属	乔木。小枝常较细,有棱或近圆柱形,被灰黄色或灰褐色柔毛。叶革质,椭圆形,上面光亮无毛或沿中脉下半部有柔毛,下面密被短柔毛。聚伞状圆锥花序开展,花期 4—5 月,果期 9—10 月	可以防虫,抗腐蚀性强,而且不易受潮发霉,还可以驱虫,且耐用,容易保养
土茯苓 *Smilax glabra*	菝葜科 菝葜属	多年生常绿攀援状灌木,多生于山坡或林下。入药部分只选择其干燥后的根茎。常于夏、秋二季采挖,除去须根,洗净后干燥入药	趁鲜切成薄片后干燥、入药。味甘、淡,性平,有解毒、除湿、通利关节之功效;主要用于梅毒及汞中毒所致的肢体拘挛,筋骨疼痛、湿热淋浊、带下、痈肿、瘰疬、疥癣
朱砂根 *Ardisia crenata*	报春花科 紫金牛属	灌木,茎粗壮,无毛,除侧生特殊花枝外,无分枝。叶片革质或坚纸质,椭圆形、椭圆状披针形至倒披针形,顶端急尖或渐尖,基部楔形,边缘具皱波状或波状齿,具明显的边缘腺点。喜温暖、湿润、荫蔽、通风良好环境。果球形,鲜红色。5—6 月开花,10—12 月结果,果实经久不落,另有黄色或白色种,一般均为药用	根及全株入药,味苦性凉,有清热解火、消肿解毒、活血祛瘀、祛痰止咳等功效;主治扁桃炎、跌打损伤、关节风湿、妇女白带等疾病
虎耳草 *Saxifraga stolonifera*	虎耳草科 虎耳草属	多年生草本,鞭匐枝细长,密被卷曲长腺毛,具鳞片状叶。生于海拔 400～4500 m 的林下、灌丛、草甸和阴湿岩隙	全草入药,祛风,清热,凉血解毒。治风疹、湿疹、中耳炎、丹毒、咳嗽吐血、肺痈、崩漏、痔疾
虎杖 *Reynoutria japonica*	蓼科 虎杖属	多年生灌木状草本,根茎横卧地下,木质,黄褐色,节明显。茎直立,圆柱形,丛生,无毛,中空,散生紫红色斑点,花期 6—8 月,果期 9—10 月	具有利湿退黄、清热解毒、散瘀止痛、止咳化痰的功效。用于湿热黄疸、淋浊、带下、风湿痹痛、痈肿疮毒、水火烫伤、经闭、症瘕、跌打损伤、肺热咳嗽

续表

名称	科、属	主要特征	药用价值
米仔兰(米兰) *Aglaia odorata*	楝科 米仔兰属	常绿灌木或小乔木。奇数羽状复叶,互生,叶柄上有极狭的翅,全缘,花期很长,以夏、秋两季开花最盛。幼苗时较耐荫蔽,长大后偏阳性;喜温暖、湿润的气候,怕寒冷	枝叶:辛,温。可活血散瘀、消肿止痛;用于跌打损伤、骨折、痈疮。花:甘、辛、平。行气解郁。用于气郁胸闷、食滞腹胀
秋海棠 *Begonia grandis*	秋海棠科 秋海棠属	多年生草本植物,根状茎近球形,具密集而交织的细长纤维状根。7月开花,8月开始结果,在强光下易造成叶片灼伤,生于山谷潮湿石壁上、密林、灌丛中	其花、叶、茎、根均可入药
龟背竹 *Monstera deliciosa*	天南星科 龟背竹属	多年生木质藤本攀援性常绿灌木,攀援树上,茎绿色,粗壮,周延为环状,余光滑叶柄绿色;叶片大,轮廓心状卵形,厚革质,表面发亮,淡绿色,背面绿白色。佛焰苞厚革质,宽卵形,舟状,近直立。肉穗花序近圆柱形,淡黄色。浆果淡黄色,花期8—9月,果于翌年花期之后成熟	有消肿排毒的作用
白鹤芋(白掌) *Spathiphyllum kochii*	天南星科 白鹤芋属	多年生草本,具明显的中脉和叶柄,深绿色。春夏开花,佛焰苞大而显著,高出叶面,白色或微绿色,肉穗花序乳黄色,非常清新优雅,具有很好的观赏价值	辛,平,肾经;可活血散瘀,对跌打损伤具有疗效
孔雀竹芋 *Maranta bicolor*	竹芋科 竹芋属	多年生常绿草本。叶片白天舒展开,晚上折叠起来,是竹芋科典型的观赏性植物,风姿绰约,独具魅力	根茎中含有淀粉,可食用,具有清肺热、利尿等作用
紫背竹芋 *Stromanthe sanguinea*	竹芋科 紫背竹芋属	多年生草本植物,直立,叶片长卵形或披针形。枝叶生长茂密、株形丰满,厚革质,叶面深绿色有光泽,中脉浅色,叶背血红色,形成鲜明的对比	根茎中含有淀粉,可食用,具有清肺热、利尿等作用
桃金娘 *Rhodomyrtus tomentosa*	桃金娘科 桃金娘属	灌木,叶对生,革质,片椭圆形或倒卵形。花常单生,紫红色,萼管倒卵形,萼裂片近圆形,花瓣倒卵形,雄蕊红色;浆果卵状壶形,熟时紫黑色;花期4—5月	全株可供药用,有活血通络、收敛止泄,补虚止血的功效。根含酚类、鞣酸等,有治慢性痢疾、风湿、肝炎及降血脂等功效

续表

名称	科、属	主要特征	药用价值
人面子 *Dracontomelon duperreanum*	漆树科 人面子属	常绿大乔木植物，喜阳光充足及高温多湿环境，适深厚肥沃的酸性土生长。该种树冠宽广浓绿，甚为美观，是“四旁”和庭园绿化的优良树种，也适合作行道树	健胃、生津、醒酒、解毒。主治食欲不振、热病口渴、醉酒、咽喉肿痛、风毒疮痒

附录 D 仲园常见植物

苏铁 *Cycas revoluta*，苏铁科苏铁属（彩图 D-1）

罗汉松 *Podocarpus macrophyllus*，罗汉松科罗汉松属（彩图 D-2）

南洋杉 *Araucaria cunninghamii* ，南洋杉科南洋杉属（彩图 D-3）

圆柏 *Juniperus chinensis*，柏科圆柏属（彩图 D-4）

紫薇（痒痒树）*Lagerstroemia indica*，千屈菜科紫薇属（彩图 D-5）

大叶紫薇 *Lagerstroemia speciosa*，千屈菜科紫薇属（彩图 D-6）

红千层 *Callistemon rigidus*，桃金娘科红千层属（彩图 D-7）

蒲桃 *Syzygium jambos*，桃金娘科蒲桃属（彩图 D-8）

红车（红枝蒲桃）*Syzygium rehderianum*，桃金娘科蒲桃属（彩图 D-9）

水石榕 *Elaeocarpus hainanensis*，杜英科杜英属（彩图 D-10）

海南蒲桃（乌墨）*Syzygium cumini*，桃金娘科蒲桃属（彩图 D-11）

尖叶杜英 *Elaeocarpus apiculatus*，杜英科杜英属（彩图 D-12）

秋枫 *Bischofia javanica*，大戟科秋枫属（彩图 D-13）

红背桂 *Excoecaria cochinchinensis*，大戟科海漆属（彩图 D-14）

乌桕 *Triadica sebifera*，大戟科乌桕属（彩图 D-15）

人面子 *Dracontomelon duperreanum*，漆树科人面子属（彩图 D-16）

三角槭（三角枫）*Acer buergerianum*，槭树科槭属（彩图 D-17）

小叶榄仁（雨伞树）*Terminalia neotaliala*，使君子科榄仁树属（彩图 D-18）

海南红豆 *Ormosia pinnata*，豆科红豆属（彩图 D-19）

凤凰木 *Delonix regia*，豆科凤凰木属（彩图 D-20）

南洋楹 *Falcataria moluccana*，豆科南洋楹属（彩图 D-21）

朱缨花（红绒球）*Calliandra haematocephala*，豆科朱缨花属（彩图 D-22）

红花羊蹄甲 *Bauhinia ×blakeana*，豆科羊蹄甲属（彩图 D-23）

黄槐决明 *Senna surattensis*，豆科决明属（彩图 D-24）

鸡冠刺桐 *Erythrina crista-galli*，豆科刺桐属（彩图 D-25）

龙牙花（象牙红）*Erythrina corallodendron*，豆科刺桐属（彩图 D-26）

大叶相思 *Acacia auriculiformis*，豆科相思树属（彩图 D-27）
波罗蜜 *Artocarpus heterophyllus*，桑科波罗蜜属（彩图 D-28）
高山榕（大叶榕）*Ficus altissima*，桑科榕属（彩图 D-29）
榕树（细叶榕）*Ficus microcarpa*，桑科榕属（彩图 D-30）
垂叶榕 *Ficus benjamina*，桑科榕属（彩图 D-31）
菩提树 *Ficus religiosa*，桑科榕属（彩图 D-32）
琴叶榕 *Ficus pandurata*，桑科榕属（彩图 D-33）
印度榕 *Ficus elastica*，桑科榕属（彩图 D-34）
竹叶榕 *Ficus stenophylla*，桑科榕属（彩图 D-35）
无花果 *Ficus carica*，桑科榕属（彩图 D-36）
九里香 *Murraya exotica*，芸香科九里香属（彩图 D-37）
米兰（米仔兰）*Aglaia odorata*，楝科米仔兰属（彩图 D-38）
桂花（木犀）*Osmanthus fragrans*，木犀科木犀属（彩图 D-39）
杧果（芒果）*Mangifera indica*，漆树科杧果属（彩图 D-40）
鸡蛋花 *Plumeria rubra*，夹竹桃科鸡蛋花属（彩图 D-41）
黄花夹竹桃 *Thevetia peruviana*，夹竹桃科黄花夹竹桃属（彩图 D-42）
狗牙花 *Ervatamia divaricata*，夹竹桃科狗牙花属（彩图 D-43）
黄蝉 *Allamanda schottii*，夹竹桃科黄蝉属（彩图 D-44）
糖胶树（面条树）*Alstonia scholaris*，夹竹桃科鸡骨常山属（彩图 D-45）
夹竹桃 *Nerium oleander*，夹竹桃科夹竹桃属（彩图 D-46）
朱槿（扶桑）*Hibiscus rosa-sinensis*，锦葵科木槿属（彩图 D-47）
木棉（红棉、英雄树）*Bombax ceiba*，木棉科木棉属（彩图 D-48）
美丽异木棉（美人树）*Ceiba speciosa*，木棉科吉贝属（彩图 D-49）
灰莉（非洲茉莉）*Fagraea ceilanica*，马钱科灰莉属（彩图 D-50）
红花檵木 *Lorpetalum chinense*，金缕梅科檵木属（彩图 D-51）
光叶子花（三角梅、簕杜鹃）*Bougainvillea glabra*，紫茉莉科叶子花属（彩图 D-52）
樟（香樟）*Cinnamomum camphora*，樟科樟属（彩图 D-53）
土沉香（沉香、香材）*Aquilaria sinensis*，瑞香科沉香属（彩图 D-54）
假连翘（篱笆树、莲荞）*Duranta erecta*，马鞭草科假连翘属（彩图 D-55）
龙船花 *Ixora chinensis*，茜草科龙船花属（彩图 D-56）
栀子 *Gardenia jasminoides*，茜草科栀子属（彩图 D-57）
锦绣杜鹃 *Rhododendron*×*pulchrum*，杜鹃花科杜鹃花属（彩图 D-58）
海桐 *Pittosporum tobira*，海桐科海桐属（彩图 D-59）
鹅掌藤（招财树）*Schefflera arboricola*，五加科南鹅掌柴属（彩图 D-60）
含笑花 *Michelia figo*，木兰科含笑属（彩图 D-61）
白兰 *Michelia*×*alba*，木兰科含笑属（彩图 D-62）

基及树(福建茶) *Carmona microphylla*,紫草科基及树属(彩图 D-63)

非洲楝(非洲桃花心木) *Khaya senegalensis*,楝科非洲楝属(彩图 D-64)

旅人蕉 *Ravenala madagascariensis*,芭蕉科旅人蕉属(彩图 D-65)

露兜树 *Pandanus tectorius*,露兜树科露兜树属(彩图 D-66)

短穗鱼尾葵 *Caryota mitis*,棕榈科鱼尾葵属(彩图 D-67)

棕榈 *Trachycarpus fortunei*,棕榈科棕榈属(彩图 D-68)

王棕 *Roystonea regia* ,棕榈科王棕属(彩图 D-69)

假槟榔 *Archontophoenix alexandrae*,棕榈科假槟榔属(彩图 D-70)

三药槟榔 *Areca triandra*,棕榈科槟榔属(彩图 D-71)

散尾葵 *Chrysalidocarpus lutescens*,棕榈科散尾葵属(彩图 D-72)

棕竹 *Rhapis excelsa* ,棕榈科棕竹属(彩图 D-73)

海枣(枣椰子) *Phoenix dactylifera*,棕榈科海枣属(彩图 D-74)

刺葵 *Phoenix loureiroi*,棕榈科海枣属(彩图 D-75)

狐尾椰 *Wodyetia bifurcata*,棕榈科狐尾椰属(彩图 D-76)

佛肚竹 *Bambusa ventricosa*,禾本科簕竹属(彩图 D-77)

黄金间碧竹 *Bambusa vulgaris* f. *vittata*,禾本科簕竹属(彩图 D-78)

主要参考文献

[1] 党志，郑刘春，卢桂宁，等. 矿区污染源头控制:矿山废水中重金属的吸附去除[M]. 北京：科学出版社，2015.

[2] 葛朝华，韩发. 广东大宝山矿床喷气:沉积成因地质地球化学特征[M]. 北京：北京科学技术出版社，1987.

[3] 黄昌勇，徐建明. 土壤学[M].3 版. 北京：中国农业出版社，2010.

[4] 刘凡. 地质与地貌学:南方本[M].2 版. 北京：中国农业出版社，2018.

[5] 鲁如坤. 土壤农业化学分析方法[M]. 北京：中国农业科技出版社，2000.

[6] 潘剑君. 土壤资源调查与评价[M].2 版. 北京：中国农业出版社，2015.

[7] 彭华. 中国红石公园——丹霞山[M]. 北京：地质出版社，2004.

[8] 彭少麟，廖文波，李贞，等. 广东丹霞山动植物资源综合科学考察[M]. 北京：科学出版社，2011.

[9] 谢德体. 土壤学:南方本[M]. 3 版. 北京：中国农业出版社，2014.

[10] 蔡锦辉，吴明光，汪雄武，等. 广东大宝山多金属矿山环境污染问题及启示[J]. 华南地质与矿产，2005(04)：50-54.

[11] 蔡美芳，党志，文震，等. 矿区周围土壤中重金属危害性评估研究[J]. 生态环境，2004(01)：6-8.

[12] 陈炳辉，韦慧晓，周永章. 粤北大宝山多金属矿山的生态环境污染原因及治理途径[J]. 中国矿业，2006(06)：40-42.

[13] 陈清敏，张晓军，胡明安. 大宝山铜铁矿区水体重金属污染评价[J]. 环境科学与技术，2006(06)：64-65+71+118.

[14] 陈三雄，陈家栋，谢莉，等. 广东大宝山矿区植物对重金属的富集特征[J]. 水土保持学报，2011，25(06)：216-220.

[15] 邓华格，温志滔，缪绅裕，等. 广东罗浮山珍稀濒危植物多样性及格木群落特征[J]. 广东林业科技，2010，26(03)：35-41.

[16] 付善明，周永章，张澄博，等. 粤北大宝山矿尾矿铅污染迁移及生态系统环境响应[J]. 现代地质，2007(03)：570-577.

[17] 付善明，周永章，赵宇鴳，等. 广东大宝山铁多金属矿废水对河流沿岸土壤的重金属污染[J]. 环境科学，2007(04)：4805-4812.

[18] 付善明. 广东大宝山金属硫化物矿床开发的环境地球化学效应[D]. 广州：中山大学，2007.

[19] 何书金，苏光全. 矿区废弃地土地复垦潜力评价方法与应用实例[J]. 地理研究，2000(02)：165-171.

[20] 侯玉平，彭少麟，李富荣，等. 论丹霞地貌区生态演替特征及其科学价值[J]. 生态学报，2008(07)：3384-3389.

[21] 黄兰椿，周永章，付善明，等. 大宝山多金属硫化矿尾矿综合利用途径研究[J]. 金属矿

山，2009(07)：164-168.
[22] 廖建良，戴良英，贺握权. 罗浮山维管植物资源调查及保护利用[J]. 湖南农业大学学报(自然科学版)，2007(03)：281-284.
[23] 林初夏，龙新宪，童晓立，等. 广东大宝山矿区生态环境退化现状及治理途径探讨[J]. 生态科学，2003(03)：205-208.
[24] 刘立诚，彭崇玮. 广东罗浮山土壤形成特征[J]. 土壤通报，1985(02)：58-61.
[25] 欧阳杰，彭华，罗晓莹，等. 丹霞山国家珍稀濒危保护植物丹霞梧桐空间分布的微地貌环境特征研究[J]. 地理科学，2017，37(10)：1585-1592.
[26] 彭华，刘盼，张桂花. 中国东南部丹霞地貌区小尺度植被分异结构研究[J]. 地理科学，2018，38(06)：944-953.
[27] 秦建桥，夏北成，胡萌，等. 广东大宝山矿区尾矿库植被演替分析[J]. 农业环境科学学报，2009，28(10)：2085-2091.
[28] 丘英华，吴林芳，廖凌娟，等. 广东大宝山矿区周边植被现状及矿区植被恢复重建[J]. 广东林业科技，2010，26(05)：22-27.
[29] 王俊，张金桃，杨涛涛，等. 凡口铅锌矿尾矿库废弃地生态恢复实践[J]. 韶关学院学报，2016，37(08)：44-49.
[30] 魏焕鹏，党志，易筱筠，等. 大宝山矿区水体和沉积物中重金属的污染评价[J]. 环境工程学报，2011，5(09)：1943-1949.
[31] 徐颂军，卓正大. 广东罗浮山维管植物区系的基本特征[J]. 华南师范大学学报(自然科学版)，1994(02)：76-84.
[32] 许超，夏北成，秦建桥，等. 广东大宝山矿山下游地区稻田土壤的重金属污染状况的分析与评价[J]. 农业环境科学学报，2007(S2)：549-553.
[33] 叶志鸿，陈桂珠，蓝崇钰，等. 宽叶香蒲净化塘系统净化铅/锌矿废水效应的研究[J]. 应用生态学报，1992(02)：190-194.
[34] 张金桃. 大宝山排土场复垦绿化实用技术探究[J]. 有色冶金设计与研究，2009，30(05)：11-12+18.
[35] 张越男，李忠武，陈志良，等. 大宝山尾矿库区及其周边地区地下水重金属健康风险评价研究[J]. 农业环境科学学报，2013，32(03)：587-594.
[36] 张志权，束文圣，蓝崇钰，等. 引入土壤种子库对铅锌尾矿废弃地植被恢复的作用[J]. 植物生态学报，2000(05)：601-607.
[37] 郑凯，谭志钊，陈佩芸，等. 粤北大宝山铁龙尾矿区矿山废水沉积物中重金属形态分布规律研究[J]. 广东化工，2015，42(15)：36-38.
[38] 郑芷青，覃朝锋. 罗浮山森林群落的数量分类与排序[J]. 广州师院学报(自然科学版)，1991(2)：61-66.
[39] 周建民，党志，司徒粤，等. 大宝山矿区周围土壤重金属污染分布特征研究[J]. 农业环境科学学报，2004(06)：1172-1176.
[40] 邹晓锦，仇荣亮，黄穗虹，等. 广东大宝山复合污染土壤的改良及植物复垦[J]. 中国环境科学，2008(09)：775-780.

彩　　图

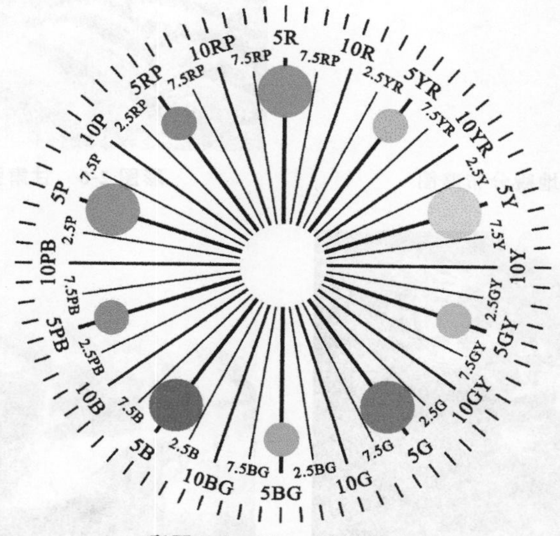

彩图 1-1　Munsell 记色法

彩图 2-1　丹霞山景区大门

彩图 2-2　丹霞山实习基地挂牌仪式

彩图 2-3　丹霞山全景模拟沙盘讲解

彩图 2-4　群象出山观景台——丹霞山石墙讲解

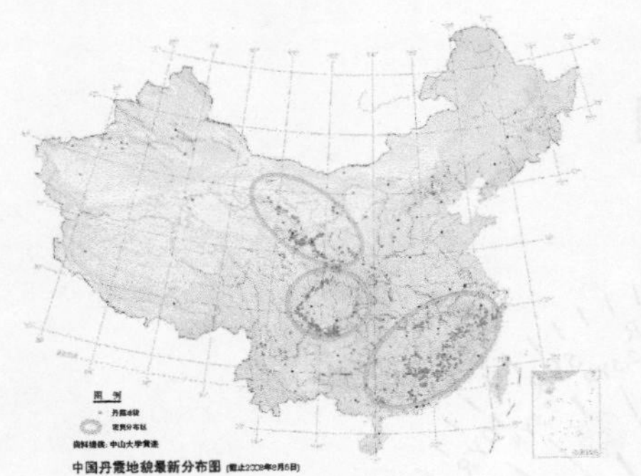

彩图 2-5　中国丹霞地貌分布略图

彩图 2-6　甘肃张掖丹霞地貌

彩图 2-7　贵州赤水丹霞地貌

彩图 2-8　湖南崀山丹霞地貌

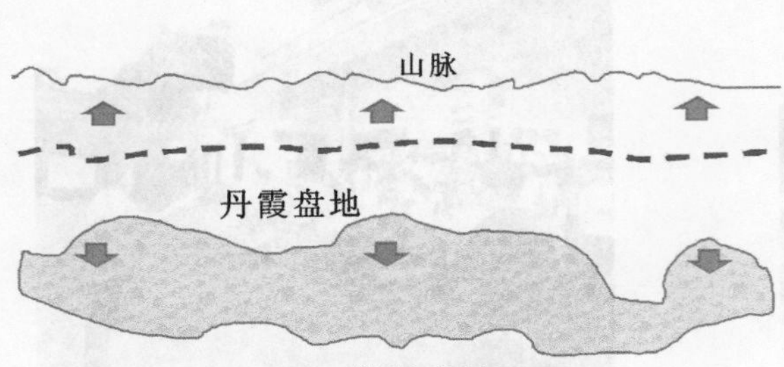

彩图 2-9　广东韶关丹霞山地貌形成略图

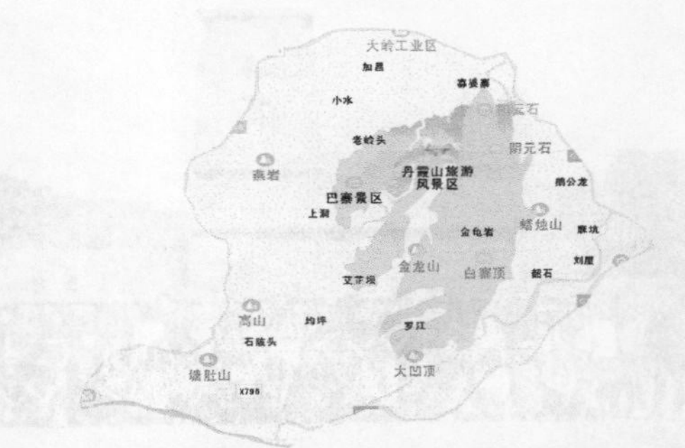

彩图 2-10　广东韶关丹霞盆地地层略图

彩图 2-11　韶关丹霞山褐红色砂砾岩

彩图 2-12　韶关丹霞山大型板状交错层理图

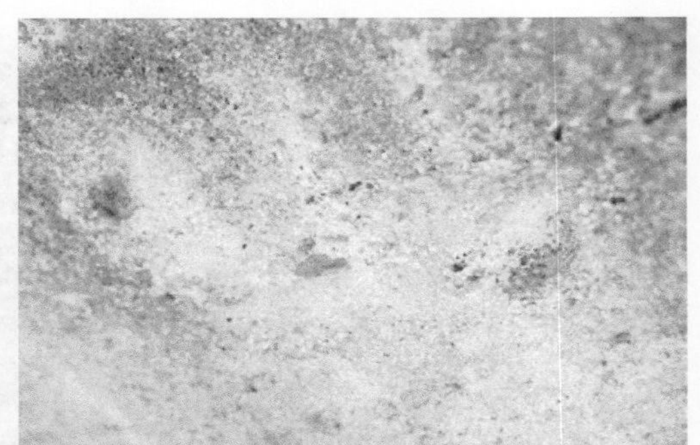

彩图 2-13　韶关丹霞山棕红色砾岩夹粉细砂岩

彩图 2-14　韶关丹霞山锦石岩大崖壁

彩图 2-15　韶关丹霞山阳元景区晒布岩

彩图 2-16　丹霞山“顶平、身陡、坡缓”的坡面特点图

彩图 2-17　韶关丹霞山单斜地貌

彩图 2-18　韶关丹霞山最高峰——巴寨

彩图 2-19　韶关丹霞山石柱地貌

彩图 2-20　韶关丹霞山石墙地貌

彩图 2-21　韶关丹霞山石蛋地貌

彩图 2-22　丹霞山“天下第一奇石”——阳元石

彩图 2-23　韶关丹霞山观音石

彩图 2-24　丹霞山百丈峡一线天

彩图 2-25　丹霞山评公石寨一线天

彩图 2-26　韶关丹霞山姐妹峰

彩图 2-27　韶关丹霞山古寨门遗迹

彩图 2-28　韶关丹霞山阳元景区通泰桥

彩图 2-30　丹霞山金龟岩穿洞

彩图 2-29　丹霞山锦石岩景区侵蚀穿洞

彩图 2-31　丹霞山细美寨风车岩穿洞

彩图 2-32　丹霞山穿岩石拱

彩图 2-33　丹霞山狮子岩崩积石拱门

彩图 2-34　丹霞山金龟岩岩洞

彩图 2-35　丹霞山风化岩槽

彩图 2-36　丹霞山垂向差异风化景观

彩图 2-37　丹霞山阳元景区额状岩

彩图 2-38　丹霞山锦石岩景区崩塌扁平洞

彩图 2-39　丹霞山卧龙岗景区水蚀扁平洞

彩图 2-40　丹霞山长老峰景区阴元石

彩图 2-41　丹霞山片状风化剥落

彩图 2-42　丹霞山锦石岩景区大型蜂窝状洞穴群

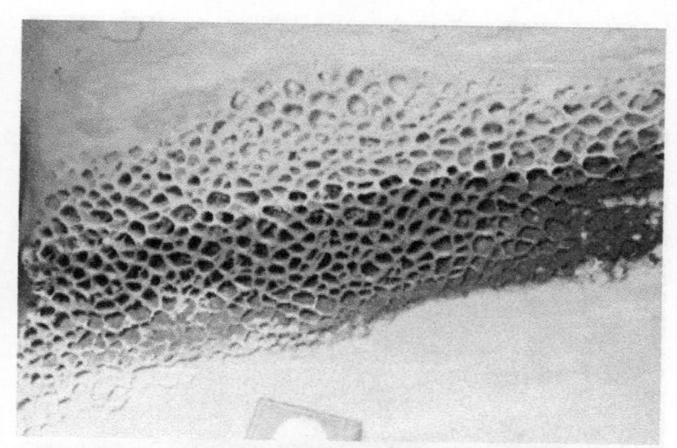
彩图 2-43　丹霞山锦石岩景区小型蜂窝状洞穴

彩图 2-44　丹霞山翔龙湖中坠石

彩图 2-45　丹霞山土壤剖面

彩图 2-46　丹霞山土壤样品采集

彩图 2-47　丹霞石壁上的地衣群落

彩图 2-48　丹霞石壁上的苔藓、蕨类群落

彩图 2-49　长满苔藓的石头

彩图 2-50　丹霞崖壁草本植物

彩图 2-51　丹霞崖壁灌木植被

彩图 2-52　猴面石对面的丹霞梧桐群落

彩图 2-53　丹霞山沟谷植被

彩图 2-54　丹霞山脚布满小孔的海芋

彩图 2-55　丹霞山最高峰——巴寨的垂直植被

彩图 2-56　马尾松-檵木-芒萁群丛

彩图 2-57　马尾松茎、叶及球果(孢子叶球)

彩图 2-58　杉木的茎、叶、雄球花和球果(孢子叶球)

彩图 2-59　生长在丹霞山红色砂岩石上的特有植物——丹霞梧桐的枝叶、花和果(蓇葖果)

彩图 2-60　假苹婆的枝叶、花和果(蓇葖果)

彩图 2-61　秀丽锥的茎、叶及果序轴(壳斗密集)

彩图 2-62　黧蒴锥的茎、叶、花及果(坚果)

彩图 2-63　甜槠的茎、叶及壳斗

彩图 2-64　青冈的叶及坚果

彩图 2-65　木荷的茎、叶、花及果(蒴果)

彩图 2-66　粤柳的茎、叶及花序(柔荑花序)

彩图 2-67　软荚红豆的叶和近圆形的荚果

彩图 2-68　桃金娘的叶、花和卵状壶形的浆果

彩图 2-69　南烛(乌饭树)的茎、叶、花及果(浆果)

彩图 2-70　圆叶小石积的茎、叶及花

彩图 2-71　丹霞小花苣苔

彩图 2-72　卷柏

彩图 2-73　丹霞山别传寺的绞杀树(笔管榕和罗汉松)

彩图 2-74　仁化县省级爱国主义教育基地——双峰寨

彩图 3-1　罗浮山景区图

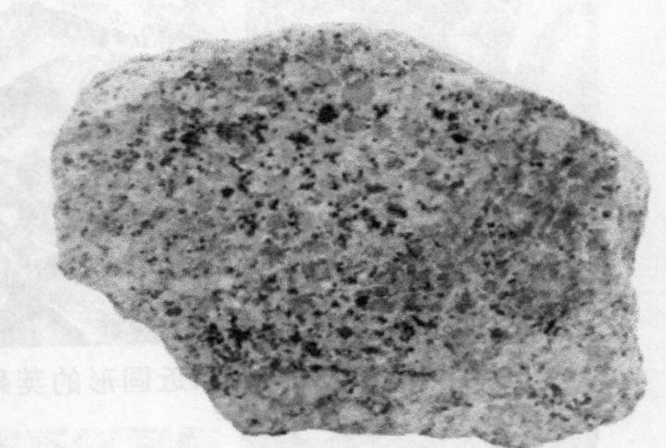

彩图 3-2　黑云母花岗岩

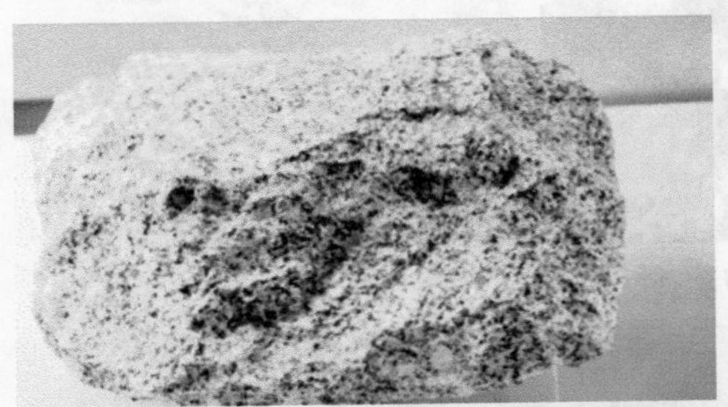

彩图 3-3　黑云母二长花岗岩

彩图 3-4　中国花岗岩气候地貌分区图

彩图 3-5　罗浮山花岗岩球状风化

彩图 3-6　罗浮山花岗岩石蛋

彩图 3-7　罗浮山峭壁悬崖

彩图 3-8　罗浮山的非典型峰林地貌

彩图 3-9　罗浮山小型盆地

彩图 3-10　罗浮山不规则堆洞

彩图 3-11　罗浮山南麓的朱明洞

彩图 3-12　罗浮山飞云顶

彩图 3-13　罗浮山飞来石

彩图 3-14　罗浮山鹰嘴岩

彩图 3-15　赤红壤剖面图

彩图 3-16　红壤剖面图

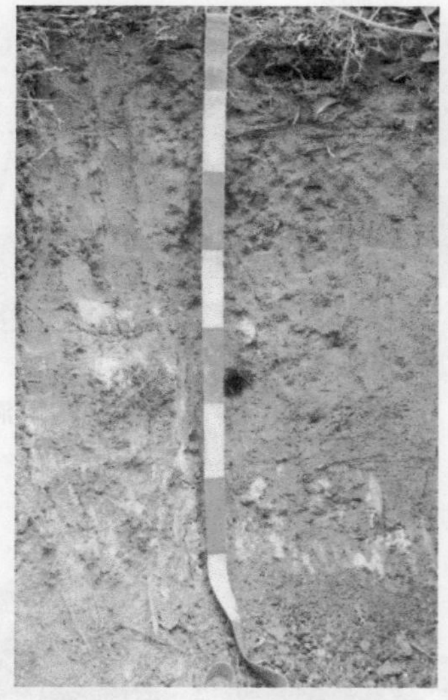

彩图 3-17　山地黄壤剖面图

彩图 3-18　山地草甸土剖面图

彩图 3-19　罗浮锥(罗浮栲)的茎、叶和壳斗(叶部分据《中国植物志》)

彩图 3-20　红锥

彩图 3-21　水翁(水榕)的茎、叶、花和果实

彩图 3-22　蒲桃(据《中国植物志》)

彩图 3-23　华润楠的枝、叶和果实

彩图 3-24　鱼尾葵的茎、叶、花和果实

彩图 3-25　罗浮冬青的枝、叶和果实

彩图 3-26　罗浮柿的枝、叶和果实

彩图 3-27　柠檬桉的茎、叶和果实

彩图 3-28　白千层的茎、叶、花和果实

彩图 3-29　麻楝的枝、叶、花和果实

彩图 3-30　玉蕊的枝、叶、花和果实

彩图 3-31　罗浮山的榼藤(过江龙)的枝、叶、花和果实

彩图 3-32　台湾相思的枝、叶、花和果实

彩图 3-33　伏石蕨(附生蕨类)

彩图 3-34　葛洪博物馆

彩图 3-35　百草园

彩图 3-36　东江纵队纪念馆与东江纵队精神

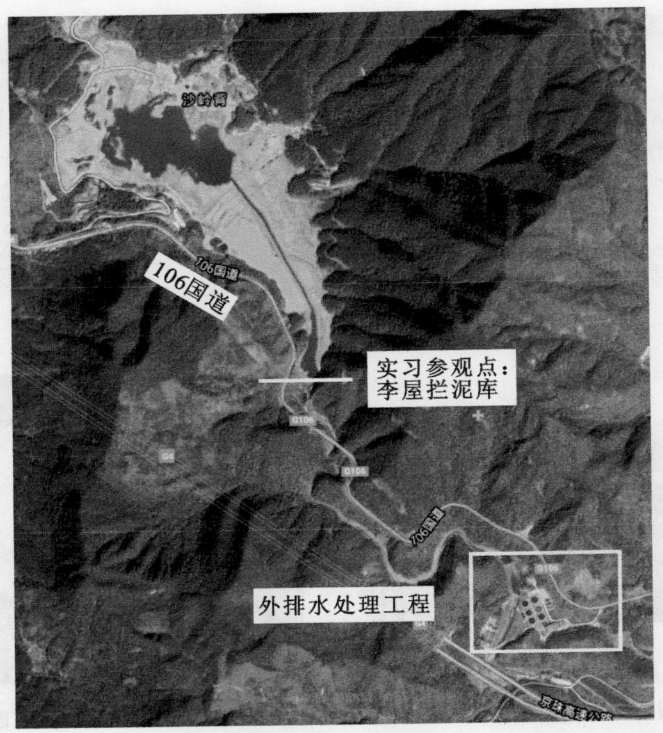

彩图 4-1　李屋拦泥库及下游外排水处理工程(谷歌 2019 卫星地图)

彩图 4-2　李屋拦泥库的坝体加高工程前后对比图

注：(a)(b)引自付善明，2007；(c)为腾有效库容；(d)为李屋排土场下方坝体加高。

彩图 4-3　李屋拦泥库溢流口整治前后对比图

注：(a)为整治前；(b)为整治后。

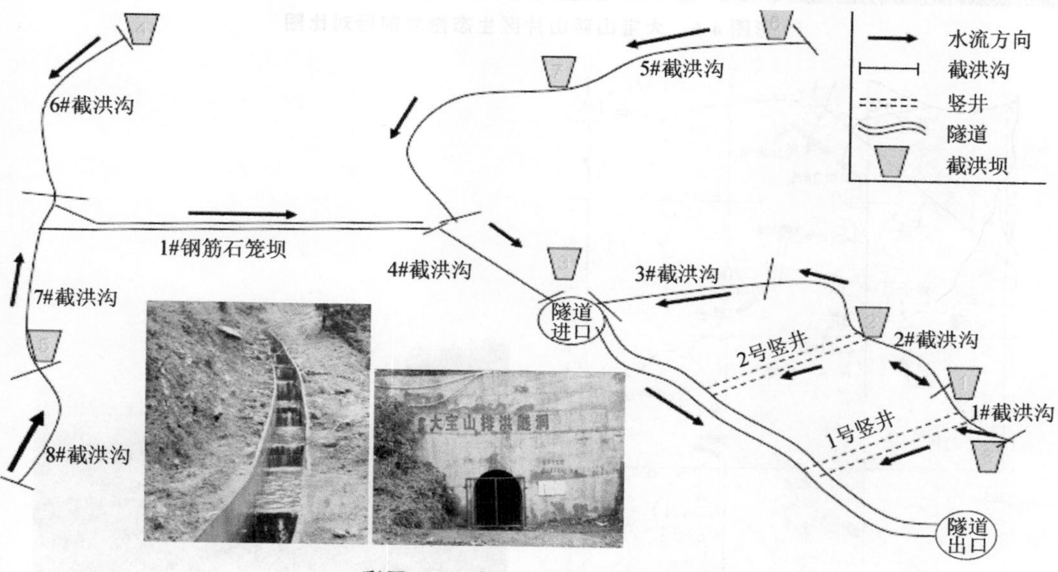

彩图 4-4　大宝山清污分流工程

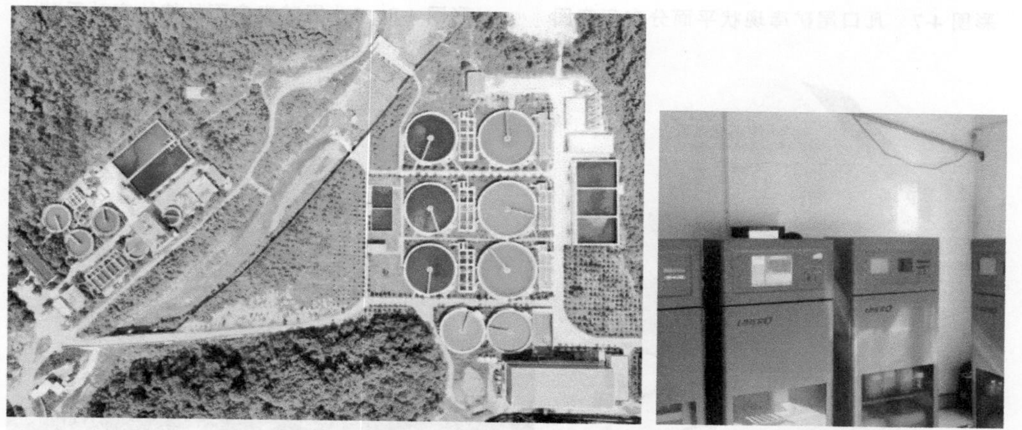

彩图 4-5　李屋拦泥库下游外排水处理工程(含扩建部分)及水质自动监测系统

彩图 4-6　大宝山新山片区生态修复前后对比图

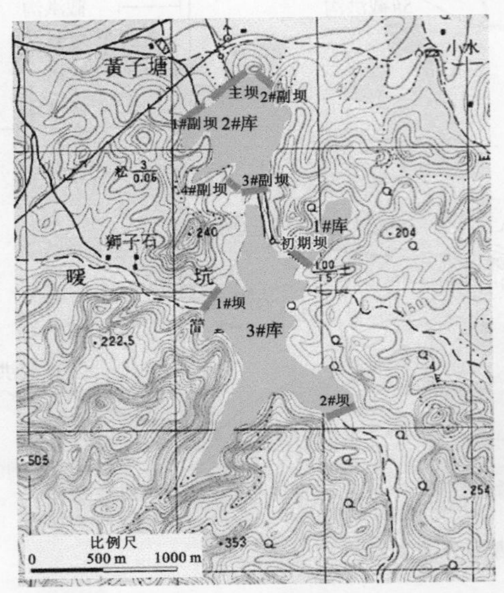

彩图 4-7　凡口尾矿库现状平面分布示意图

彩图 4-8　2＃尾矿库库面种植的宽叶香蒲

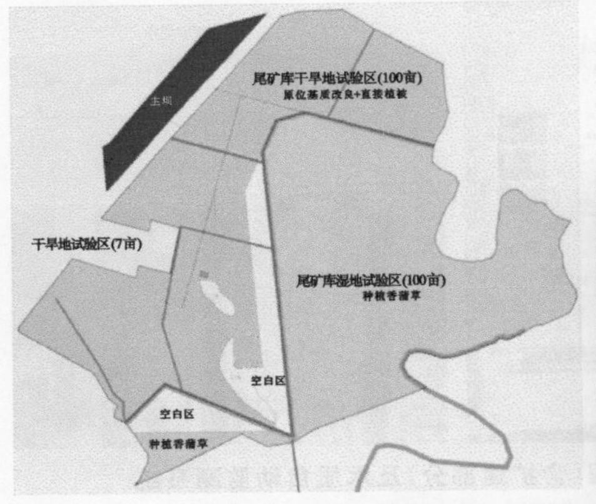

彩图 4-9　凡口铅锌矿尾矿库区生态修复工程示意图及修复后效果图

彩图 4-10　凡口尾矿库生态修复工程

彩图 4-11　高羊茅(*Festuca elata*)

彩图 4-12　黑麦草(*Lolium perenne*)

彩图 4-13　工矿废弃地整治后的广东凡口国家矿山公园

彩图 4-14　广东凡口国家矿山公园主碑广场与博物馆

彩图 4-15　治理后的凡口旧矿坑生态游览区

彩图 4-16　惠州西湖修复前后对比图

彩图 4-17　黄菖蒲(*Iris pseudacorus*)

彩图 4-18　苦草(*Vallisneria natans*)

彩图 4-19　黑藻(*Hydrilla verticillata*)

彩图 4-20　狐尾藻(*Myriophyllum verticillatum*)

彩图 4-21　大花美人蕉(*Canna generalis*)

彩图 4-22　黄花美人蕉(*Canna indica*)

彩图 4-23　芦竹(*Arundo donax*)

彩图 4-24　梭鱼草(*Pontederia cordata*)

彩图 4-25　再力花(*Thalia dealbata*)

彩图 4-26　水葱(*Scirpus validus*)

彩图 4-27　菰(*Zizania latifolia*)

彩图 4-28　睡莲(*Nymphaea tetragona*)

彩图 4-29　宽叶泽薹草(*Caldesia grandis*)

彩图 4-30　铜钱草(*Hydrocotyle chinensis*)

彩图 4-31　风车草(*Cyperus involucratus*)

彩图 4-32　紫芋(*Colocasia tonoimo*)

彩图 4-33　水烛(*Typha angustifolia*)

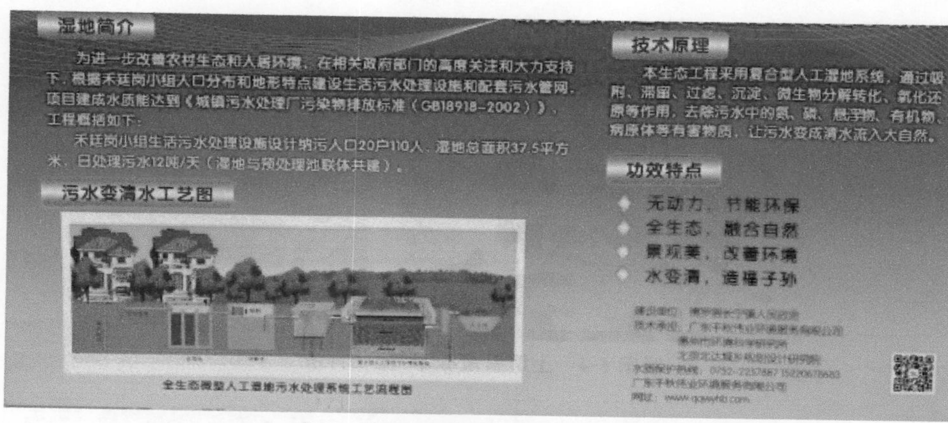

彩图 4-34　松树岗村人工湿地工程

彩图 4-35　松树岗村人工湿地

彩图 5-1　广东土壤科学发展史展厅

彩图 5-2　土壤整段标本

彩图 5-3　土壤整段标本挖掘图

彩图 5-4　土壤整段标本“梳妆打扮”

彩图 5-5　人工模拟降雨大厅

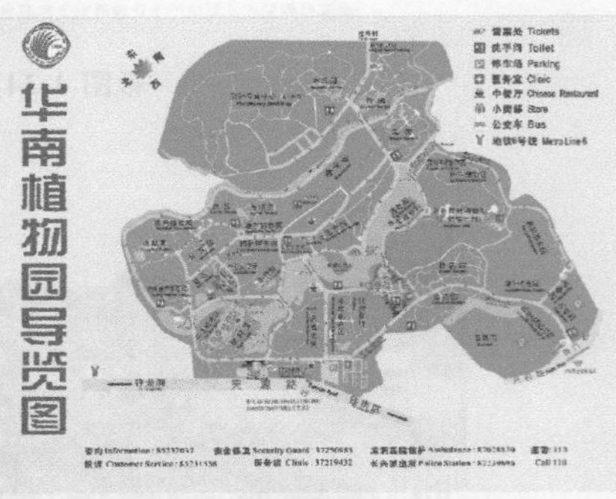

彩图 5-6　华南植物园示意图
注：此图由中国科学院华南植物园王曦制作。

彩图 5-7　华南植物园的专类园

彩图 5-8　蕨类/阴生植物区

彩图 5-9　王棕

注：其支持根发达。

彩图 5-10　砂糖椰子

注：其可制糖、酿酒。

彩图 5-11　酒瓶椰

注：其树干肥似酒瓶。

彩图 5-12　蒲葵

注：其叶可制作蒲扇。

彩图 5-13　油棕

注：油棕为热带油料作物。

彩图 5-14　落羽杉——古老的“子遗植物”

注：地面通常有屈膝状的呼吸根；干基膨大，耐盐碱、耐水淹、耐干旱瘠薄、抗风、抗污染、抗病虫害。

彩图 5-15　贝壳杉

注：其树干含有丰富的树脂。

彩图 5-16　红豆杉

注：我国特有树种，是经过第四纪冰川遗留下来的古老孑遗树种。

彩图 5-17　苏铁

注：喜暖热湿润的环境，生长甚慢，为优美的观赏树种。

彩图 5-18　鳞秕泽米铁

注：大型观叶植物，终年翠绿。

彩图 5-19　玉兰

注：花艳丽芳香，可提取芳香油制香精或浸膏。

彩图 5-20　马褂木（木兰科鹅掌楸属）

彩图 5-21　蝎尾蕉

注：喜温暖、湿润的环境。

彩图 5-22　姜花

注：美丽芳香，可浸提姜花浸膏。

彩图 5-23　水塔花(凤梨科)

注：叶丛中心筒内常贮有水，好似水塔。喜温暖、湿润、半阴环境。

彩图 5-24　黑桫椤

注：木本蕨植物，恐龙的食物，植物界的"活化石"。

彩图 5-25　金毛狗

注：根状茎卧生，粗大，被有垫状的金黄色茸毛；叶片大，三回羽状分裂；生于山麓沟边及林下。

彩图 5-26　腊肠树

注：荚果圆柱形，为南方常见的庭园观赏树木。

(a)　(b)

(c)　(d)

彩图 5-27　人面子和榕树的根

注：(a)为人面子的板状根，(b)为榕树的板状根，(c)为榕树的气生根，(d)为榕树的支柱根。

彩图 5-28 海珠湿地公园

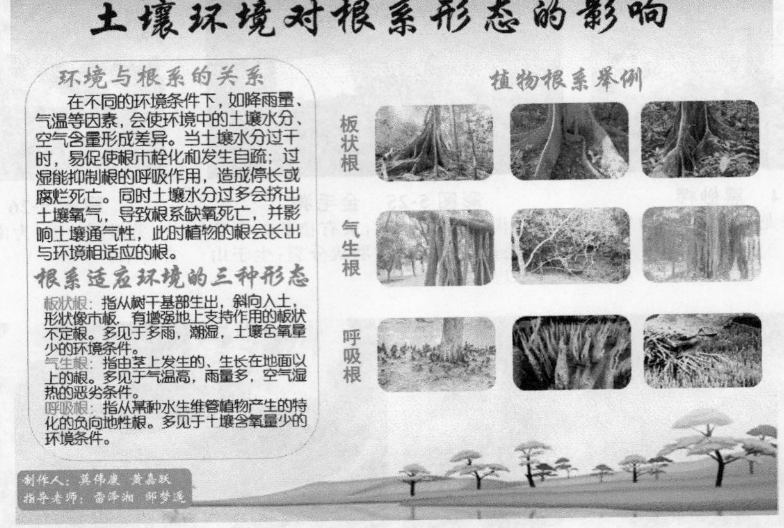

彩图 6-1 展板 1

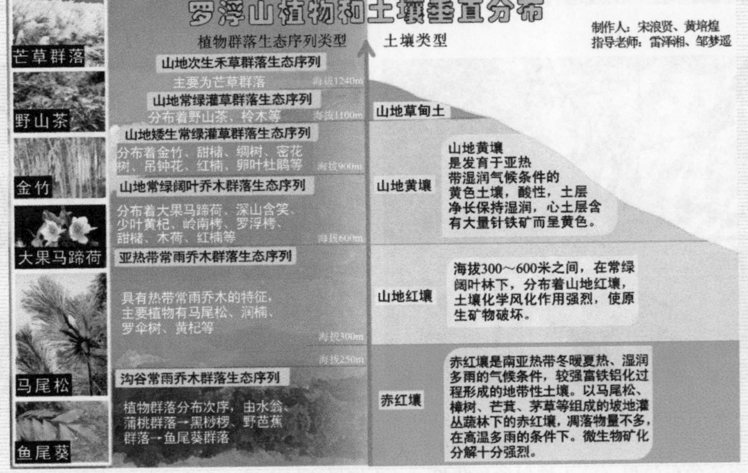

彩图 6-2 展板 2

凡口铅锌矿尾矿库生态修复工程

一、2#尾矿库生态修复工程简介

凡口铅锌矿尾矿库位于选厂东南方向约10km处暖坑人字形山谷中，由老鸦山、黄子塘、暖坑三个自然山谷组成，包括1#、2#坝以及1#、2#、3#副坝，总有效库容$1.45\times10^7m^3$。

2#库位于黄子塘，其生态恢复Ⅰ期工程采用原位基质改良技术+种植高耐酸型植物技术，在治理区内土壤中形成植物-微生物群落，实现生物多样性。

二、2#尾矿库生态修复流程

撒施调理剂（生物炭，高岭石）

撒施石灰（调节pH值）

覆盖营养土

施用有机菌肥

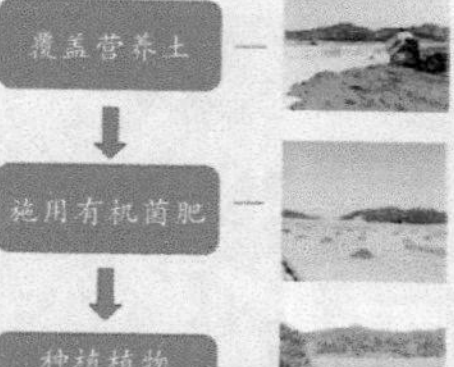

种植植物（香蒲，高羊茅）

三、工程使用的高耐酸植物

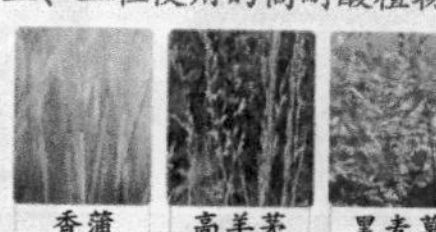

高耐酸型植物指对酸性物质耐性较强的植物，该工程中常用的有香蒲、高羊茅、黑麦草。

四、2#尾矿库修复前后对比图

制作人：夏晓洁、陈晓驰
指导老师：刁增辉、邹梦遥

彩图 6-3　展板 3

优秀摄影作品展

水上丹霞
10月11日环科161夏晓洁
拍摄于丹霞山

青山碧水图
10月10日环科161张润
拍摄于丹霞山

飞云顶俯瞰
10月17日环科162李云苑
拍摄于罗浮山

烈日下的山路
10月12日环科162梁浩儒
拍摄于巴寨

丹霞落日
10月11日环科161黄嘉健
拍摄于丹霞山细美寨

西湖印象
10月15日环科161杨铭豪
拍摄于惠州西湖

丹霞梧桐
10月10日环科162曾俊杰
拍摄于丹霞山

东江纵队纪念馆雕像
10月16日环科162郑集旭
拍摄于罗浮山

彩图 6-4　展板 4

彩图 D-1　苏铁

注：苏铁科，雌球花为扁球形，雄球花为长圆柱形。

彩图 D-2　罗汉松

注：罗汉松科，种子卵圆形，种托肉质圆柱形，红色或紫红色。

彩图 D-3　南洋杉

注：南洋杉科，雄球花单生枝顶，圆柱形，球果椭圆形。

彩图 D-4　圆柏

注：柏科，叶二型，即刺叶及鳞叶；雄球花黄色，椭圆形，球果近圆球形。

彩图 D-5　紫薇

注：千屈菜科，树皮平滑；枝干多扭曲，小枝纤细，具 4 棱，顶生圆锥花序，花瓣皱缩，具长爪，蒴果椭圆状球形。

彩图 D-6　大叶紫薇

注：千屈菜科，树皮灰色，平滑；木材坚硬，耐腐力强；叶革质，长圆状椭圆形，花大美丽，蒴果球形。

彩图 D-7 红千层

注：桃金娘科，叶片坚革质，线形；穗状花序生于枝顶，蒴果半球形。

彩图 D-8 蒲桃

注：桃金娘科，主干极短，广分枝；叶片革质，披针形或长圆形，聚伞花序顶生，有花数朵，花白色。

彩图 D-9 红车(红枝蒲桃)

注：桃金娘科，嫩枝红色，干后褐色，老枝灰褐色。叶片革质，椭圆形至狭椭圆形。

彩图 D-10 水石榕

注：杜英科，叶革质，狭窄倒披针形，喜生于低湿处及山谷水边。

彩图 D-11 海南蒲桃(乌墨)

注：桃金娘科，小乔木；嫩枝圆形，老枝灰白色；叶片革质，椭圆形，先端急长尖，上面干后褐色，下面红褐色。

彩图 D-12 尖叶杜英

注：杜英科，叶聚生枝顶，革质，倒卵状披针形。

彩图 D-13 秋枫

注：大戟科，三出复叶，稀 5 小叶，雌雄异株，果实浆果状，近圆球形。

彩图 D-14　红背桂

注：大戟科，叶背面紫红或血红色，中脉于两面均凸起。

彩图 D-15　乌桕

注：大戟科，叶片菱形、菱状卵形。

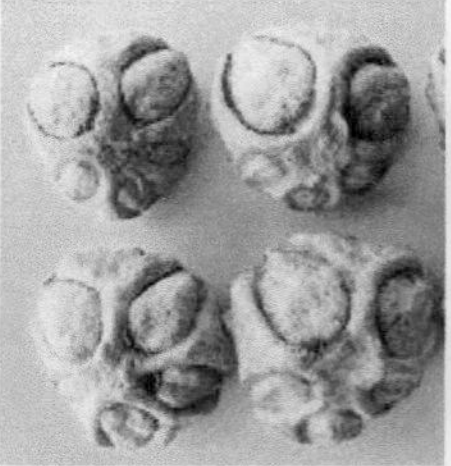

彩图 D-16　人面子

注：漆树科，核果黄色扁球形，果核形似人脸。

彩图 D-17　三角槭

注：槭树科，叶纸质，卵形，3 裂或不裂，基部圆。

彩图 D-18　小叶榄仁（雨伞树）

注：使君子科，树冠呈伞形，叶倒卵状披针形。

彩图 D-19　海南红豆

注：豆科，荚果圆柱形或稍扁，熟时橙红色。

彩图 D-20　凤凰木

注：豆科，二回偶数羽状复叶，小叶密集对生，长圆形，基部偏斜，花大而美丽。

彩图 D-21　南洋楹

注：豆科，小叶无柄，菱状长圆形；单生或数个组成圆锥花序；花初白色，后变黄。

彩图 D-22　朱缨花（红绒球）

注：豆科，二回羽状复叶，小叶 7～9 对，斜披针形；头状花序腋生。

彩图 D-23 红花羊蹄甲

注：豆科，叶革质，近圆形，基部心形，先端 2 裂，状如羊蹄；花大，美丽。

彩图 D-24 黄槐决明

注：豆科，花瓣鲜黄至深黄色，荚果扁平，带状。

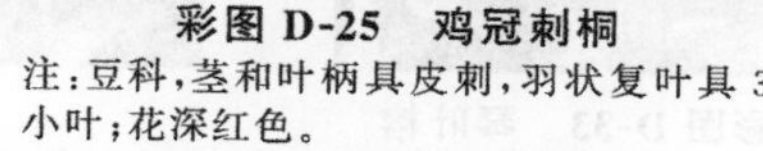

彩图 D-25 鸡冠刺桐

注：豆科，茎和叶柄具皮刺，羽状复叶具 3 小叶；花深红色。

彩图 D-26 龙牙花(象牙红)

注：豆科，小叶菱状卵形，花深红色，具短梗，与花序轴成直角或稍下弯。

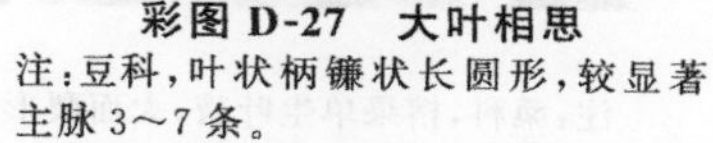

彩图 D-27 大叶相思

注：豆科，叶状柄镰状长圆形，较显著主脉 3～7 条。

彩图 D-28 波罗蜜

注：桑科，叶革质，螺旋状排列；花序生老茎或短枝上，聚花果椭圆形至球形。

彩图 D-29 高山榕

注：桑科，叶革质，宽卵形或宽卵状椭圆形。

彩图 D-30 榕树

注：桑科，树冠广展，老树常具锈褐色气根。

彩图 D-31 垂叶榕

注：桑科，树皮灰色，小枝下垂。

彩图 D-32　菩提树

注：桑科，叶革质，三角状卵形，先端骤尖，顶部延伸为尾状。

彩图 D-33　琴叶榕

注：桑科，叶片纸质，提琴形。

彩图 D-34　印度榕

注：桑科，叶厚革质，椭圆形。

彩图 D-35　竹叶榕

注：桑科，叶披针形至狭披针形。

彩图 D-36　无花果

注：桑科，榕果单生叶腋，大而梨形，顶部下陷，成熟时紫红色或黄色。

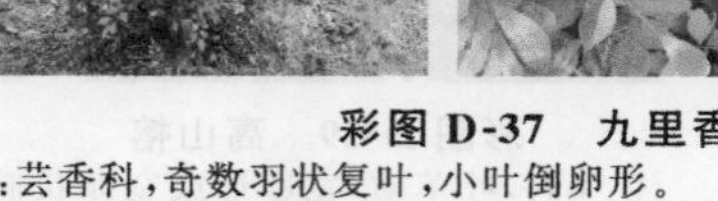

彩图 D-37　九里香

注：芸香科，奇数羽状复叶，小叶倒卵形。

彩图 D-38　米兰(米仔兰)

注：楝科，叶轴及叶柄具窄翅。

彩图 D-39　桂花(木犀)

注：木犀科，树皮灰褐色，叶片革质，花极芳香。

彩图 D-40　杧果(芒果)

注：漆树科，叶薄革质，常集生枝顶，核果大，肾形。

彩图 D-41　鸡蛋花

注:夹竹桃科,枝条带肉质,具丰富乳汁,绿色,叶厚纸质。

彩图 D-42　黄花夹竹桃

注:夹竹桃科,植株全绿、多枝,柔软下垂。

彩图 D-43　狗牙花

注:夹竹桃科,叶坚纸质,聚伞花序腋生,通常双生。

彩图 D-44　黄蝉

注:夹竹桃科,叶 3～5 枚轮生,椭圆形或倒披针状矩圆形;聚伞花序,花朵金黄色,喉部有橙红色条纹,花冠阔漏斗形,蒴果球形,有长刺。

彩图 D-45　糖胶树(面条树)

注:夹竹桃科,蓇葖果合生,细长,线形,外果皮暗褐色,有纵浅沟。

彩图 D-46　夹竹桃

注:夹竹桃科,叶轮生,革质,窄椭圆状披针形。

彩图 D-47　朱槿(扶桑)

注:锦葵科,小枝圆柱形,疏被星状柔毛;叶阔卵形或狭卵形;花单生于上部叶腋间,常下垂;花冠漏斗形,花瓣倒卵形;蒴果卵形。

彩图 D-48　木棉(红棉、英雄树)

注:木棉科,树姿巍峨,花大而美,为广州市市花。

彩图 D-49　美丽异木棉(美人树)

注:木棉科,掌状复叶有小叶 3～7 片;花单生,花冠淡粉红色,中心白色;花瓣反卷;花期为 10—12 月,冬季为盛花期。

彩图 D-50　灰莉(非洲茉莉)

注:马钱科,树皮灰色,枝叶深绿色,叶稍肉质,花单生或组成顶生二歧聚伞花序,花大形,芳香。

彩图 D-51　红花檵木

注:金缕梅科,嫩枝红褐色,密被星状毛;叶革质,卵形,全缘,暗红色,稍偏斜,有短柄;花紫红色。

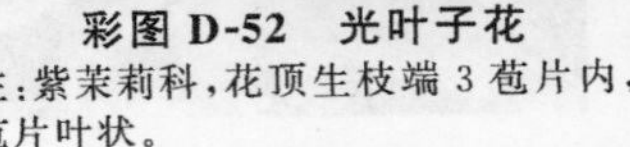

彩图 D-52　光叶子花

注:紫茉莉科,花顶生枝端 3 苞片内,苞片叶状。

彩图 D-53　樟(香樟)

注:樟科,叶互生,具离基三出脉,可提取樟脑和樟油。

彩图 D-54　土沉香

注:瑞香科,老茎受伤后所积得的树脂,俗称沉香。

彩图 D-55　假连翘

注:马鞭草科,枝条有皮刺,叶对生;花冠通常蓝紫色;核果球形,熟时红黄色。

彩图 D-56　龙船花

注:茜草科,花序顶生,多花,具短总花梗;花冠红色或红黄色。

彩图 D-57　栀子

注：茜草科，枝圆柱形，灰色；叶对生，革质，花芳香，通常单朵生于枝顶。

彩图 D-58　锦绣杜鹃

注：杜鹃花科，幼枝密被淡棕色扁平糙伏毛；花冠漏斗形，玫瑰色，有深紫红色斑点。

彩图 D-59　海桐

注：海桐科，叶革质，倒卵形，先端圆，簇生于枝顶呈假轮生状。

彩图 D-60　鹅掌藤

注：五加科，藤状灌木，小枝有不规则纵皱纹，叶有小叶 7～9 片。

彩图 D-61　含笑花

注：木兰科，树皮灰褐色；芽、嫩枝，叶柄，花梗均密被黄褐色茸毛；叶革质，托叶痕长达叶柄顶端；花具甜浓的芳香，花被片 6，雌蕊群超出于雄蕊群；聚合蓇葖果。

彩图 D-62　白兰

注：木兰科，树皮灰色；揉枝叶有芳香；叶薄革质，长椭圆形或披针状椭圆形；花洁白清香、花期长。

彩图 D-63　基及树

注：紫草科，具褐色树皮，多分枝；叶革质，倒卵形或匙形。

彩图 D-64　非洲楝

注：楝科，幼枝具暗褐色皮孔，树皮呈鳞片状开裂；偶数羽状复叶。

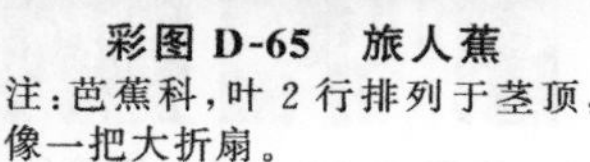

彩图 D-65　旅人蕉

注：芭蕉科，叶 2 行排列于茎顶，像一把大折扇。

彩图 D-66　露兜树

注：露兜树科，叶簇生于枝顶，聚花果悬垂，圆球形或长圆形。

彩图 D-67 短穗鱼尾葵

注：棕榈科，叶片翠绿，羽片呈楔形或斜楔形；花色鲜黄，果实如圆珠成串。

彩图 D-68 棕榈

注：棕榈科，嫩叶经漂白可制扇和草帽。

彩图 D-69 王棕

注：棕榈科，茎直立，乔木状；茎幼时基部膨大，老时近中部不规则地膨大；叶羽状全裂，弓形并常下垂，羽片呈 4 列排列。

彩图 D-70 假槟榔

注：棕榈科，茎圆柱状，基部略膨大，叶羽状全裂，生于茎顶，羽片呈 2 列排列。

彩图 D-71 三药槟榔

注：棕榈科，茎丛生，具明显的环状叶痕；叶羽状全裂。

彩图 D-72 散尾葵

注：棕榈科，丛生灌木基部略膨大；叶羽状全裂，平展而稍下弯。

彩图 D-73 棕竹

注：棕榈科，丛生灌木，茎圆柱形，有节，上部被叶鞘；叶掌状深裂，裂片 4～10片，具 2～5 条肋脉。

彩图 D-74 海枣

注：棕榈科，茎具宿存的叶柄基部，上部的叶斜升，下部的叶下垂，形成一个较稀疏的头状树冠；干热地区重要果树作物。

彩图 D-75 刺葵

注：棕榈科，茎丛生或单生；叶长达 2 m；羽片线形，呈 4 列排列；果实成熟时紫黑色。

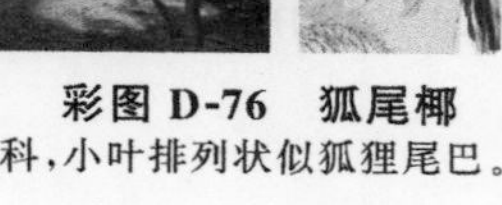

彩图 D-76 狐尾椰

注：棕榈科，小叶排列状似狐狸尾巴。

彩图 D-77 佛肚竹

注：禾本科，节间稍短缩而明显肿胀。

彩图 D-78 黄金间碧竹

注：禾本科，竿黄色，节间具绿色纵条纹。